» IL CAMMEO «

VOLUME 506

LE MACCHINE INVISIBILI

SCIENZA E TECNICA IN TRE CAMERE E CUCINA

di

PIERO BIANUCCI

LONGANESI

Gruppo editoriale Mauri Spagnol

www.longanesi.it

ISBN 978-88-304-2648-1

LE MACCHINE INVISIBILI

1
LA TANA PERFETTA

Schiavi invisibili

Abbiamo in casa cinquanta schiavi al nostro servizio, giorno e notte, festività incluse. Sono docili, silenziosi, hanno una salute di ferro. Il costo di mantenimento è minimo: pochi centesimi di euro al giorno ciascuno. Grazie a loro anche il più modesto dei signori Rossi vive in un ambiente da nababbo. Saranno soltanto tre camere e cucina, ma sono accoglienti come una reggia: calde quando fuori fa freddo, fresche quando fuori fa caldo, ben illuminate al calare del buio, collegate in ogni istante al resto del mondo, con una scorta di cibo sempre disponibile, acqua che sgorga fresca per bere e tiepida per fare la doccia, musica classica o pop eseguita dagli artisti preferiti. Una tana perfetta per l'*Homo sapiens* del terzo millennio.

La cosa più straordinaria è che i cinquanta schiavi del signor Rossi sono invisibili. Stanno nascosti nelle prese di elettricità sparse in cucina, in bagno, nel salotto, nella camera da letto. Pronti ad agire al primo cenno della mano. Basta ruotare un interruttore o premere un pulsante e lavano, scaldano, rinfrescano, illuminano, puliscono, fanno musica, portano notizie. Neppure un imperatore romano poteva permettersi tanto.

Facciamo un piccolo calcolo. Le prese elettriche della nostra casa mettono a disposizione una potenza da 3 a 5 kilowatt (cioè 3000-5000 watt) a seconda del contratto stipulato con il fornitore. La potenza, utilizzata per un certo tempo, si chiama lavoro. Se uso 1 kilowatt (kW) per un'ora ho un lavoro di 1 kilowattora (kWh).

Difficile farsi un'idea di che cosa significano queste unità di misura? Un modo per chiarirlo è appunto tradurre la potenza elettrica nel lavoro di una squadra di schiavi o, per essere più democratici, di collaboratori domestici.

Un giovanotto robusto dandosi da fare con braccia e gambe può erogare la potenza di circa 200 watt. Dunque le prese elettriche domestiche con i loro 3000-5000 watt procurano l'equivalente del lavoro di 15-25 ragazzi ben allenati. Ancora più concretamente: la produzione costante di 3-5 kW con una dinamo richiederebbe 15-25 campioni di ciclismo in grado di pedalare senza sosta 24 ore su 24. Ma poiché anche i campioni devono riposarsi e rifocillarsi, né mai vorremmo incoraggiare la deprecabile pratica del doping, sarà bene prevedere tre squadre che si alternino ogni otto ore. Ed ecco che in tutto servono da 45 a 75 campioni del pedale. O poco meno, tenendo conto della minore richiesta di energia durante la notte. Se dovessimo pagarli con lo stipendio di un operaio, spenderemmo 5000 euro al giorno. Il costo dell'elettricità – benché a noi possa sembrare elevato quando arriva la bolletta – è in realtà trascurabile rispetto alle prestazioni che ci dà: un duemillesimo del costo dell'energia muscolare.

Per fortuna – almeno ufficialmente – gli schiavi non esistono più, e di ciò dobbiamo essere grati alla tecnologia che, venendo in soccorso dell'etica, li ha sostituiti favorendo il progresso morale dell'umanità, con in più un forte vantaggio economico. Altrimenti per generare la corrente necessaria a tenere acceso il televisore servirebbero due schiavi ciclisti. E per far girare la lavatrice avremmo bisogno di 15 schiavi. Con un kWh (circa 18 centesimi di euro) possiamo guardare la TV per tre ore, giocare con un videogame per un'ora e mezzo, ascoltare trecento volte un disco alla radio, conservare il cibo in frigo per un giorno, stirare per tre ore, raderci la barba per un anno.

Tornando all'altro punto di vista – non di chi utilizza l'energia ma di chi fatica per produrla – se pesi 70 kg, porti due valigie da 15 kg ciascuna e sali di un metro al secondo (12 piani al minuto!), quello è un kW. Continua per un'ora, e quello è un kWh.

Meglio dimenticarsi i mezzi di trasporto: per far correre un'auto da 100 cavalli servirebbero 1600 ciclisti, per far decollare un jumbo jet, che impiega 80 MW (80 megawatt, cioè 80 milioni di watt), dovrebbero mettersi a pedalare un milione e 600 mila persone, tutta Milano in bicicletta per ogni jumbo jet in partenza da Malpensa.

Che cosa fa girare il mondo

Nel caso dell'auto e dell'aereo, l'energia viene direttamente dai legami chimici che la combustione spezza in combustibili fossili derivati dal petrolio (benzina, gasolio, kerosene). Nel caso dell'elettricità, dipende dalle scelte energetiche del paese dove si vive ma di solito all'origine troviamo ancora i combustibili fossili. Secondo il *Data Book 2008* dell'Unione Petrolifera Italiana, l'88 per cento dell'energia che fa funzionare il mondo deriva da fonti fossili (35,8% petrolio, 23,7 metano, 28,4 carbone). Idroelettrico e nucleare danno un 6 per cento ciascuno. Eolico e solare su scala globale per adesso offrono contributi marginali.

In Italia il petrolio fornisce il 42 per cento dell'energia primaria, il metano il 37, il carbone il 9 e l'idroelettrico il 6. Notoriamente da noi il nucleare non esiste più. La Francia invece ricava dall'atomo il 15 per cento dell'energia primaria e l'80 per cento dell'elettricità. Una parte la vende a noi. Il 17 per cento della nostra elettricità – pari al 4,8 della domanda di energia globale – è un prodotto di importazione. Se teniamo una lampadina accesa per un'ora, nove minuti di luce sono di origine nucleare. L'industria italiana assorbe meno di un terzo dell'energia primaria totale, i trasporti circa un terzo e gli usi civili un po' più di un terzo. I nostri schiavi domestici si mimetizzano in gran parte sotto l'espressione « usi civili ».

Macchine (quasi) invisibili

Quante sono le macchine che rendono più comoda e piacevole la nostra vita? Dal telefonino all'automobile, dagli elettrodomestici al lettore di CD fino a Internet, la lista sarebbe lunga. Eppure quasi non ci accorgiamo di usarle. Come gli schiavi elettrici nascosti nelle prese di corrente, anche le macchine che essi fanno funzionare sono diventate di uso così comune che ci si dimentica di averle: le scopriamo soltanto, con grande disagio, quando si guastano – per fortuna molto raramente – o un blackout fa incrociare le braccia agli schiavi.

C'è di più. Dentro queste macchine in apparenza banali se ne nascondono altre, più misteriose perché realmente invisibili. Il telefono cellulare contiene tre chip che sono in sostanza altrettanti computer concentrati in pezzetti di silicio più piccoli di una moneta. Ognuno nasconde milioni di transistor dalle dimensioni di poche migliaia di atomi. Ancora più invisibile, perché del tutto immateriale, è il software che fa funzionare quei tre microprocessori. L'automobile è una costellazione di circa 100 dispositivi elettronici che garantiscono sicurezza e comodità di guida. Il lettore di CD può farci ascoltare la musica preferita perché un raggio laser esplora milioni di minuscole cavità che codificano dati digitali. Lo schermo dei vecchi televisori a tubo catodico è un acceleratore di elettroni, cioè di particelle subatomiche, simile a quelli usati dai fisici per indagare la struttura della materia. Nei televisori più recenti troviamo schermi a cristalli liquidi o al plasma, altre complesse tecnologie sviluppate prima dalla scienza di base e poi dalla ricerca applicata di frontiera.

Anche i più banali elettrodomestici sono macchine che a loro volta racchiudono altre macchine, azionate dall'elettricità. Essenziali per il loro funzionamento sono i motori elettrici. Quelli che abbiamo in casa sono decine. Stanno rintanati nel frigorifero, nella lavatrice, nella lavastoviglie, nel frullatore, nell'asciugacapelli, nei lettori di CD e DVD, nel videoregistratore, nel rasoio elettrico, nell'aspirapolvere, persino nel computer, dove un motorino elettrico fa girare la ventola per raffreddare i microprocessori.

Altri schiavi che ogni giorno lavorano per noi sono le resistenze elettriche. Chi si ricorda della loro fatica silenziosa? Eppure rendono servizi preziosi, e ce ne accorgiamo quando si rompono. Il loro compito è produrre calore. Il calore di una stufa elettrica, del forno, di una piastra per cucinare, di un asciugacapelli. Ma anche il calore che fa diventare incandescente il filamento delle lampadine e illumina la nostra casa.

Il viaggio tra le macchine invisibili che stiamo per iniziare si propone di far emergere le tecnologie sommerse nella vita quotidiana, quelle «macchine» che ormai sono diventate così familiari da non essere neppure percepite.

Internet, la rete che, avvolgendo l'intero pianeta, è la più grande macchina mai costruita dall'uomo, è il caso più clamoroso: navighiamo tra i siti più vari, spediamo e-mail, ci raccontiamo nei blog, scarichiamo musica, immagini e filmati. Eppure ignoriamo che cosa accade oltre il punto in cui il cavetto telefonico collegato al computer scompare nel muro.

Che cosa tiene insieme il mondo: chiodi e viti

Le macchine moderne incorporano macchine diventate invisibili perché risalgono a migliaia di anni fa e ci sembra che siano sempre esistite. Anzi, che non siano neppure macchine: ruote, leve, pulegge, ingranaggi, chiodi, viti. Eppure sono alla base di tutto, tengono insieme il mondo.

I chiodi più antichi compaiono in una statua raffigurante un toro alta un metro e mezzo, fatta con lastre di rame inchiodate a un'intelaiatura di legno. L'opera, scoperta in Mesopotamia, è databile intorno al 3500 a.C. Chiodi di legno e di ferro hanno attraversato i secoli. Quelli metallici li fabbricava uno per uno un fabbro specializzato, il « chiodaio ». Nel 1565 arriva una macchina per fare il tondino di ferro. Fabbricare chiodi diventa più semplice: il chiodaio taglia il tondino a pezzetti e ne affila la punta. Soltanto nel 1824 il francese François Landimes introduce la prima macchina per fabbricare chiodi.

La vite fu inventata in Grecia nel III secolo a.C. La tradizione la attribuisce al genio di Archimede. Dado e bullone nascono in Europa dopo il 1500. L'americano David Wilkinson nel 1798 inventa una macchina per fabbricarli in serie. I perfezionamenti continuano in epoche recenti. Nascono le viti autofilettanti e viti con vari tipi di testa. La vite con la testa a taglio è quella classica. Del 1908 è la « vite Robertson » con la testa a foro quadrato. Nel 1934 compare la « vite Philips » con scanalatura a croce, che agevola l'uso del cacciavite.

Ancora alla fine dell'Ottocento esistevano due standard in competizione: la vite di Whitworth, con filettatura ad angolo di 55 gradi, e la vite di William Sellers, con filettatura ad angolo di 60 gradi. Vinse quella di Sellers, perché di 60 gradi è l'angolo di un triangolo isoscele, e ciò rende più semplice la fabbricazione. La legge di Darwin della sopravvivenza del più adatto vale anche in fabbrica e sul mercato. Tuttavia la vite di Whitworth non è scomparsa. Ha trovato una sua nicchia di funzionalità. I congegni che la usano si possono riparare solo con viti originali. Può essere un vantaggio nella competizione commerciale, e anche in campo militare.

La casa, un laboratorio di fisica, chimica, biologia

Non di sole macchine si tratta. Le macchine domestiche sono applicazioni di conoscenze scientifiche di base.

L'ossigeno che respiriamo non nasce con l'universo nel Big Bang ma milioni di anni dopo nel cuore delle stelle: ce lo dice la cosmologia. Se vogliamo capire perché si spacca una bottiglia piena di acqua messa a gelare nel freezer dobbiamo risalire alla meccanica dei quanti che fa legare atomi e molecole in un dato modo, e non in altri. Il laser che legge i CD nasce da una intuizione di Albert Einstein. In un arrosto la reazione di Maillard produce centinaia di nuovi composti chimici senza i quali la carne non sarebbe affatto appetitosa. Cuocere un uovo significa srotolare delle proteine. Percepire gusto e profumo di un cibo comporta incastri tra molecole provenienti dall'esterno e recettori della lingua e del naso direttamente collegati al cervello. Microrganismi invisibili come lieviti e batteri sono all'origine di formaggi, yogurt, vino, aceto, pane. Televisione, radio, telecomando, impianto Hi-Fi, computer non esisterebbero senza le formule dell'elettromagnetismo definite nella seconda metà dell'Ottocento dal fisico Clerk Maxwell.

Il passaggio dall'analogico al digitale ha fatto sì che l'intera macchina delle comunicazioni potesse usare lo stesso semplice alfabeto fatto di due soli simboli, zero e uno, si tratti di parole, suoni o immagini. La rete digitale ormai va dai satelliti artificiali ai cellulari, alle etichette intelligenti, alle reti locali Wi-Fi che collegano tra loro i computer senza la noia dei fili. Presto ogni oggetto esistente avrà un indirizzo, il frigorifero potrà comunicare con il pacchetto di burro e avvisarci che è ormai vicino alla data di scadenza, la lavatrice scegliere il programma di lavaggio assumendo informazioni da etichette intelligenti cucite sulla biancheria, la domotica ci aiuterà a gestire la nostra abitazione, i robot diventeranno presenze amiche e indispensabili, svolgeranno le funzioni di centralinisti, insegnanti di lingue, infermieri, badanti.

Insomma: la nostra casa è anche un laboratorio dove avvengono sorprendenti fenomeni fisici, chimici, biologici. Essere analfabeti nella scienza e nella tecnologia oggi è un limite grave e lo sarà sempre più in futuro. Senza un'idea di come tutto ciò funzioni, c'è il rischio che, da un punto di vista culturale, schiavi si diventi noi, e le macchine padrone.

Non tutti hanno schiavi, qualcuno lo è

Sono buone o cattive le macchine che ci accompagnano da quando ci alziamo all'ora di andare a dormire? Certo, ognuna ha richiesto materie prime, energia, imballaggi, trasporti, ha comportato una certa quantità di inquinamento e diventerà un rifiuto quando sarà vecchia e si dovrà sostituirla. Un calcolo rigoroso costi/benefici non sarebbe semplice.

È sicuro però che le macchine, intese in senso ampio, cioè includendo per esempio anche i sistemi che portano acqua pulita nei nostri alloggi o quelle macchine molecolari che sono i farmaci, i fertilizzanti, i pesticidi, i detersivi e così via, hanno nel complesso enormemente migliorato la qualità della vita se è vero – come è vero – che nel 1900 un italiano viveva in media 44 anni mentre oggi la speranza di vita è di 76 anni per gli uomini e 82 per le donne.

Nell'ultimo secolo la popolazione mondiale è passata da 1,6 a 6,7 miliardi, cioè si è quadruplicata. Ma il prodotto lordo del pianeta è aumentato di venti volte. In teoria, oggi ogni abitante della Terra dovrebbe essere cinque volte più ricco dei suoi bisnonni dell'inizio del Novecento.

Purtroppo non è così. Il caso ci ha fatti nascere in un paese privilegiato. Non tutti hanno schiavi, qualcuno lo è. Buona parte del benessere dei paesi ricchi si deve al fatto che molti paesi rimangono poverissimi.

Il quinto più ricco dei nostri contemporanei mette in tavola il 45 per cento della carne e del pesce, il quinto più povero il 5 per cento. Il quinto più ricco consuma il 58 per cento dell'energia totale, il quinto più povero il 4 per cento. Il terzo millennio si è aperto con 900 milioni di uomini malnutriti, 1,6 miliardi di analfabeti, 1,2 miliardi di uomini che non dispongono di acqua pulita, 2 miliardi che non hanno accesso all'energia elettrica. Nel 2006 gli ipernutriti che rischiano di ammalarsi per eccesso di cibo hanno superato i sottonutriti.

Sono numeri che possono impressionare, ma acquistano il loro significato più drammatico soltanto se messi a fianco di altri. Si calcola che per dare una istruzione di base al miliardo e mezzo di analfabeti ci vorrebbe un investimento di 6 miliardi di dollari: 8 miliardi di dollari è la spesa annuale per i cosmetici negli Stati Uniti. Per dare acqua e infrastrutture igieniche a chi ne è privo occorrerebbero 9 miliardi di dollari: 11 miliardi di dollari è la spesa per i gelati in Europa. Con 13 miliardi di dollari si potrebbero offrire una alimentazione e una sanità di base a tutti coloro che sono oggi sotto la soglia di sopravvivenza: in Europa la spesa per le sigarette – causa di morte per cancro per milioni di persone – è di 50 miliardi di dollari, e 105 per gli alcolici. Nel mondo il giro della droga supera i 500 miliardi di dollari e le spese militari i mille.

Ultimo dato: le 225 persone più ricche del pianeta possiedono nell'insieme un patrimonio di oltre mille miliardi di dollari, cifra pari al reddito annuale del 47 per cento più povero della popolazione mondiale, cioè 3 miliardi di persone. È bene saperlo quando giriamo un interruttore per mettere in azione i nostri schiavi meccanici. Però è anche giusto ricordare che queste disuguaglianze vergognose non sono colpa della tecnologia ma della politica.

Faraday, il ragazzo che rilegava libri

Il motore elettrico compirà un secolo e mezzo nel 2035. È una macchina giovane. Eppure ha tre anni più della bicicletta. La marcia del progresso a volte riserva sorprese. Se ci guardiamo intorno, a parte le applicazioni del laser, quasi tutte le tecnologie che abbiamo in casa sono nate nell'Ottocento: telefono e radio, ora uniti nel cellulare, motori elettrici e a scoppio, illuminazione elettrica, macchine per registrare e riprodurre il suono. Persino il computer: l'idea risale a Charles Babbage e alla sua « macchina analitica », anno 1832.

Molti hanno contribuito alle conoscenze confluite nel motore elettrico. Tra i primi c'è Michael Faraday. Terzo figlio di un fabbro, nacque nel 1791 alla periferia di Londra. A 13 anni faceva il fattorino per il signor Riebau, libraio e rilegatore emigrato dalla Francia che poi lo volle come apprendista.

Il ragazzo Faraday cuciva con cura i libri che gli venivano affidati, e intanto li leggeva. Lo appassionarono *Il perfezionamento della mente* di Isaac Watts, un famoso scrittore di inni, *Conversazioni sulla chimica* della svizzera Jane Aldemond Marcet, e soprattutto i volumi dell'*Enciclopedia Britannica.*

Faraday aveva 21 anni quando gli capitò di ascoltare alla Royal Institution alcune conferenze del chimico Humphry Davy, scopritore di vari elementi chimici – potassio, sodio, bario, calcio, stronzio, magnesio, cloro –, nonché inventore della lampada di sicurezza per minatori. Due anni dopo Davy lo assumeva come assistente. Insieme fecero un viaggio in Italia che li portò a incontrare Alessandro Volta e i suoi studi sull'elettricità. Mentre passavano per Genova, Davy dimostrò che i diamanti sono carbonio purissimo cristallizzato. L'esperimento consistette nel bruciare un diamante concentrandovi sopra i raggi del Sole con una lente in un ambiente isolato. Costoso ma efficace.

Quanto alle scoperte di Faraday, tra chimica e fisica, sono decine, dal benzene all'elettrolisi, al concetto di campo elettromagnetico. Questa è la sua scoperta più importante. Oersted aveva notato che l'ago della bussola si muove se posto vicino a un filo metallico in cui passa corrente elettrica. Faraday dimostrò che avveniva anche il contrario: il filo metallico attraversato da corrente ruotava attorno a un magnete fisso. Ampère a sua volta rilevò che forze magnetiche agivano tra due fili metallici percorsi da corrente. Tra magnetismo ed elettricità c'era dunque una stretta parentela: l'induzione elettromagnetica, elettricità e magnetismo, combinati in modo opportuno, potevano generare un movimento. Cioè lavoro. Il giorno di Natale del 1821 Faraday, mettendo insieme queste nozioni, ottenne una spira metallica rotante che prefigurava il motore elettrico.

Pacinotti, l'uomo dell'anello

La dinamo e il trasformatore saranno altri fondamentali derivati dell'induzione elettromagnetica. Il problema di convertire con efficienza lavoro in elettricità ed elettricità in lavoro fu risolto da Antonio Pacinotti tra il 1860 e il 1864 con il famoso «anello» che porta il suo nome, prototipo della dinamo moderna: un avvolgimento a forma di ciambella ruota dentro un magnete o un elettromagnete, due spazzole poste a estremità opposte collegano l'indotto a un circuito esterno. Se si dà corrente all'avvolgimento abbiamo un motore a corrente continua, se mettiamo in moto l'indotto facendolo ruotare (per esempio a mano, pedalando o con una cascata d'acqua), questo genera corrente continua (dinamo). Il 13 maggio 1865 Pacinotti pubblica il suo lavoro sul *Nuovo Cimento*, senza preoccuparsi di brevettare l'invenzione, che ingenuamente presenterà poi al belga Zénobe Gramme. Sarà lui a perfezionarla e a brevettarla quattro anni dopo. Così va il mondo.

Una passeggiata di Galileo Ferraris

La corrente continua (quella della pila di Volta) aveva una controindicazione: è difficile farla arrivare a grande distanza. Cosa che invece diventa semplice trasformandola in corrente alternata, cioè tale che polarità e direzione si invertano decine di volte al secondo (50 nel caso delle prese nelle nostre case).

Il motore elettrico a corrente alternata, oggi il più diffuso, si deve a Galileo Ferraris e risale al 1885. Fondamentale è stato il contributo di Ferraris anche nel perfezionare i trasformatori e nel progettare le linee elettriche ad alta tensione. Memorabile rimane il suo esperimento del settembre 1884, quando alla presenza di una giuria internazionale realizzò la trasmissione di energia elettrica da Torino a Lanzo, sulla distanza di 40 chilometri.

Senza motori a corrente alternata, trasformatori e linee ad alta tensione il mondo moderno non esisterebbe. Ma come Pacinotti, neppure Galileo Ferraris si curò di chiedere brevetti. Voleva che il suo motore fosse un contributo disinteressato al progresso dell'umanità. Risultato: Nicola Tesla, genio specializzato nel copiare senza pudore le idee altrui, si attribuirà l'invenzione del motore a corrente alternata. E non solo quello: anche la radio, il trasformatore, la lampada a fluorescenza e altre cose. Era così convinto di sé che nel 1915 rilasciò interviste spacciandosi come vincitore « in pectore » del premio Nobel. Peccato che il riconoscimento sia poi andato ai Bragg, padre e figlio, per i loro studi sulla struttura atomica dei cristalli tramite raggi X.

Il vero inventore del motore elettrico a corrente alternata era nato il 30 ottobre 1847 a Livorno Vercellese, cittadina del Piemonte ora ribattezzata Livorno Ferraris. Rimasto orfano di madre a 8 anni, fece i primi studi presso uno zio medico e si laureò in ingegneria a 22 anni. Si dice che l'idea del suo motore gli sia venuta a Torino mentre passeggiava sotto i portici di via Cernaia in una nitida giornata di sole. La scansione regolare delle colonne e delle loro ombre gli avrebbe suggerito la cosiddetta «gabbia di scoiattolo», parte essenziale del «motore asincrono a induzione».

È sempre bene diffidare degli aneddoti, ma che Ferraris abbia concepito il campo magnetico rotante osservando luci e ombre alternate dalle colonne dei portici è verosimile se si considera il suo modo di ragionare per associazioni. A metterlo in evidenza è stato Carlo Emilio Gadda, un grande scrittore che, incidentalmente, era anche ingegnere. «La mente di Galileo Ferraris operava secondo categorie analogiche, trasferendo concetti e gruppi di concetti da uno ad altro campo scientifico ed applicativo.» Sono parole tratte da un testo che Gadda scrisse per il Terzo Programma, la rete radiofonica della RAI dedicata alla cultura. Nelle stesse pagine ricordava i contributi di Galileo Ferraris allo sviluppo del telefono, allo studio dei fenomeni ottici e, naturalmente, alle applicazioni di quella linfa vitale del nostro tempo che è l'elettricità.

Per vent'anni docente di fisica al Regio Museo Industriale di Torino (embrione del futuro Politecnico), Galileo Ferraris fu anche un buon maestro. Alessandro Cruto prese ispirazione da una sua conferenza popolare per inventare una lampadina migliore di quella costruita da Edison, l'altro padre del nuovo mondo elettrico. L'inventore americano era coetaneo di Ferraris (classe 1847) ma la sorte gli riservò una vita molto più lunga e fortunata. Appassionato di musica lirica, Ferraris morirà di polmonite non ancora cinquantenne all'indomani di una serata a teatro, dove aveva assistito a una rappresentazione di *Sansone e Dalila*. Edison camperà fino a 84 anni. Tesla, fino a 87. Entrambi con portafogli pieni di brevetti, più o meno meritati.

Circondati da motori elettrici

Motore asincrono a induzione. Sotto queste tre parole dal suono arcano si nasconde una delle macchine oggi più comuni. Il 60 per cento dell'elettricità prodotta nel mondo serve a far girare motori elettrici. Un po' come il borghese gentiluomo di Molière, che parlava in prosa senza saperlo, tutti noi più volte al giorno usiamo motori asincroni a induzione, con assoluta inconsapevolezza e senza la minima gratitudine per Galileo Ferraris.

I motori a corrente alternata che abbiamo in casa ben mimetizzati in vari elettrodomestici sono una ventina: tre nella lavastoviglie e altrettanti nella lavatrice, due o tre nel frigorifero, uno nell'aspirapolvere, uno nell'asciugacapelli, più quelli della cappa aspirante, quelli che fanno girare l'aria nel forno, del macinacaffè, del frullatore, dello spremiagrumi...

Alla lista vanno aggiunti i motori casalinghi alimentati a corrente continua. Sono almeno una dozzina: uno nel lettore di CD, uno nel lettore di cassette, tre nel videoregistratore, uno nel rasoio elettrico, uno nel computer, due o tre nella videocamera, altrettanti nella macchina fotografica. Un'altra decina si trova nell'auto per azionare l'avviamento, le ventole del raffreddamento, i tergicristalli, l'alzavetri, il dispositivo che blocca le porte, mentre i motorini per orientare gli specchietti retrovisori ora li hanno sostituiti con materiali a memoria di forma. In compenso, quando arriverà l'auto a idrogeno, avrà un motore elettrico.

Ecco, ora conosciamo un po' meglio i nostri schiavi elettrici. O almeno sappiamo dove, discreti e senza pretese, se ne stanno nascosti.

Fiat lux

Un tempo gli schiavi reggevano la fiaccola ai padroni. Li abbiamo sostituiti con decine di punti luce. Lampadari in ogni stanza, spie e display luminosi sugli elettrodomestici, faretti. Persino il forno e il frigorifero si illuminano aprendo lo sportello. È difficile, oggi, immaginare com'è stato buio il mondo per millenni e millenni, fino a due secoli fa.

L'illuminazione pubblica e privata ha poco più di due secoli. Nasce il 28 settembre 1799 quando il chimico francese Philippe Lebon (1767-1804) brevetta una lampada battezzata Thermolamp che brucia gas prodotto distillando carbone. Ma il governo parigino si dimostra insensibile all'illuminazione pubblica e l'invenzione non ha successo. Il povero Lebon finirà assassinato in circostanze misteriose.

Il gas illuminante si afferma in Inghilterra, dove lo fa conoscere Frederick Albert Winsor (1763-1830), un commerciante di origine tedesca che inventerà anche il fornello a gas. Grazie a un finanziamento di Watt, nel 1806 sorge a Londra la National Light and Heat Company, la prima azienda che abbia fornito ai propri clienti luce e riscaldamento a gas. I lampioni a gas resisteranno per un secolo, fino all'illuminazione elettrica, e lasceranno una traccia romantica in uno dei più bei film di Charlie Chaplin.

Nei fumetti di Walt Disney una lampadina che si accende sulla testa di Archimede Pitagorico ci avverte che questo eccentrico personaggio ha avuto l'ennesima trovata geniale o ha concepito qualche nuova stramba invenzione: per noi la lampadina è il simbolo di una qualsiasi idea intelligente. Ma chi ha avuto l'idea della lampadina?

Quasi tutti risponderanno l'americano Thomas Alva Edison, originario di Milan, nell'Ohio, Stati Uniti. La questione però è alquanto controversa. A contendersi l'invenzione della lampada ci sono anche l'inglese Joseph Swan e l'italiano Alessandro Cruto, nato nel 1847 come Edison (e Galileo Ferraris). Entrambi hanno in mano buone carte per affermare la loro priorità. Ma è giusto ricordare anche Davy (ancora lui), che aveva ideato l'arco voltaico, il francese Jobart, che nel 1838 aveva sperimentato una lampadina ad arco voltaico mettendo due barrette di carbone in un contenitore di vetro sotto vuoto, il russo Pavel Jablochov, che usò lo stesso sistema per illuminare la linea ferroviaria Mosca-Kursk e alcuni edifici pubblici, lo statunitense W.E. Staite, che nel 1845 brevettò in Inghilterra una lampadina a filamento di platino, l'inglese E.C. Sheferd, che nel 1850 perfezionò il filamento di platino, il russo Alexandr Lodighin, che nel 1868 illuminò con duecento lampade l'arsenale di San Pietroburgo.

Lampadina a incandescenza: l'effetto Joule

Il principio di funzionamento della lampadina a incandescenza è l'« effetto Joule », dal nome del fisico inglese James Prescott Joule (1818-1889) che lo scoprì e lo tradusse in una formula. Consiste nella dissipazione di energia elettrica sotto forma di energia termica. La formula permette di calcolare la quantità di calore prodotta moltiplicando la tensione per l'intensità della corrente circolante, per il tempo, e per un coefficiente di proporzionalità.

Possiamo immaginare l'elettricità come un flusso di particelle cariche, gli elettroni. Il flusso incontra tanta più resistenza quanto più piccolo è il conduttore nel quale scorre (in realtà non scorre dentro ma sulla superficie del cavo: e questo è l'« effetto pelle »). Come una folla fatica a transitare in un corridoio stretto e nel tentativo di passare le persone si urtano tra loro, così fanno gli elettroni spostandosi tra gli atomi da un capo all'altro del conduttore. Gli urti sviluppano calore e il cavo si riscalda. Oltre una certa temperatura, qualche centinaio di gradi centigradi, il conduttore incomincia a emettere luce rossastra. A temperatura ancora più alta, qualche migliaio di gradi, la luce diventa bianca (il famoso « calor bianco »). Ora sapete che, se state leggendo questo libro alla luce di una lampadina, lo fate usufruendo dell'effetto Joule.

La lampadina di Cruto

Ad Alessandro Cruto una vecchia edizione dell'*Enciclopedia Treccani* dedicava in tutto 9 righe e un errore di 27 anni nella data di nascita. Oltre a procurarci un'altra enciclopedia, che cosa si può fare per conoscerlo meglio?

Una soluzione potrebbe essere quella di visitare il museo che il Comune di Alpignano, in provincia di Torino, gli ha intitolato utilizzando una sua vecchia fabbrica di lampadine. In attesa di poterci andare, ecco qualche informazione preliminare. Cruto nasce a Piossasco, nella cintura torinese, esattamente 35 giorni dopo Edison. Purtroppo non gli basterà tutta la vita per recuperare questo piccolo ritardo: Edison accende la sua lampadina il 21 ottobre 1879, Cruto quattro mesi dopo, il 4 marzo 1880. Sul primato, quindi c'è poco da fare. Bisogna però aggiungere subito che la lampadina di Edison faceva poca luce e in media si fulminava dopo 40 ore, mentre quella di Cruto era molto più luminosa e brillava per 500 ore (da confrontare con le 2000 delle lampadine attuali). Se poi si vuole sottilizzare sulle date, allora va detto che Joseph Swan già il 18 dicembre 1878 aveva presentato alla Chemical

Society di Newcastle una sua lampada a filamento di carbone: il calendario stabilisce al di sopra di ogni dubbio che l'inventore della lampadina è Swan.

Figlio di un capomastro, Cruto seguì le orme paterne facendo il muratore. Fu però un abile sperimentatore e un intelligente autodidatta. Affascinato dall'elettricità, frequentava le conferenze di Galileo Ferraris. Seppe così che qualcuno aveva già sperimentato la lampadina a incandescenza. Ferraris tuttavia giudicava quei tentativi privi di utilità pratica per l'impossibilità di trovare un filamento capace di resistere a lungo alle alte temperature. Cruto prese la convinzione di Ferraris come una sfida. Fino ad allora aveva sognato di fabbricare diamanti artificiali. Perciò aveva studiato la cristallizzazione del carbonio e si era procurato macchine per comprimere fortemente pezzetti di carbone. I diamanti, infatti, sono ben ordinati reticoli di atomi di carbonio che si formano a grandi pressioni nel mantello terrestre, nelle profondità del nostro pianeta.

Cruto non riuscì a fabbricare diamanti artificiali ma mise a frutto ciò che nei suoi tentativi aveva imparato. Su un filamento di platino del diametro di un centesimo di millimetro reso incandescente dal passaggio della corrente elettrica, fece depositare uno strato di carbonio. L'operazione avveniva in un recipiente di vetro pieno di gas contenente, appunto, anche il carbonio. Il platino veniva poi vaporizzato aumentandone ulteriormente la temperatura: rimaneva così un tubicino di carbonio, che Cruto utilizzò come filamento della sua lampadina. Il vuoto pneumatico nell'ampolla di vetro migliorava in modo sostanziale la durata del filamento: Cruto curò molto questo particolare procurandosi le migliori pompe pneumatiche dell'epoca. La vita delle lampadine verrà poi allungata mettendo nel bulbo dell'argon, un gas che costituisce l'uno per cento dell'atmosfera terrestre. Con i suoi compagni elio, crypton, xeno, radon e neon, l'argon appartiene alla famiglia dei gas chiamati inerti o «nobili». I due aggettivi si giustificano perché questi gas sono riluttanti a combinarsi (sposarsi) con altri elementi chimici. Un filamento di carbonio o di qualsiasi altro materiale immerso in argon è come vaccinato contro ogni reazione chimica.

La lampadina di Edison

Edison incominciò a pensare alla luce elettrica a incandescenza nella primavera del 1878. Aveva 31 anni ed era un inventore affermato. Dal suo laboratorio era già uscito il fonografo, che nelle sue intenzioni doveva servire per dettare più rapidamente lettere di lavoro alle segretarie. A suggerirgli la lampadina a incandescenza fu un amico docente universitario, George Barker. Edison giurò che entro sei settimane avrebbe portato la luce nelle case degli americani.

Bisognava risolvere due problemi: una rete elettrica dedicata alla illuminazione e un filamento che resistesse a una temperatura molto alta. Al primo problema trovò presto soluzione: immaginò tante lampadine collegate in parallelo, ciascuna indipendente dalle altre grazie a un proprio interruttore; se una si fosse fulminata, le altre avrebbero continuato a brillare. Il secondo problema si rivelò più ostico. I filamenti splendevano per pochi istanti, poi bruciavano in una nuvoletta di fumo. Hermann Sprengel (1834-1906) aveva inventato una pompa pneumatica che lasciava solo una parte su un milione di ossigeno. Le ampolle sotto vuoto o piene di gas inerte evitavano la combustione del filamento ma non la fusione.

All'inizio Edison aveva sperato nel platino, metallo che ha il punto di fusione a 1772 °C. Ma, oltre a essere un elemento costoso, il platino si dimostrò inadeguato. Dopo aver provato 1600 materiali diversi, Edison approdò al carbonio, che fonde a 3500 °C. Edison poi calcolò che per ottenere la resistenza elettrica adeguata avrebbe dovuto fabbricare un filamento del diametro di 0,39 millimetri lungo 14,24 centimetri. Niente da fare. L'inventore però comprese che il carbonio avrebbe funzionato se avesse avuto una struttura fibrosa. Dopo aver messo alla prova fili di cotone carbonizzato, scelse le fibre del Madake, una varietà giapponese di bambù. La lampadina rimase accesa per 40 ore, durante le quali si dice che Edison non abbia mai staccato lo sguardo dal filamento. Peccato che dopo qualche decina di ore anche i filamenti di bambù andassero in fumo. Edison era testardo. «Non ho fallito», disse una volta, «ho solo trovato 1600 soluzioni che non funzionano.»

Anche Swan aveva optato per un filo di carbonio, e naturalmente neppure lui ottenne risultati soddisfacenti. Della sua lampadina è rimasto (sempre meno usato) l'innesto a baionetta, detto appunto innesto Swan.

I primati di Cruto

Cruto sperimentò materiali non molto diversi da quelli dei rivali ma la sua tecnologia, almeno per un po' di anni, risultò la migliore sul mercato, e la Westinghouse preferì il suo brevetto a quello di Edison. Il quale tuttavia, grazie allo spirito di iniziativa e alla potenza del capitale americano, riuscirà a imporsi al mondo come l'inventore della lampadina mentre la fama di Cruto non andrà oltre Alpignano, dove aprì una fabbrica di lampadine, poi rilevata dalla Edison nel 1910 e infine, nel 1927, dalla Philips. Ci si può consolare ricordando che Cruto fu il primo a illuminare un treno in corsa (il Torino-Aosta), un battello (sul lago di Ginevra), un ospedale (a Le Havre) e una piazza: per la storia, nell'aprile 1884, piazza Carlo Felice a Torino, mentre Parigi arrivò otto mesi dopo con place de la Concorde.

Dieci maestri vetrai fatti venire da Venezia producevano nella fabbrica di Cruto mille lampadine al giorno. Gli operai erano inizialmente 26. Alpignano, sede dello stabilimento, fu tra i primi paesi dotati di lampioni stradali. Anziché esserne fiera, subito la cittadinanza benpensante incominciò a lamentarsi: l'illuminazione pubblica era insufficiente, a danno dei cittadini onesti e a vantaggio dei briganti. Discorsi che si sentono ancora nel terzo millennio.

Arriva il tungsteno. E poi la lampada alogena

Riconosciuto il lavoro dei pionieri Swan, Edison, Cruto e compagni, bisogna tuttavia dire che il miglioramento decisivo della lampadina a incandescenza fu merito di William Coolidge (1873-1975), che nel 1903 al filamento di carbone sostituì quello di tungsteno, migliorando enormemente qualità, resa e durata. Le lampadine di Cruto fornivano 2 lumen per watt e duravano circa 500 ore, quelle attuali ne danno 13 e durano 2000 ore. Inoltre le lampadine di Cruto spandevano una luce rossastra perché il filamento raggiungeva soltanto i 1500 °C. Quelle moderne, con un filamento di tungsteno che raggiunge i 2500 °C, emettono una luce bianca molto più gradevole.

Rimaneva un problema: il filamento di tungsteno per effetto dell'alta temperatura lentamente evapora e i suoi atomi vanno a depositarsi sulle pareti interne del bulbo. Con il tempo questo fatto ha due conseguenze sgradevoli: il filamento si assottiglia diventando fragile, e il tungsteno evaporato sporca il vetro dell'ampolla rendendolo meno trasparente. A tutti sarà capitato di osservare la minutissima polverina che annerisce i bulbi delle lampade vecchie.

La soluzione è venuta con le lampade alogene. In esse il bulbo contiene una piccola quantità di un gas alogeno, per esempio lo iodio (alogeno significa «generatore di sali»; sono alogeni gli elementi del gruppo VIIA del Sistema Periodico: fluoro, cloro, bromo, iodio e astato). Le reazioni chimiche tra il gas e il tungsteno riportano gli atomi evaporati di questo elemento verso il filamento, accrescendone la durata e conservando intatta la luminosità grazie all'eliminazione dei depositi di tungsteno sull'ampolla. Quest'ultima, molto più piccola, viene realizzata in quarzo per renderla più resistente al calore: così la lampada alogena fornisce una luce ancora più bianca e più intensa.

Luce sprecata

Dopo Cruto, che morì il 16 dicembre 1908, il mondo andò illuminandosi sempre più, anche grazie a lampade concepite sul principio della fluorescenza (al neon, al mercurio, al sodio). In Italia il 12 per cento dell'elettricità domestica serve per l'illuminazione, con un consumo medio di 370 kWh l'anno per nucleo familiare. Altri paesi, come gli Stati Uniti, in proporzione consumano molto di più. Così, dopo millenni di impenetrabili tenebre notturne, oggi l'uomo si trova a fare i conti con un inquinamento luminoso che lo priva della meravigliosa visione del cielo stellato, la finestra aperta sull'universo che non solo è fonte di emozioni estetiche ma ha suggerito all'uomo le grandi domande filosofiche: che senso ha la nostra esistenza, siamo soli nel cosmo, c'è uno scopo in tanti miliardi di stelle?

La luce dispersa nel cielo raddoppia ogni decennio: è facile accorgersene volando in aereo o guardando foto riprese da satelliti artificiali. Già oggi i bambini che vivono in città non sanno più che cosa sia un cielo stellato. La Via Lattea, cioè la nostra galassia, a stento si scorge da località isolate di montagna. Di questo passo nel 2050 sparirà anche Sirio, la stella più luminosa del cielo. L'universo accessibile all'occhio nudo si ridurrà al Sole, alla Luna e ai tre pianeti più luminosi: Venere, Marte e Giove.

Il rimedio sarebbe semplice: mettere un cappuccio ai lampioni dell'illuminazione pubblica in modo che la luce vada tutta verso le strade (dove serve) e non verso il cielo (dove dà fastidio). Soltanto in Italia, si risparmierebbe elettricità per 200 milioni di euro l'anno.

Fine dell'incandescenza

Anche noi, nelle nostre case, possiamo fare qualcosa per risparmiare elettricità senza rinunciare a una buona illuminazione. Basta usare lampadine a incandescenza soltanto nei locali dove devono stare accese pochi minuti. In tutti gli altri casi – cucina, salotto, bagno, studio, camera da letto – conviene installare lampade a fluorescenza, che possono fornire 37 lumen per ogni watt di potenza elettrica assorbito, il triplo delle lampade a incandescenza. Queste, in prospettiva, sono destinate a scomparire. Poiché trasformano in luce solo il 5 per cento dell'energia di partenza, i governi più attenti al risparmio energetico e alla riduzione dell'inquinamento stanno preparando norme che le metteranno fuori legge. L'Australia ha fissato il 2011. Per l'Unione Europea si parla del 2012. Con buona pace di Edison, Swan e Cruto. Se tutte le famiglie italiane sostituissero una lampadina a incandescenza da 100 watt con l'equivalente lampada a fluorescenza da 20 watt, in un anno si eviterebbe di riversare nell'atmosfera un milione di tonnellate di anidride carbonica, il gas responsabile di una metà dell'effetto serra. Non si tratta solo di spendere meno, dunque, ma di non aggravare il riscaldamento globale del pianeta. Le proiezioni dicono che nel 2020, sostituendo le sorgenti a incandescenza, si risparmierà il 52 per cento dell'elettricità usata nel 2008 per l'illuminazione.

L'era della fluorescenza

La luce a fluorescenza ha un padre nobile, il fisico francese Henri Becquerel (1852-1908), che alla fine dell'Ottocento osservò e descrisse gli effetti di una scarica elettrica attraverso un gas, ma fu Georges Claude (1870-1960) nel 1909 a sviluppare il principio della fluorescenza nel primo tubo al neon, gas che era stato scoperto da Ramsay nel 1898. Solo nel 1936 però questo tipo di lampada, adattata e brevettata da George E. Inman, incomincia a diffondersi, soprattutto nelle insegne pubblicitarie, e bisognerà attendere il 1948 e la scoperta delle polveri fluorescenti agli alofosfati di calcio e di stronzio per avere una luce più stabile. All'inizio l'unico colore ottenibile era il rosso, corrispondente alla lunghezza d'onda emessa dal neon. L'indice di resa del colore migliorerà ancora nel 1972 grazie a polveri fluorescenti blu e verdi agli alluminati di magnesio e, per il rosso, all'ossido di ittrio.

Le più recenti lampade a fluorescenza sono piccole, danno una bella luce bianca e consentono grossi risparmi. In esse un trasformatore aumenta la tensione della corrente facendo emettere al catodo un flusso costante di elettroni. Questi eccitano gli atomi del vapore di mercurio contenuto nel tubo inducendoli ad emettere luce ultravioletta. Passando attraverso il fosforo che riveste il tubo, l'ultravioletto si trasforma in luce visibile.

Illuminare le nostre case assorbe il 12 per cento del consumo totale di energia elettrica e rappresenta l'otto per cento delle spese totali di una famiglia. Queste cifre possono diventare cinque volte più piccole semplicemente sostituendo le lampadine a incandescenza con luci a fluorescenza. È vero che costano cinque volte di più, ma già dopo un anno il risparmio ha compensato la spesa, e la loro durata va da sei a dodici volte quella delle lampadine tradizionali. In 10 mila ore, una lampadina fluorescente da 15 watt (pari a una a incandescenza da 75 watt) fa risparmiare 600 kWh evitando nello stesso tempo l'emissione di 320 chilogrammi di anidride carbonica. Sull'intero paese, le lampade a fluorescenza farebbero risparmiare l'energia prodotta da 10 centrali di taglia medio-grande. L'energia più pulita è quella che non si consuma, le centrali perfette quelle che non si devono costruire.

Anche in questo caso, però, non si sfugge al bilancio costi/benefici. Tra i costi occulti delle lampadine a fluorescenza bisogna mettere il fatto che contengono una piccola quantità di fosforo, elemento velenoso, e da 3 a 6 milligrammi di mercurio, metallo inquinante che, se disperso nell'ambiente, entra nella catena alimentare con gravi effetti tossici sull'uomo. Le lampade a fluorescenza non devono quindi finire nei rifiuti indifferenziati e nemmeno nel vetro. Dal 2004 esiste il Consorzio Ecolamp per il loro recupero e smaltimento. Il 99% dei materiali della lampada può essere riciclato. Anche i tubi al neon contengono mercurio (da 3 a 50 milligrammi) e devono essere consegnati a Ecolamp al termine della loro vita. In media da una tonnellata di rifiuti di lampade fluorescenti si estraggono 100 grammi di mercurio.

Fiat led

Nella lotta contro il buio, in principio fu il fuoco. Passa mezzo milione di anni e verso il 1100 a.C. gli egizi incominciano a fabbricare candele di papiro e pece o cera di api. A Pompei dal I al III secolo d.C. fiorisce l'industria dei lumi a olio, ma bisogna aspettare il 1831 per avere i primi fiammiferi. La Rivoluzione francese aveva appena spento le 24 mila lanterne che rischiaravano i giardini di Versailles quando, nel 1792, l'ingegnere scozzese William Murdoch incomincia a sperimentare il gas illuminante. Avrà vita breve: lo liquiderà la lampadina elettrica a incandescenza.

In un secolo la resa in luce rispetto all'energia spesa è cresciuta di venti volte. È difficile però fare altri progressi senza cambiare radicalmente la tecnologia. Superata l'incandescenza, occorre superare anche la fluorescenza.

Il sorpasso si chiama led, sigla di *Light Emitting Diode*, diodo a emissione di luce. In esso una corrente elettrica applicata a due diversi materiali semiconduttori genera fotoni, cioè «particelle» di luce. I due materiali semiconduttori sono caratterizzati l'uno da un eccesso di cariche negative e l'altro da «lacune» pronte ad accoglierle. La luce viene emessa nella zona di giunzione tra i due semiconduttori.

I led hanno già sostituito le lampadine nei semafori e negli stop delle auto. Presto invaderanno le nostre case, dove per adesso si limitano a fare da spia su televisori, computer e Hi-Fi. Non scaldano, consumano poco, hanno colori puri, durano 15 mila ore e il prezzo scenderà di pari passo con la loro diffusione.

L'elettroluminescenza, cioè il fenomeno fisico che ne fa una sorgente di luce, è nota da un pezzo. La scoprì Henri Round nel 1907 in un composto di silicio e carbonio e la ritrovò indipendentemente il russo Oleg Losev verso il 1925, ma nessuno si accorse delle loro ricerche. Seguirono altri lavori di Bob Biard nel 1955 alla Texas Instruments e di Gary Pittman nel 1961, che ne ottennero il brevetto. Ma quei led emettevano luce infrarossa, invisibile ai nostri occhi. Fu Nick Holonyak, un pioniere dei transistor, a sviluppare nel 1962 alla General Electric il primo diodo a luce rossa. Dieci anni dopo George Craford ottiene led molto più luminosi a luce gialla. Il tocco finale l'ha dato il giapponese Shuji Nakamura con il led blu, invenzione consacrata con il Millennium Technology Prize (un milione di euro). A questo punto, mettendo insieme led dei tre colori fondamentali – rosso, verde e blu –, è caduto l'ultimo ostacolo: avere luce bianca.

A ben guardare, all'origine dei led troviamo Albert Einstein e il suo concetto di fotone, l'atomo di luce, introdotto nel 1905 per spiegare l'effetto fotoelettrico, cioè l'emissione di elettroni da parte di certi metalli quando venivano illuminati. I materiali usati nella giunzione dei diodi a emissione di luce determinano la lunghezza d'onda dei fotoni emessi, e quindi il loro colore. Per esempio con alluminio, gallio e arsenico si ottiene luce rossa o infrarossa (usata nel telecomando e nelle telecomunicazioni). Con gallio, alluminio e fosforo si ha luce verde. Silicio e carbonio come substrato danno luce blu. Tutti i fotoni generati da un dato materiale hanno uguale energia. Il led è quindi una sorgente di luce monocromatica molto pura. Questa luce, come quella del laser, si può incanalare in fibre ottiche capaci di portarla a grandissima distanza. L'applicazione dei led nelle telecomunicazioni su fibra ottica e in generale nell'optoelettronica è forse ancora più importante dell'uso nell'illuminazione.

Oled e lec all'orizzonte

Attualmente si affaccia al mercato una nuova generazione di diodi a emissione luminosa non più inorganici (i materiali classici sono arseniuro e fosfuro di gallio, carburo di silicio, nitruro di gallio e indio) ma fatti con materiali organici: gli oled (*Organic Light Emitting Diode*). Al CNR di Bologna, l'Isof, Istituto per la sintesi organica e la fotoreattività, è uno dei centri più avanzati nello sviluppo di questi dispositivi e partecipa al consorzio Olla, nato dalla collaborazione tra 24 centri di ricerca pubblici, università e industrie dell'Unione Europea, con una dotazione di 20 milioni di euro per sviluppare la luce del futuro. L'ultimo risultato è del maggio 2007: un prototipo che emette 25 lumen per watt, dura oltre 5000 ore e ha una luminosità iniziale di mille candele per metro quadrato.

Sappiamo già che le lampade a incandescenza trasformano in luce appena il 5 per cento dell'energia elettrica, il resto si disperde in calore. I tubi a fluorescenza sono più efficienti, ma anche in questo caso solo un terzo dell'energia spesa diventa luce. I led hanno un'efficienza molto più alta (circa il quadruplo) e forniscono luce di ogni colore.

La struttura degli oled è a tramezzino ma invece di pane, burro e salame troviamo componenti ad alta tecnologia: un supporto che può essere una lastra di vetro o un film di plastica, un elettrodo trasparente che funge da anodo (di solito ossido di indio e stagno), alcuni strati organici dello spessore di 100-200 milionesimi di millimetro che sono il materiale attivo emettitore di luce e un secondo elettrodo (il catodo) che consiste di un metallo reattivo come il bario o il calcio ricoperto da uno strato protettivo di alluminio o di argento. Il tutto ben sigillato per impedire l'infiltrazione di inquinanti.

Applicando una tensione agli elettrodi, si iniettano cariche elettriche positive (buche) e negative (elettroni) attraverso lo strato organico attivo. Quando elettroni e buche si ricombinano, abbiamo l'emissione di fotoni, cioè di luce, attraverso l'anodo e il substrato trasparenti. Regolando l'energia dei fotoni si ottiene luce di vari colori, oppure luce bianca miscelando rosso, verde e blu. La tensione elettrica applicata all'oled regola la luminosità.

Per la loro struttura, gli oled si prestano a costruire sorgenti di luce sottili come fogli di carta, che possono essere applicate su oggetti dalle forme più varie: non c'è limite per i progettisti più creativi. L'obiettivo è di giungere a piastrelle che emettano luce bianca intensa (mille candele per metro quadrato) con una grande efficienza energetica (50 lumen per watt) e con una lunga durata (15 mila ore, contro le 2000 delle lampade a incandescenza e le 5000 di quelle a fluorescenza). Le applicazioni commerciali sono previste per il 2010-2012.

Oggi l'Europa consuma per rischiararsi 390 terawattora all'anno (1 tWh = mille miliardi di watt/ora). Quando gli oled avranno sostituito un terzo delle altre sorgenti di luce, si avrà una riduzione del consumo elettrico di 35 tWh/anno, pari all'energia fornita da 7 grandi centrali, con una riduzione di 25 milioni di tonnellate di anidride carbonica immessa nell'atmosfera.

Concorrenti degli oled sono i lec, *Light Emitting Capacitor*. In forma di pannelli flessibili e modellabili spessi un millimetro, disponibili in tutti i colori, con una vita di 15 mila ore, possono ricoprire superfici curve in casa e all'aperto utilizzando corrente da rete elettrica o da batterie. Il costo attuale è di 90 euro per la superficie di un foglio di carta formato A4: alto per usi domestici ma non per usi pubblicitari, settore nel quale hanno già una discreta fetta di mercato.

Anche i pannelli lec sono pellicole di plastica con una struttura a panino, dove il salame è uno strato di fosforo. Applicando una tensione tra lo strato di plastica conduttrice e lo strato elettrodo, si genera un campo elettrico che eccita gli atomi di fosforo rendendoli luminescenti. Nel fosforo, altra sostanza che richiede cautela quando si trattano i rifiuti, sta anche il loro problema.

La luce del buonumore

Nell'illuminazione, oltre al risparmio, conta la qualità. La luce del Sole mette allegria. L'azzurrino dei tubi a fluorescenza e la luce gialla dei lampioni al sodio lungo le strade di periferia, ma anche il chiarore smorto di certi abat-jour, spianano la strada alla depressione. Così psicologi e illuminotecnici si sono messi a collaborare per inventare la lampadina del buonumore: una sorgente di luce che imitando la luce solare ci faccia sentire immersi nella natura anche quando siamo chiusi in ufficio.

Ogni luce ha una sua «temperatura di colore». Quella del Sole è di 5400 kelvin, un cielo azzurro sta tra 10 e 18 mila kelvin, le lampadine a incandescenza sono sui 2900, i lec tra 7500 e 11 mila kelvin. In una bella giornata all'aperto abbiamo una miscela di luce diretta del Sole, luce solare riflessa e luce diffusa dal cielo. È questa miscela a mettere allegria. Non basta. L'illuminazione naturale varia dall'alba al tramonto. Per fare la lampadina del buonumore occorre una sorgente di luce con la giusta temperatura di colore ma anche capace di variare intensità secondo i ritmi naturali. Adolfo Guzzini, titolare di una azienda di Recanati, già nel 1988 ha creato un centro di ricerca nel campo della fotobiologia. Il risultato è Sivra, un sistema di illuminazione gestito da computer che simula la luce del Sole e i suoi ritmi. Ha trovato le prime applicazioni in case di cura per malati di depressione, poi in istituti per anziani come l'Elderly di Tokyo e in centri per il recupero delle persone in coma. Ora sono in circolazione anche sistemi per uso domestico, a 800-1500 euro per una stanza di 20 metri quadrati.

Intanto, proprio mentre si pensa di metterla fuori legge perché sprecona e inquinante, la lampadina a filamento di tungsteno prepara la riscossa. Negli Stati Uniti, ai Sandia National Laboratories, tempio della ricerca militare, il fisico Shawn Lin ha modificato la struttura del tungsteno per limitare la dispersione di calore. In pratica, il tungsteno viene trattato in modo da trasformarlo in un «cristallo fotonico», un reticolo capace di ingabbiare l'energia termica dispersa e convertirla in luce. Risultato: le nuove lampadine a incandescenza trasformano in luce il 50 per cento dell'energia elettrica, una resa dieci volte quella delle lampadine tradizionali. Numeri da far concorrenza ai led.

Il Sole, tuttavia, rimane insuperabile e gli architetti finalmente se ne sono accorti. Un edificio intelligente è orientato in modo da sfruttare nel modo migliore la luce naturale. E dove non arriva la luce diretta, arrivano le fibre ottiche e speciali pellicole prismatiche, che possono prendere luce dall'esterno e portare il Sole anche in cantina.

Big Bang: l'era pre-elettrica

Oltre a illuminare e far girare i motori elettrici, la forza elettrica è tanto fondamentale e diffusa che noi stessi, con il nostro corpo e il nostro pensiero, ne siamo un'espressione.

Sono le forze elettriche a creare le molecole, dalla semplicissima molecola dell'acqua alle complicatissime molecole del DNA e delle proteine: tutta la chimica è una manifestazione dell'elettricità.

Lo stesso discorso vale per la resistenza dei materiali. La materia è fatta di atomi e gli atomi sono fatti essenzialmente di vuoto: se il loro nucleo fosse grande come una mela, gli elettroni che lo circondano si troverebbero a un centinaio di metri. Ma allora perché i corpi non si compenetrano come fantasmi? Perché una martellata può spezzare una pietra e lo scontro frontale di due auto è catastrofico? Gli oggetti fisici ci appaiono duri perché gli elettroni del materiale di cui sono fatti oppongono resistenza. Praticamente, a parte le limitate applicazioni dell'energia nucleare, tutte le tecnologie che usiamo funzionano grazie alla forza elettrica. Prima di procedere all'esplorazione delle macchine annidate nella nostra casa è dunque opportuno conoscere un po' meglio questa forza. Ciò richiede una incursione-digressione nella fisica delle particelle elementari.

Parlando biblicamente, in principio – e ci spiace sinceramente per l'ENEL e gli altri produttori messi sul mercato dalla liberalizzazione dell'energia – la forza elettrica non esisteva. Ma arrivò molto presto: un millesimo di miliardesimo di secondo dopo il Big Bang, cioè dopo l'istante iniziale dell'universo che gli astrofisici datano intorno a 14 miliardi di anni fa.

Dell'era pre-elettrica purtroppo la scienza sa poco. Dobbiamo accontentarci di riassumerne gli eventi principali, peraltro assai rilevanti. Perché l'era pre-elettrica fu breve, ma intensa: i primissimi istanti dell'universo sono i più ricchi di eventi. Dei 14 miliardi di anni alle nostre spalle, ciò che conta è successo nei primi tre minuti, ma le cose più importanti di quei primi tre minuti sono accadute nei primi tre secondi, e ciò che dei primi tre secondi è veramente significativo è avvenuto nei primi tre millesimi di miliardesimo di secondo. È lì che si collocano, cosmicamente parlando, i fatti fondamentali da cui tutto il resto discende. È lì che si susseguono grandiosi colpi di scena. Il seguito, a paragone, sarà soltanto una prolissa decadenza, un lento impallidire del bagliore iniziale.

Possiamo immaginare il Big Bang come un lampo di energia che si espande a partire da una singolarità (parola che i fisici usano per indicare ciò che non sanno descrivere) virtualmente puntiforme, creando insieme il tempo e lo spazio.

All'epoca, la materia non esisteva ancora e le forze della natura che oggi conosciamo e tra poco descriveremo erano una cosa sola. Siamo nell'era della gravità quantistica, un'epoca remotissima nella quale tutte le forze sono mescolate e si comportano come una forza di gravità ultrapotente e quantizzata. Non entriamo nei particolari. Per il seguito del discorso, non è importante capirlo fino in fondo: del resto i fisici stessi ammettono di capirci poco o nulla. Diciamo che in principio – e questa volta l'espressione « in principio » suona davvero biblicamente – esisteva una unica forza e questa era la gravità, che tuttavia già covava nel proprio seno anche le tre forze di cui tra poco parleremo.

L'era della gravità quantistica dura pochissimo: dieci alla meno 43 secondi. Cioè un centomilionesimo di miliardesimo, di miliardesimo, di miliardesimo, di miliardesimo di secondo. A questo punto la forza di gravità – quella che fa cadere gli oggetti sulla Terra e tiene insieme i pianeti, le stelle e le galassie – si separa dalle altre e diventa autonoma. Questa è una specie di Genesi secondo la fisica: qualcuno disse « Sia la gravità », la gravità fu, e tuttora è viva e vegeta, come ben sappiamo quando qualcosa di fragile ci sfugge di mano.

Incomincia allora una seconda epoca cosmica, che i fisici chiamano « era della grande unificazione ». In realtà la vera grande unificazione era stata prima, quando tutte e quattro le forze stavano insieme. Adesso soltanto tre forze sono rimaste insieme: ma viene chiamata « era della grande unificazione » perché alla fine del Novecento, il lavoro dei maggiori fisici teorici si concentrò nel costruire una teoria per spiegare proprio l'unità di queste tre forze. Il che è molto difficile, ma ancora più difficile sarebbe fare una teoria della gravità quantistica. La teoria delle Superstringhe sembra essere oggi la miglior candidata ma qui non è il caso di affrontare un discorso così impervio.

Inclusa nell'era della grande unificazione, c'è anche una fugace ma importante « era inflattiva »: per qualche infinitesimo istante – da dieci alla meno 36 a dieci alla meno 34 secondi dopo il Big Bang – l'universo si espande con una velocità eccezionale, superiore a quella della luce. Poi, giunti a dieci alla meno 34 secondi dall'Istante Zero, dal groviglio primordiale si separa un'altra forza, che i fisici hanno battezzato « interazione forte ». Di questa torneremo a parlare, perché è molto importante: tiene insieme i nuclei atomici.

Ricapitolando, la gravità se n'è già andata per i fatti suoi e l'interazione forte si rende autonoma a dieci alla meno 34 secondi: rimane dunque un intreccio di altre due forze.

Queste due forze restano insieme per un periodo che, sulla scala temporale che stiamo trattando, è davvero lunghissimo: si disgiungono un millesimo di miliardesimo di secondo dopo il Big Bang.

A sgrovigliare le due forze residue fu Carlo Rubbia, che per questo nel 1984 ebbe il premio Nobel insieme con Simon van der Meer. In che senso le ha sgrovigliate? Scoprendo a quale livello di energia, o se preferite a quale livello di temperatura, queste due forze si separano e assumono ognuna la propria individualità.

L'impresa fu realizzata a Ginevra nei laboratori del CERN con la scoperta delle particelle chiamate W e Z.

L'esperimento che ha rivelato W e Z fu realizzato all'inizio degli anni Ottanta del secolo scorso in un grande acceleratore di particelle (oggi di gran lunga superato), il super-proto-sincrotrone: un anello di magneti lungo 7 chilometri nel quale si facevano scontrare protoni e antiprotoni. Nel punto in cui protoni e antiprotoni collidevano si creava una energia tanto elevata quanto quella che esisteva nell'universo neonato, un millesimo di miliardesimo di secondo dopo il Big Bang.

W e Z erano state previste dai fisici teorici Steven Weinberg, Sheldon Glashow e Abdus Salam, che per questo avevano avuto il Nobel nel 1979. Appartengono alla famiglia dei bosoni, cioè sono portatrici di una forza; più precisamente sono le particelle che trasportano l'interazione elettrodebole: e qui si incomincia a sentire la parola che ci interessa.

Fino a un millesimo di miliardesimo di secondo dal Big Bang, la forza elettrica era mescolata con un'altra forza fondamentale che i fisici chiamano « interazione debole ». L'interazione debole è la forza che interviene nei fenomeni radioattivi: per esempio se certi atomi non sono completamente stabili ma decadono in altri, come succede per l'uranio, è l'interazione debole ad agire; se un neutrone lasciato isolato, quindi non dentro un nucleo, dopo un po' di tempo decade in altre particelle, è l'interazione debole a regolare questo fenomeno.

Nel punto di separazione tra l'interazione debole e la forza elettrica inizia la nostra conoscenza sperimentale del mondo: tutta la preistoria elettrica è una teoria abbastanza condivisa nella famiglia dei fisici ma ancora da verificare. Invece a partire dall'impresa di Rubbia la conoscenza della storia dell'universo incomincia ad appoggiarsi su dati di laboratorio.

È interessante notare l'enorme divario di forza oggi esistente fra le quattro interazioni fondamentali che si sono rese autonome poco dopo il Big Bang. La forza gravitazionale è di gran lunga la più flebile delle quattro: fatta la gravità uguale a uno, l'interazione debole è cento milioni di miliardi di miliardi di volte più potente, l'interazione elettromagnetica è un miliardo di volte più potente dell'interazione debole e infine l'interazione forte è ancora cento volte più potente dell'interazione elettromagnetica. Insomma, rispetto alla gravità, la forza elettrica è un miliardo di miliardi di miliardi di miliardi di volte più intensa.

Ma la gravità si somma sempre, mentre le cariche elettriche possono essere positive o negative, e quindi si elidono. Elettricamente nel complesso l'universo è neutro. A dettarne le leggi su grande scala rimane quindi la gravità. Singolare e istruttivo esempio di dominio del più debole.

L'era elettrica

Consumato il divorzio tra interazione debole e interazione elettrica, lo scenario si evolve rapidamente. Dall'energia si formano quark ed elettroni, le prime particelle elementari. I quark si combinano per formare protoni e neutroni. Siamo a tre minuti dal Big Bang. Poco dopo protoni e neutroni si uniscono per formare i nuclei di alcuni atomi molto semplici: all'inizio abbiamo soltanto idrogeno con il suo isotopo deuterio, elio e un pizzico di litio. I nuclei raffreddandosi, 400 mila anni dopo il Big Bang, cattureranno gli elettroni. I fotoni ora sono liberi di viaggiare, e il cosmo si illumina. Con questi pochi ingredienti inizia la storia dell'universo che ancora oggi possiamo osservare, perché idrogeno, deuterio ed elio danno luogo alle prime stelle, e le stelle si aggregano in galassie.

Dentro le stelle si sviluppa una meravigliosa alchimia cosmica: la costruzione di una varietà di nuclei atomici più pesanti dell'idrogeno, dell'elio e del litio originari. Questa alchimia nucleare darà origine agli elementi chimici di cui noi stessi siamo costituiti, primo tra tutti il carbonio, mattone fondamentale della chimica organica. Ma anche l'ossigeno, il ferro, il calcio, il fosforo e tutti gli altri: per ciò che riguarda i nostri ingredienti, noi siamo letteralmente figli delle stelle.

Sarebbe interessante approfondire la formazione degli elementi chimici nelle stelle e nelle loro esplosioni ma sarebbe un altro libro. Qui serve invece un cenno ai primi passi compiuti dall'uomo nell'esplorazione della forza elettrica.

Ambra e calamite

Almeno nel mondo occidentale, possiamo attribuire la scoperta della forza elettrica al filosofo greco Talete. Siamo nel 600 a.C. quando Talete si accorge che l'ambra, se strofinata, attira i chicchi di grano. Lo stesso Talete studia un altro materiale misterioso: minerali che attraggono il ferro e che, provenendo dalla città di Magnesia, sono chiamati « magnetiti ». Talete, insomma, con l'ambra scopre l'elettricità, e con la magnetite scopre il magnetismo, due fenomeni strettamente imparentati. Ambra in greco si dice *elektron*. Ed ecco che abbiamo l'elettricità e l'elettromagnetismo: in questo pizzico di filologia c'è il seme del mondo moderno.

Agli esperimenti di Talete seguono duemila anni durante i quali nella comprensione della forza elettrica non si fanno progressi, fino a quando William Gilbert (1540-1603) studia il magnetismo. Arriviamo dunque al 1733, quando un francese, Charles Du Fay, scopre che due cariche elettriche possono non soltanto attrarsi ma anche respingersi, e quindi ci sono, per così dire, due tipi di elettricità. Questa, almeno, era l'interpretazione che veniva data all'epoca: c'era una elettricità « vetrosa », tipica del vetro, che noi oggi chiameremmo positiva, e una elettricità « resinosa », tipica della resina, che potremmo chiamare, oggi, con il senno di poi, negativa.

Alessandro Volta, e poi ancora Faraday

A questo punto i progressi si fanno incalzanti. A Bologna, sulla fine del Settecento, Luigi Galvani studia l'elettricità animale e polemizza con il fisico di Como Alessandro Volta, che nel 1800 inventa la pila – ma è ricordato anche come il Parmentier italiano, in quanto sostenne l'introduzione della patata nella nostra cucina. Sorprendente è che l'organo del gusto entri pure nell'invenzione della pila. Volta scoprì che, tenendo un dischetto di rame sotto la lingua e un dischetto di zinco sopra, quando metteva in contatto i due dischetti sentiva un pizzicore attraversargli la lingua. Il pizzicore era corrente elettrica. Fu quella la prima batteria. La « pila » ne è un perfezionamento: tanti dischetti di rame e di zinco separati da strati di stoffa inumidita con acqua salata o contenente acido (come la saliva).

Nel 1820 Michael Faraday ipotizza l'esistenza di « corpuscoli di elettricità »: intuizione straordinaria, che troverà conferma nella scoperta degli elettroni.

Come già sappiamo, Faraday era attratto, più che dalla teoria, dalla pratica: ideò e costruì vari apparecchi elettrici, e tra questi, intorno al 1825, l'antenato della dinamo e del motore elettrico. A questo dispositivo è legato un aneddoto curioso. Nel 1867 lo statista inglese William Ewart Gladstone, esponente del partito conservatore, visita il laboratorio di Faraday. L'ex rilegatore di libri gli fa vedere i suoi apparecchi, a cominciare dalla dinamo. Gladstone, osservato l'oggetto con scarso interesse, domanda: « Ma questa dinamo a che cosa serve? » Risposta di Faraday: « Per adesso a che cosa serva io non lo so, ma sono sicuro che prima o poi lei ci metterà sopra una tassa ». La prima tassa sull'energia elettrica fu introdotta in Inghilterra nel 1880. Faraday non c'era più, ma era stato buon profeta.

Poi arriva Maxwell, che definisce la teoria dell'elettromagnetismo: una serie di equazioni estremamente eleganti che riassumono in modo coerente tutte le conoscenze fino ad allora accumulate e fanno anche importanti anticipazioni, prevedendo le onde radio.

La scoperta dell'elettrone

Ormai era abbastanza chiaro che l'elettricità è un flusso di particelle cariche e che la materia è fatta di atomi: l'elettrolisi lo aveva reso evidente. Ma occorre arrivare al 1898 e all'inglese Joseph John Thomson (1856-1940) perché gli elettroni vengano individuati sperimentalmente. Thomson ne calcola anche la massa, che risulta piccolissima, circa un duemillesimo dell'atomo di idrogeno. L'elettrone è dunque la prima particella elementare che sia stata scoperta. Tredici anni dopo Rutherford scopre il nucleo atomico, con i suoi protoni. Ma non si conosce ancora l'altro componente nucleare, il neutrone: lo trova Chadwick nel 1932. Fermi se l'era lasciato sfuggire, Majorana ne aveva intuito l'esistenza.

La scoperta degli elettroni è alla base della comprensione delle reazioni chimiche: gli atomi formano le molecole mettendo in comune i loro elettroni. Ma qui ci interessa ancora che gran parte degli apparati tecnologici che ci attorniano – radio, televisione, telefoni, computer, radar... – non sono altro che apparecchi che incanalano, accelerano, rivelano o fanno oscillare elettroni.

La forza elettrica torna a svolgere un ruolo importante nella comprensione dell'universo quando si tratta di spiegare come funzionano le stelle. Siamo alla fine degli anni Trenta nel Novecento. Un fisico, Hans Bethe (1906-2005), prova a scrivere le equazioni che spiegano in che modo una stella come il Sole possa irradiare tanta energia nello spazio per miliardi di anni.

Tutte le ipotesi erano fallite: se le stelle bruciassero come legna o carbone durerebbero poche migliaia di anni; se fossero delle grandi masse di gas che si contraggono e quindi si riscaldano – un po' come si riscalda un palloncino quando lo comprimiamo – durerebbero qualche milione di anni. È sempre troppo poco: sulla Terra abbiamo fossili vecchi centinaia di milioni di anni. Quale fenomeno può assicurare una resa energetica così alta a fronte di un consumo così basso di materia?

La risposta è: soltanto certe reazioni termonucleari. Quelle che Hans Bethe riesce a individuare nel 1939. Queste reazioni consistono essenzialmente nel mettere insieme dei nuclei di idrogeno, cioè dei semplici protoni e riunirli tra di loro a 4 a 4 in modo da formare dei nuclei di elio. Il nucleo di elio pesa un po' meno dei 4 nuclei di idrogeno originari; e la differenza di peso si trasforma completamente in energia con la formula di Einstein: energia = massa per la velocità della luce al quadrato. Questo è un procedimento di enorme efficienza: dentro il Sole in ogni secondo vengono trasformati in energia 4 milioni e mezzo di tonnellate di materia; sembra tanto, ma è talmente grande la massa del Sole che anche a questo ritmo la nostra stella può vivere tranquillamente per 10 miliardi di anni.

C'è però un punto da chiarire. Mettere insieme 4 protoni, che hanno carica positiva, non è semplice. Le cariche uguali si respingono: come convincere i 4 protoni a unirsi per formare un nucleo di elio?

Ci vuole una forza che vinca la repulsione elettrica. Questa è per l'appunto l'interazione forte già citata parlando dei primi istanti dopo il Big Bang. Se i protoni si urtano ad alta energia, scatta l'interazione forte, la repulsione elettrica viene battuta, e i protoni rimangono prigionieri.

Misteri residui

Possiamo dire di sapere ormai tutto sugli elettroni e sulla forza elettrica?

Niente affatto. L'elettrone appare puntiforme, senza dimensioni, ma ha uno spin, cioè ruota su se stesso. Se non ha dimensioni, che cosa ruota? E se non fosse elementare? Nel 1998 due équipe, una australiana e una francese, facendo esperimenti sull'effetto Hall quantistico, hanno scoperto che in condizioni limite gli elettroni si comportano non come se avessero una carica unitaria ma come se avessero carica elettrica 1/3, e questo apre nuovi problemi. Che, rassicuratevi, non affronteremo.

Limitiamoci a osservare che in profondità, sotto gli elettroni, si annida tuttora qualcosa di misterioso. Qualcosa che la ragione non comprende fino in fondo e quindi appare magico. Forse per questo da un po' di tempo la «bolletta della luce» si chiama più elegantemente fattura. Parola ambigua, perché fanno fatture anche le streghe. È forse inevitabile che ci sia questa componente occultistica considerando che gli elettroni rimangono in parte enigmatici. Ne sappiamo tuttavia abbastanza per guardare con rispetto alle prese di corrente domestiche. E per riprendere con più consapevolezza il viaggio alla scoperta della scienza e della tecnologia nascoste nella nostra casa, in attesa dei vantaggi della liberalizzazione delle tariffe elettriche entrata in vigore il 1° luglio del 2007.

Intanto annotiamo qualche dato. Dal 1990 al 2007 nel nostro paese il consumo di elettricità è cresciuto del 45 per cento; i quattro quinti sono di origine fossile, si producono con metano e olio combustibile. La famiglia media italiana ogni giorno consuma 8 kWh di elettricità, e per generarla vengono emessi 3,8 kg di anidride carbonica. In media abbiamo due televisori per nucleo familiare e il loro tempo di accensione è cresciuto del 14 per cento dal 1995 a oggi. Forse è questo l'inquinamento più grave: energia spesa per spegnere intelligenza.

2
TRA CUCINA E SALA DA PRANZO

Il regno del caldo e del freddo

La cucina è il regno del caldo e del freddo, un laboratorio dove variazioni di temperatura tutto sommato modeste, da alcune centinaia di gradi per la fiamma del gas ai 18 gradi sotto zero del freezer, producono, accelerano o rallentano reazioni chimiche, fisiche e biologiche. L'esito di queste reazioni, più o meno gradevole a seconda delle qualità del cuoco che le governa, passerà poi al vaglio del palato nella vicina sala da pranzo. Le macchine e gli interventi culinari che scandiscono questo percorso breve ma non banale sono piuttosto interessanti: vale la pena di saperne qualcosa di più.

Dal fuoco al fiammifero

La prima cottura fu probabilmente accidentale. Una pecora, un cinghiale o qualche altro animale più esotico sarà stato coinvolto in un incendio naturale acceso da un fulmine o da un'eruzione vulcanica. L'uomo primitivo ne assaggiò i resti e apprezzò il risultato, che oggi definiremmo arrosto o carne alla brace: la bistecca bruciacchiata era più gustosa e più tenera.

I paleoantropologi hanno trovato tracce di focolari che risalgono a 790 mila anni fa. Servivano a tener lontani gli animali feroci, a riscaldare, illuminare, poi anche a cucinare. L'arte di trattare i cibi con il calore risale dunque a *Homo erectus* e precede di mezzo milione di anni la comparsa di *Homo sapiens*: le ricerche di Luca Cavalli-Sforza, genetista di popolazioni all'Università di Stanford, indicano che l'uomo moderno si diffuse nel mondo partendo dall'Africa centro-orientale soltanto 160 mila anni fa.

Per molto tempo accendere il fuoco fu un'impresa difficile e incerta. Ancora poche migliaia di anni fa la soluzione più semplice era tenerlo sempre acceso. Ce lo dicono il mito greco di Prometeo che ruba il fuoco agli dèi e il culto delle vestali che lo custodivano. L'accensione per sfregamento di legnetti secchi o con scintille prodotte dalla pietra focaia era indubbiamente laboriosa, come sa chiunque abbia giocato al naufrago nell'isola deserta. Il fiammifero (dal latino *flammiferum*, letteralmente «portatore di fiamma») liberò l'uomo dalla capricciosa precarietà della fiamma.

Pionieri erano stati i soliti egizi, che già nel 3500 a.C. appiccavano il fuoco con rametti di pino impregnati di zolfo. La stessa tecnica si trova in Cina nel VI secolo d.C. Ma il vero antenato del nostro fiammifero fu opera di Jean Chancel, assistente del chimico francese Louis Jacques Thénard (1777-1857), per vent'anni professore al Collège de France di Parigi e noto per un duro scontro con lo scrittore Victor Hugo, che all'epoca si batteva per far ridurre l'orario di lavoro dei bambini da sedici a dieci ore al giorno. Nel 1805 Chancel escogitò una mistura di clorato di potassio, zolfo, zucchero e gomma. Un pezzetto di legno con la punta impregnata di questa sostanza si incendiava quando veniva immerso in una bottiglietta di amianto piena di acido solforico. Il sistema evidentemente era poco pratico, e infatti non ebbe fortuna.

Entra in scena il fosforo

Nel 1677 Carlo II d'Inghilterra invitò a corte un celebre intrattenitore tedesco, Daniel Kraft, che divertiva il pubblico con giochi ispirati all'alchimia. In uno dei suoi esperimenti Kraft metteva una sostanza simile alla cera su un mucchietto di polvere da sparo: pochi secondi dopo il tutto si incendiava emanando una luce abbagliante. Allo spettacolo assistette anche lo scienziato Robert Boyle, che cercò di capire meglio la faccenda. Kraft però fu reticente: aveva avuto la mirabile sostanza dall'alchimista Henning Brandt e di essa poteva soltanto dire che «proveniva dal corpo umano».

Boyle mise un suo assistente sulle tracce dell'alchimista tedesco e venne a sapere che Brandt aveva ottenuto la cera illuminante facendo evaporare una tinozza piena di urina. Lo scienziato inglese fu così in grado di fabbricarsi l'enigmatica cera, e subito incominciò a studiarne le proprietà. Un giorno, dopo averla spalmata su una striscia di carta, ci strofinò sopra un pezzetto di legno che aveva immerso nello zolfo. Il bastoncino si accese. A rigore, fu quello il primo fiammifero della storia. Ma tutto finì lì. Boyle non sapeva neppure che quella cera era fosforo bianco. La scoperta ufficiale di questo elemento è datata 1772 e attribuita a Lavoisier.

Il primo fiammifero a sfregamento simile a quelli tuttora in circolazione risale al 1827 e lo dobbiamo al farmacista inglese John Walker, che applicò sulla punta di un bastoncino una miscela di antimonio, clorato di potassio e gomma arabica. Quei fiammiferi erano in pratica piccole bombe che nell'accendersi esplodevano generando una nube tossica, tanto che sulla scatola una scritta ne sconsigliava l'uso ai « deboli di polmoni ».

L'invenzione, in Italia chiamata lucifero, fu perfezionata tre anni dopo dal francese Charles Sauria, dal tedesco Ludwig Kammerer e dall'italiano Sansone Valobra, originario di Fossano (Cuneo) ma fondatore di una fabbrica di luciferi a Napoli. La novità consisteva nella sostituzione del solfuro di antimonio con una miscela di zolfo e fosforo bianco. Una scatola con venti pezzi prodotta da Valobra costava un ducato borbonico. Qualche anno dopo Domenico Ghigliano, anche lui farmacista come Walker, introdusse altri perfezionamenti.

Questi fiammiferi funzionavano bene. Peccato che il fosforo bianco sia tossico per gli operai costretti a maneggiarlo: causa la necrosi fosforica, malattia che demolisce l'osso della mandibola. Complessa era anche la sua estrazione dall'urina: da 100 litri se ne ricavano appena 96 grammi. Poi si trovò il modo per estrarlo dalle ossa. La produzione industriale iniziò nel 1838. Calcinando 1800 kg di ossa fresche si ottenevano 100 kg di fosforo. Era risolta la questione della disponibilità, ma non quella della tossicità. Dopo lunghe battaglie sindacali, nel 1906 la Convenzione di Berna metterà fuori legge l'uso del fosforo bianco nella fabbricazione dei fiammiferi. Ma l'Italia, come fa anche adesso con le direttive scomode dell'Unione Europea, tergiversò fino al 1924.

Arrivano gli svedesi

Nel frattempo però c'erano stati progressi significativi. Nel 1844 lo svedese Gustaf Erik Pasch (1788-1862) aveva inventato i fiammiferi di sicurezza, noti giustamente come « svedesi » (nella città di

Jönkoping, tra Stoccolma e Goteborg, dove gli « svedesi » sono nati, un museo racconta tutta la storia). In questi fiammiferi gli ingredienti che formano la miscela infiammabile sono separati: la capocchia con solfato di antimonio e clorato di potassio deve essere sfregata su una miscela di vetro polverizzato e fosforo rosso (che non è velenoso). Ulteriori perfezionamenti furono apportati nel 1854 da Johan Edward Lundström. Ma il fosforo rosso, accendendosi, produceva ancora fosforo bianco. Finalmente nel 1898 i chimici francesi Savene e Cahen brevettarono un fiammifero privo di sostanze velenose introducendo il sesquisolfuro di fosforo accanto al solito clorato di potassio.

L'accendino piezoelettrico spegne i fiammiferi

Soluzioni alternative al fiammifero verranno poi con gli accendini a benzina, usati soprattutto dai fumatori, e, dopo il 1940, con quelli piezoelettrici. Questi producono una scintilla sfruttando l'effetto piezoelettrico scoperto da Pierre Curie nel 1880: quando cristalli di quarzo, tormalina, titanato di bario e altri ancora subiscono deformazioni dovute a urti o a compressione, su di essi compaiono cariche elettriche di segno contrario che possono generare una scintilla.

Nell'accendino piezoelettrico un martelletto liberato da una molla colpisce seccamente un cristallo, deformandolo. L'azione meccanica suscita un potente campo elettrico tra le facce del cristallo, sulle quali si accumulano cariche di segno opposto che generano la scintilla.

Naturalmente la scintilla si può ottenere anche direttamente con una scarica elettrica. Molti fornelli a gas adottano questo sistema.

Ogni anno nel mondo si accendono 500 miliardi di fiammiferi. Nonostante ciò, stiamo vivendo il loro lento tramonto, dovuto all'irreversibile restringersi del mercato. Un evento simbolo fu nel 1994 la chiusura dell'ultima grande fabbrica inglese, la Bryant & May di Liverpool. Di questo passo il fiammifero non arriverà a festeggiare il duecentesimo compleanno.

Dal becco Bunsen alla cucina a gas

Il fornello a gas delle nostre cucine discende da un apparecchio di laboratorio: il becco Bunsen. Di solito se un'invenzione o una legge scientifica porta il nome di qualcuno si può essere certi che quel qualcuno non c'entra. È il caso anche del becco Bunsen. Il primo a usarlo fu quel grande bricoleur di Faraday. Il merito di Bunsen si limita al fatto che il suo assistente Peter Desdega migliorò il bruciatore rendendolo più sicuro e facilmente regolabile. Il tubetto verticale del becco Bunsen ha due fori per far passare l'aria, e quindi l'ossigeno. Un manicotto permette di dosarne il flusso.

La temperatura delle fiamme dipende dalla concentrazione locale del combustibile e del comburente (l'ossigeno). Nel becco Bunsen la fiamma alla base ha una temperatura intorno a 300 °C, a due terzi della sua altezza raggiunge i 1400 °C. Il colore della fiamma è un buon indice della temperatura: l'amaranto pallido corrisponde a 480 °C, il rosso a 675 °C, il rosa a 900 °C, il giallo a 995 °C, il bianco a 1205 °C, l'azzurro a 1400 °C. Ma il colore può essere determinato anche dalla sostanza esposta alla fiamma: il comune sale da cucina (cloruro di sodio) dà il giallo-arancio, il cloruro di bario e il solfato di rame danno il verde, il nitrato di potassio il viola.

La corona di forellini che circonda i punti fuoco della cucina deriva dal becco Bunsen: serve a miscelare opportunamente aria e gas. Quest'ultimo può essere propano o butano in bombole, o più comunemente metano distribuito da una rete capillare che raggiunge ogni casa.

La scoperta del metano

Dobbiamo la scoperta del metano alla curiosità di Alessandro Volta, che nel 1776, su segnalazione di Carlo Giuseppe Ciampi, volle studiare un fenomeno misterioso: lungo il fiume Lambro, avvicinando una fiamma alla superficie dell'acqua stagnante, si accendevano fiammelle azzurrine. Pringle, Lavoisier, Franklin e Priestley avevano già osservato ognuno per conto proprio lo stesso fenomeno, interpretandolo come una esalazione di aria infiammabile di origine minerale. Volta provò ad agitare con un bastone il fondo paludoso degli stagni di Angera e si accorse che ne risalivano bolle di gas. Ne riempì una bottiglia e in laboratorio verificò che quel gas si accendeva alla fiamma della candela o allo scoccare di una scintilla. Lo chiamò «aria infiammabile di palude» e ipotizzò che derivasse dalla decomposizione di sostanze vegetali e animali. Ne ebbe conferma da altri esperimenti fatti nel 1780 a Pietramala, sull'Appennino toscano, dove si segnalavano enigmatici fuochi fatui. Fu così provata l'origine biologica del gas delle paludi, e i bagliori notturni che alcuni vedevano nei cimiteri interpretandoli come le anime dei morti trovarono una spiegazione razionale.

Qualche anno dopo, nel 1805, Thomas Henry stabilì che carbonio e idrogeno erano i componenti di quel gas che ora chiamiamo metano. La sua molecola è molto semplice: un atomo di carbonio al centro e quattro atomi di idrogeno intorno, disposti in modo da formare un tetraedro.

Il gas naturale è in realtà una miscela di idrocarburi. Il metano è il componente principale, costituendone dal 70 al 90 per cento. Gli altri componenti sono etano, propano, butano e pentano, tutti gas di origine fossile utilizzati industrialmente, di solito liquefatti e distribuiti in bombole.

Il metano è un gas incolore e inodore. Per evitare incidenti, a quello distribuito per uso domestico si aggiunge una sostanza odorosa. Dopo l'anidride carbonica, il metano dà il maggior contributo all'effetto serra in quanto, benché assai meno abbondante dell'anidride carbonica, la sua molecola è ventitré volte più efficace nel produrre il riscaldamento globale.

Circa la metà del metano annesso ai giacimenti di petrolio va disperso, o all'atto dell'estrazione (spesso lo si incendia perché è troppo scomodo utilizzarlo) o lungo i metanodotti. Tutti gli animali nell'assimilare il cibo generano metano e lo emettono con le loro flatulenze. Tra i maggiori produttori troviamo i ruminanti e le termiti, ma anche l'uomo fa la sua parte. Altro metano, come già sappiamo, si libera nella decomposizione degli organismi morti in assenza di ossigeno. Uno studio del Max Planck Institut pubblicato su *Nature* nel 2006 ha rivelato che le foreste contribuiscono in modo massiccio: forse il 30 per cento del metano che si aggiunge all'atmosfera ha origine in processi vegetativi. A questo si somma il metano emesso dai vulcani e dallo scongelamento del permafrost: 50 milioni di tonnellate all'anno, con un contributo all'effetto serra pari a quello di 200 milioni di automobili. La concentrazione di metano nell'atmosfera è più che raddoppiata negli ultimi cento anni, passando da 800 a 1800 parti per miliardo, tanto che oggi deriva da questo gas il 20 per cento dell'effetto serra.

Accendiamo il gas: il caldo viene dalla Siberia

Inevitabilmente anche bruciando metano si genera anidride carbonica, ma in quantità minore rispetto alla combustione di benzina, gasolio, carbone, legna. Un altro vantaggio è che bruciare metano non produce fumo, cioè particelle che poi restano in sospensione nell'aria dando il via, specie se contengono zolfo, a una serie di reazioni indesiderate, incluse le piogge acide che danneggiano le foreste. La diminuzione dell'inquinamento nelle città è in gran parte il risultato del passaggio al metano non solo nel riscaldamento domestico ma anche nella produzione di elettricità. Sul fare elettricità bruciando metano però bisognerebbe essere cauti: il gas naturale è troppo prezioso per consumarlo nelle centrali quando esistono soluzioni alternative.

Si stima che il picco dei consumi di metano si raggiungerà intorno al 2025-2030, poi anche questa fonte di energia inizierà il suo declino. L'Italia possiede giacimenti di metano piuttosto piccoli. Il gas naturale che consumiamo viene quasi tutto dalla Siberia russa, dall'Olanda e dalla Libia. Anche per farci un po' di acqua tiepida dipendiamo da paesi lontani, da migliaia di chilometri di tubature e da delicati equilibri politici.

La combustione del metano, processo a cui di solito ricorriamo per cuocere i cibi, come tutte le combustioni è un fenomeno di ossidazione rapida. La sua efficienza dipende da un sapiente dosaggio tra aria e gas. Se il fornello aspira troppa aria, la fiamma rischia di spegnersi. Viceversa, se il metano si mescola all'aria in percentuale eccessiva, rischiamo un'esplosione (i limiti oscillano tra il 6 e il 14 per cento di metano). Sapendo queste cose, forse scaldare una tazza di caffè ci sembrerà meno banale.

Non è banale neppure innescare il processo di rapida ossidazione del metano. Occorre innanzi tutto un po' di lavoro meccanico – e questo ce lo mettiamo noi – per sfregare il fiammifero sul pezzetto di carta vetrata della scatola. L'attrito tra la carta vetrata e la polvere di vetro impastata intorno alla capocchia produce una quantità di calore sufficiente a trasformare il fosforo rosso in una nube di fosforo bianco che fa reagire tra loro il clorato di potassio e lo zolfo della capocchia. Per l'accensione basta che lo sfregamento produca una temperatura di 80 °C, ma occorrono 150 °C se la capocchia è protetta, per maggiore sicurezza, da una pellicola di paraffina. La temperatura di accensione del legno è di 400 °C, la fiamma raggiunge i mille. Più che sufficienti ad accendere il fornello a gas: la temperatura di ignizione di una miscela di aria e metano è di 600 °C.

Il forno elettrico

I forni domestici oggi sono quasi tutti elettrici. Quelli a gas, un tempo molto diffusi, tendono a scomparire perché poco affidabili: nell'accenderli è troppo facile produrre esplosioni.

Come le piastre che talvolta affiancano i fornelli a gas, il forno elettrico funziona per effetto Joule: una resistenza, percorsa dalla corrente, si riscalda e trasmette all'aria la sua energia termica. L'equazione di Joule ci dice che un conduttore percorso da una corrente si riscalda in funzione del quadrato della corrente che lo attraversa: se si raddoppia l'intensità, si moltiplica per quattro il calore. Ma si raddoppia anche la bolletta...

La temperatura dei forni elettrici è regolabile da 50 a 250 °C. Perché l'aria dentro il forno mantenga una temperatura uniforme è bene mettere in azione la ventola di cui solitamente ogni forno è dotato, mossa da uno dei tanti motori elettrici annidati negli elettrodomestici. L'effetto Joule entrerà in gioco anche per accendere la luce a incandescenza che permette di seguire la cottura.

Come sempre quando c'è di mezzo l'effetto Joule, anche nel caso del forno il consumo di energia elettrica è forte: la potenza va dai 1000 ai 1400 watt, e la funzione grill aggrava i consumi. Non c'è invece da preoccuparsi per i campi magnetici: a mezzo metro dal forno l'induzione magnetica è già sotto il limite di 0,2 microtesla fissato dalle ultraprudenti norme italiane. Ricordiamo che il campo magnetico della Terra nel quale siamo immersi è di 50 microtesla e che un campo di 0,2 microtesla genera nel nostro corpo correnti centinaia di volte inferiori a quelle che vi circolano naturalmente.

È sempre bene prendere tutte le precauzioni per non scottarsi, ma non bisogna temere che infilare una mano in un forno a 250 °C comporti un'ustione grave e immediata. Poiché la massa dell'aria calda contenuta nel forno è piuttosto piccola rispetto a quella della mano e la pelle è coperta da un sottile velo di umidità che evaporando assorbirà il calore, se la mossa della mano è rapida, anche senza essere fachiri difficilmente subiremo dei danni.

Il forno a microonde

Nel 1946 il tecnico autodidatta Percy Spencer lavorava alla Raytheon, azienda americana che utilizzava speciali valvole chiamate « magnetron », componente fondamentale dei radar. Il magnetron era stato inventato nel 1921 dal fisico americano Albert Wallace Hull (1880-1966): è un diodo concepito in modo da emettere onde elettromagnetiche ad altissima frequenza, e quindi molto corte. Il primo radar fu realizzato nel 1935 dal fisico scozzese Robert Alexander Watson-Watt e questa tecnologia rimase sotto segreto militare fino al termine della seconda guerra mondiale.

Come i pipistrelli individuano gli ostacoli captando l'eco di ultrasuoni che essi stessi emettono, così il radar utilizza un fascio di onde radio generate dal magnetron per spazzare il cielo e l'orizzonte. Quando il fascio di onde radio, orientato da un'antenna a parabola, incontra un oggetto metallico (per esempio un aereo o una nave), subisce una riflessione. Misurando il tempo intercorso tra l'emissione e il segnale di ritorno è possibile stabilire la distanza dell'ostacolo.

Una mattina Percy Spencer si trovava vicino a un magnetron in funzione quando si accorse che una caramella che aveva in tasca si era fusa (ma c'è chi parla di una tavoletta di cioccolata). Incuriosito, Spencer espose al magnetron dei chicchi di granoturco, che si trasformarono in popcorn, e poi un uovo, che esplose dopo qualche decina di secondi.

Presto Spencer capì che il fenomeno era dovuto al fatto che le molecole di acqua contenute nell'uovo e nel granoturco entravano in rapidissima rotazione per effetto delle microonde emesse dal magnetron, e per sfregamento scaldavano le altre molecole intorno. Aveva scoperto un nuovo metodo di cottura, molto veloce e a temperatura costante. Un anno dopo la Raytheon metteva in commercio il primo forno a microonde. Nel nome, Radarange, ricordava le sue origine belliche, era alto quasi due metri, pesava 340 kg, aveva una potenza di tremila watt (più del triplo dei forni domestici oggi in uso) ed era raffreddato ad acqua. Un apparecchio costoso e poco pratico. Solo ristoranti e industrie alimentari potevano permetterselo.

Intervennero poi altre aziende a perfezionarlo. Essenziale fu adattare il magnetron a funzionare senza il carico dell'antenna: quelli progettati per i radar, messi a funzionare in un forno, avevano vita breve. Il primo forno a microonde da tavolo è del 1967. Finalmente negli anni Ottanta la tecnologia diventa matura e i prezzi incominciano a scendere rapidamente. Oggi un forno a microonde costa un centinaio di euro. È la felicità dei « single ». Basta metterci dentro un piatto surgelato, e in pochi minuti ci si può sedere a tavola. Spencer, inventore per caso ma non troppo (deteneva 200 brevetti), è morto a 76 anni nel 1970, poco prima di vedere il trionfo della sua creatura.

La frequenza di oscillazione del magnetron è di 2,45 GHz (2 miliardi e 450 milioni di cicli al secondo), corrispondente alla lunghezza d'onda di 12,24 centimetri. Per un confronto, la frequenza dei telefoni cellulari GMS è poco meno di un GHz, per gli UMTS poco meno di 2. Poiché le molecole di acqua sono polari, cioè hanno una estremità elettricamente positiva e l'altra negativa, reagiscono vibrando al campo elettromagnetico ad altissima frequenza. Nell'attrito con il materiale circostante si sviluppa calore. La temperatura però non supera quella di ebollizione: raggiunti i 100 °C, l'acqua evapora e la molecola sfugge dal cibo in cui si trovava. Se non è dotato di un grill, che è in sostanza una resistenza elettrica che emette radiazione infrarossa, il forno a microonde non potrà quindi mai darci un arrosto: la sua è una cottura che ricorda quella a vapore, anche se altre molecole polari – grassi, proteine e zuccheri – possono interagire con le microonde.

Nel magnetron il catodo, un filo incandescente, emette elettroni al centro del dispositivo, che ovviamente è sotto vuoto. Un magnete permanente costringe gli elettroni a dirigersi con un moto a spirale verso la parete del dispositivo, che funge da anodo. Lungo la parete si trovano delle cavità. Entrando in risonanza con queste cavità, gli elettroni generano microonde la cui lunghezza è determinata dalle dimensioni delle cavità stesse. Per alimentare il magnetron occorre una corrente continua di alcune migliaia di volt. Un trasformatore alza il voltaggio della corrente alternata di rete, un raddrizzatore la trasforma in corrente continua, un condensatore ad alta capacità la accumula e un microprocessore accende e spegne il sistema governando i tempi in modo da ottenere la potenza desiderata.

I forni a microonde assorbono da 800 a 1100 watt. Non è poco, ma c'è pur sempre un risparmio rispetto al forno elettrico convenzionale, anche perché il tempo di cottura si abbrevia del 25 per cento. Nell'ipotesi che ne assorba 1100, circa 700 si trasformano in microonde, gli altri 400 vengono dissipati come calore, principalmente dal magnetron, che infatti deve essere raffreddato da una ventola. Il rendimento tuttavia è piuttosto buono perché tutti i 700 watt di microonde si concentrano sul cibo. Perché ciò avvenga occorre però che il cibo sia messo in contenitori di plastica, cartoncino, ceramica, porcellana, vetro o terracotta, cioè materiali trasparenti alle microonde. I contenitori metallici sono assolutamente da evitare non solo perché impedirebbero il riscaldamento degli alimenti ma anche perché danneggerebbero il forno.

Il 70 per cento del nostro corpo è acqua: mettere una mano nel forno a microonde non sarebbe un'esperienza piacevole. Ovviamente un sistema di sicurezza impedisce di aprire il forno finché è in funzione. Spegnendo il forno, cessa all'istante la radiazione elettromagnetica, proprio come una stanza diventa buia quando spegniamo la luce, e quindi viene meno qualsiasi rischio.

Nessun problema intorno al forno; la sua struttura metallica funziona come una gabbia di Faraday: le microonde non possono passare attraverso una struttura metallica con maglie più strette della loro lunghezza d'onda e rimangono intrappolate nel forno. Per ulteriore sicurezza, il vetro anteriore ha una sottile grata a maglie strette.

Quanto al campo magnetico, raggiunge l'intensità di 75-200 microtesla a tre centimetri dal forno (fino a quattro volte il campo magnetico terrestre che orienta la bussola) ma alla distanza di un metro si riduce a 0,2, il limite di legge estremamente prudente adottato in Italia. La dispersione di microonde a 5 centimetri dal forno non supera 1 millesimo di watt per centimetro quadrato, la metà di un telefono cellulare. Con la differenza che il telefono si usa a contatto con la testa, cosa non prevista nel caso del forno.

L'invenzione di espressioni come elettrosmog e inquinamento elettromagnetico, prive di un significato preciso ma molto care ai verdi e dal suono terroristico per chi non possiede qualche nozione scientifica, ha fatto sì che intorno ai forni a microonde si diffondessero paure infondate e convinzioni erronee.

Secondo una delle più tenaci, le microonde renderebbero il cibo radioattivo, il che è per motivi fisici del tutto assurdo. Secondo un'altra superstizione pseudoscientifica, le microonde potrebbero generare molecole cancerogene nelle sostanze alimentari. Al contrario, poiché la temperatura nel forno a microonde si mantiene sotto i cento gradi, le proprietà nutritive dei cibi rimangono intatte e non possono formarsi neppure quei composti, a volte davvero potenzialmente cancerogeni, che si accompagnano alle fritture e alla cottura sulla brace in seguito a processi di carbonizzazione e caramellificazione.

Il forno a microonde offre il vantaggio della rapidità. Il calore della fiamma a gas deve passare per conduzione prima alla pentola e poi al cibo, nel quale penetra lentamente strato dopo strato. Se facciamo bollire dell'acqua, oltre alla conduzione deve intervenire anche la convezione a rimescolare il liquido più caldo (che tende a salire) con quello più freddo (che tende a scendere). Con il forno a microonde il riscaldamento è immediato, dipendendo da un'azione meccanica. Inoltre questa azione si svolge fin dall'inizio anche dentro il cibo, in quanto esso è trasparente alle microonde. Un sistema perfetto per scongelare gli alimenti appena estratti dal freezer e per riscaldare piatti già cucinati.

I difetti del forno a microonde sono l'altra faccia dei suoi pregi. La bassa temperatura raggiunta può non essere sufficiente a eliminare completamente eventuali batteri che si siano sviluppati in cibi preconfezionati. Il rischio di infezioni alimentari è accentuato dal fatto che non sempre l'irradiazione è omogenea: certe parti del cibo potrebbero non riscaldarsi a sufficienza. I forni a piatto rotante prevengono questo inconveniente.

Sempre per la bassa temperatura raggiunta, con il forno a microonde è impossibile cuocere torte, arrosti e altri piatti caratterizzati dalla reazione di Maillard, quella che trasforma zuccheri e grassi in una sottile crosta profumata e appetitosa (ne parleremo tra poco). L'aspetto « bollito » dei cibi, che risultano pallidi e poco aromatici, non è particolarmente invitante. A ciò si rimedia con il grill, ma così si perdono alcuni dei vantaggi specifici del microonde. Impossibile è cuocere le uova: l'acqua che contengono, trasformandosi bruscamente in vapore, le fa esplodere. Le frittate invece vengono benissimo, meglio che in padella.

Cottura a induzione

Nel 95 per cento delle cucine americane c'è un forno a microonde. I piani di cottura a induzione ci stanno arrivando. Da noi questa tecnologia è ancora poco conosciuta ma è destinata ad affermarsi perché i numeri stanno dalla sua parte.

Riscaldare un litro e mezzo di acqua da 20 a 95 °C su una piastra elettrica richiede 7 minuti e 34 secondi e 252 Wh. Con il fornello a gas servono 6 minuti e 54 secondi e 295 Wh. La piastra a induzione ottiene lo stesso risultato in 4 minuti consumando solo 162 Wh. Il 45 per cento dell'energia termica sviluppata dal fornello a gas va sprecata: scalda l'aria e il fornello stesso, non la casseruola (un coperchio però può dimezzare lo spreco). La piastra elettrica ha perdite del 40 per cento. Con l'induzione le perdite sono minime e il rendimento raggiunge il 90 per cento.

Il vantaggio sta nel fatto che i piani di cottura a induzione non trasferiscono il calore da un materiale all'altro: il calore è generato direttamente nel fondo della casseruola, il piano di cottura rimane freddo, o meglio, si riscalda pochissimo e soltanto per contatto con la casseruola. La resistenza che sviluppa il calore, in questo caso, coincide con il fondo della pentola.

Il fenomeno, in apparenza misterioso, è frutto delle correnti indotte, dette anche « correnti parassite » o « correnti di Foucault »: si generano in masse metalliche quando vengono immerse in un campo magnetico variabile o quando si muovono in un campo magnetico. Il primo è il caso del piano di cottura a induzione.

Sappiamo già che se si muove una calamita davanti a una spira di filo conduttore, in esso si genera una corrente elettrica, detta, appunto, indotta. In generale, ogni variazione di campo magnetico produce questo effetto, e più la variazione è veloce, più intensa è la corrente generata. In modo simmetrico, ogni corrente circolante in un filo conduttore produce un campo magnetico intorno al filo. Se la corrente è alternata, anche il campo è alternato, cioè variabile. Quindi, mettendo una spira in questo campo, dentro di essa circolerà una corrente alternata. È il principio del trasformatore, apparecchio nel quale la corrente è trasferita da una bobina all'altra tramite un campo magnetico; e il trasformatore è la macchina a più alto rendimento che si conosca: supera il 95 per cento.

Immaginiamo ora una bobina percorsa da corrente alternata e coperta da una piastra metallica. Possiamo pensare a questa piastra come se i suoi atomi di ferro fossero un grandissimo numero di spire conduttrici centrate sull'asse magnetico generato dalla bobina. Nella piastra si produce quindi una corrente alternata che la riscalda, questa volta per un effetto Joule diretto.

È così che funziona il piano di cottura a induzione. Un grosso avvolgimento elettrico a forma piatta (un cilindro schiacciato) è posto sotto una superficie in vetroceramica: il fondo della casseruola fa da piastra conduttrice. Più il fondo sarà spesso, maggiore sarà l'efficienza. La corrente alternata che scorre nell'avvolgimento piatto ha una frequenza elevata, intorno a 25 mila cicli al secondo: un oscillatore provvede a moltiplicare per 500 la frequenza della corrente alternata a 50 Hz proveniente dalla rete. Non conviene superare i 25 kHz perché oltre la corrente tende a non circolare più sulla superficie del conduttore (il famoso effetto pelle) e ciò comporta una perdita di efficienza.

Gli oscillatori utilizzano speciali transistor con la proprietà di reagire molto velocemente e di pilotare correnti intense, passando ciclicamente da un blocco totale della corrente alla saturazione. In entrambi gli stati la potenza dissipata è teoricamente uguale a zero. Essa è infatti proporzionale ora alla tensione esistente ai capi del transistor, ora alla corrente che lo attraversa. Quando il transistor è bloccato, l'intensità è nulla, e quindi nulla è anche la potenza dissipata. Quando il transistor è saturo, la tensione diventa nulla e dunque anche in questo caso la potenza dissipata è zero. In altre parole, l'oscillatore trasferisce integralmente (o quasi) alla casseruola la potenza che consuma.

Il vantaggio è duplice: i tempi di cottura si accorciano, diminuendo il consumo energetico, e appena si toglie la casseruola cessa il consumo. Se si dimentica la piastra accesa non c'è spreco né rischio di incendio o di scottature come succede con le piastre elettriche tradizionali a resistenza elettrica. La piastra a induzione inoltre si adatta a tutte le forme di casseruola, anche quella lunga per cucinare il pesce. Le piastre a induzione più raffinate hanno sensori di temperatura che spengono la piastra quando la casseruola si riscalda troppo, rischiando di bruciare il cibo.

Una obiezione dei gastronomi è che il gas è finemente regolabile mentre la piastra a induzione non lo è. In realtà le piastre di ultima generazione prevedono da 9 a 12 livelli di regolazione. Il problema è semmai che le piastre richiedono una potenza di alimentazione intorno a 3 kW: con i contratti di fornitura elettrica più diffusi in Italia (3,5 kW), si opera sul limite del blackout.

Tostapane e frullatore

Tra le macchine per cuocere che si usano in cucina, il tostapane è un apparecchio molto specializzato. Come vedremo, tostare una fetta di pane significa produrre sulla sua superficie la reazione di Maillard, scoperta dal chimico francese nel 1912. Ma la pratica spesso precede la teoria. Il tostapane elettrico, altro derivato dell'effetto Joule, nasce già nel 1893 in Inghilterra, dove lo fabbrica la Crompton & Co. Tostava il pane solo da un lato, quanto basta per spalmarvi un po' di burro e appoggiarci su il caviale o una fetta di salmone affumicato. La paternità di quell'arnese rimane oscura. Il primo nome accertato è quello dell'americano Frank Shailor, che nel 1909 sottopone un suo modello di tostapane alla General Electric. Nel 1919 Charles Strite, sempre negli Stati Uniti, brevetta il tostapane automatico. In questo apparecchio la grande novità è il termostato, un dispositivo costituito da due metalli che, raggiunta la temperatura prestabilita, corrispondente a una ben precisa dilatazione delle lamine metalliche, interrompe la corrente, bloccando l'emissione di radiazione infrarossa da effetto Joule. Ora il tostapane ha anche un suo museo, a Charlottesville, in Virginia, dove Thomas Jefferson, terzo presidente degli Stati Uniti, fondò una università.

L'ennesimo motore elettrico è invece l'anima di una piccola macchina poco specializzata e quindi preziosissima per molte preparazioni, dai succhi di frutta ai sughi, alla maionese: il frullatore. La molteplicità delle sue prestazioni dipende non tanto dalla potenza del motore e dalla possibilità di regolarla quanto dalla varietà di fruste e di lame che il motore può azionare.

Tecnologia in padella

Pentole e padelle tengono il passo con le tecnologie emergenti. Basta pensare al passaggio dalle pentole di ferro a quelle di acciaio e poi di acciaio inossidabile, un tipo di acciaio ottenuto per la prima volta nel 1913 aggiungendo al ferro una adatta quantità di cromo. Da un pezzo i fabbri avevano scoperto che il ferro diventa molto più resistente se lo si raffredda di colpo dopo averlo portato a temperatura molto alta. Ciò si deve al fatto che nell'acciaio la struttura cristallina è più fine e più rigida. L'aggiunta di carbonio in misura non superiore al 2,11 per cento caratterizza l'acciaio moderno (percentuali di carbonio maggiori portano alla ghisa). Acciai particolarmente duri si ottengono legando il ferro con altri metalli come manganese, molibdeno, cromo, nichel, silicio, titanio e tungsteno.

Un recente studio fatto da ricercatori olandesi, francesi e danesi alla Technology Foundation STW ha portato nuove informazioni. Dopo avere riscaldato l'acciaio fino a farlo diventare color rosso vivo, con un microscopio a raggi X hanno osservato i mutamenti nella sua struttura cristallina durante un rapido raffreddamento. Si è visto così che i cristalli da 50 millesimi di millimetro che si formano a 900 °C si ristrutturano a 822 °C diventando più piccoli: 10-40 micron. La nuova struttura è molto più resistente.

In passato hanno avuto molta fortuna le pentole di rame, e poi di rame stagnato, per evitare che l'ossidazione del rame contaminasse il cibo. Oggi, con la quotazione del rame in costante ascesa, sono diventate oggetti decorativi piuttosto preziosi. Molto diffuse sono le pentole di acciaio, di solito in lega con cromo e nichel. Altre sono in ghisa o lamiera di ferro smaltata, in alluminio e in vetro. Ogni materiale ha pregi e difetti. L'acciaio è di facile pulitura ma costoso, le pentole smaltate conducono bene il calore ma lo smalto è fragile. Il vetro costa poco ma è un cattivo conduttore di calore.

Intorno al 1960, per migliorare la conduzione del calore nelle pentole di acciaio inossidabile, la Barazzoni (Invorio, Novara) lancia le Triplen, padelle che uniscono al fondo di acciaio un disco di rame e una percentuale di argento. La stessa azienda cura anche molto il design affidandosi all'architetto milanese Claudio Bellini e a Ferdinand Alexander Porche, nipote del fondatore dell'azienda automobilistica. La sua linea Luci & Ombre nel 1988 introduce il titanio nella fabbricazione delle pentole.

L'allumino, diventato comune con la seconda guerra mondiale perché il governo requisiva le pentole di rame, è in assoluto il miglior conduttore. Ristoranti e mense usano pentolame di alluminio proprio per risparmiare tempo ed energia. Il difetto è che si ossida. Il rilascio di alluminio durante la cottura ha destato sospetti ed è stato anche considerato una concausa della malattia di Alzheimer. Uno studio dell'Istituto Superiore di Sanità ha accertato che la perdita di metallo è irrilevante: appena un sessantesimo della dose giornaliera tollerabile. In ogni caso è meglio non conservare in pentole di alluminio cibi acidi o grassi come sughi di pomodoro, marinate, salamoie.

Scoperto nel 1825, l'alluminio costituisce ben l'otto per cento della crosta terrestre. Nonostante la sua abbondanza, fino alla fine dell'Ottocento è stato più prezioso dell'argento perché non si conoscevano processi semplici ed economici per estrarlo dalle rocce di bauxite, nelle quali è presente sotto forma di idrossido. Oggi è un metallo con una enorme quantità di applicazioni. Lo troviamo anche nel propellente dei razzi a combustibile solido e negli specchi dei telescopi (dove ha sostituito l'argento).

Scatolette, apriscatole e lattine a strappo

Oltre alle padelle, usi domestici dell'alluminio sono le lattine per bevande. La prima lattina nella forma attuale è del 1935: segnò un nuovo modo di trasportare e di bere la birra. La lattina con apertura a strappo è una evoluzione della specie ed è protetta da un brevetto USA del 1966. L'idea risale a tre anni prima. L'ebbe Ernie Fraze, un americano di Dayton (Ohio), durante un picnic con la famiglia. Poco dopo fondò la Fraze's Dayton Reliable Tool & Manufacturing Co. e firmò il primo contratto con una azienda produttrice di birra. Del 1978 è la linguetta che dopo lo strappo rimane attaccata alla lattina, e quindi non va dispersa nell'ambiente.

Spessa appena qualche decimo di millimetro, la lattina è leggera e resistente, ma dato che dopo lo strappo molti la portano direttamente alle labbra, può essere poco igienica. Nel 1999 il parlamento italiano preparò una legge per imporre di scrivere sull'etichetta che si deve lavare la lattina prima di mettere la bocca a contatto con il coperchio ma la Commissione Europea la bloccò, interpretandola come un atto di guerra commerciale per escludere dal mercato prodotti di importazione. Oggi spesso le lattine sono protette da una copertura sigillante sul lato con la linguetta. L'apertura a strappo si è estesa a buona parte degli alimenti in scatola: conserve di pomodoro, tonno sott'olio, cibo per animali.

Gli alimenti in scatola nascono dall'esigenza militare di nutrire grandi eserciti in rapido movimento. Napoleone, che conosceva bene il problema, lanciò un concorso con 12 mila franchi di premio per chi fosse riuscito a risolverlo conservando intatte le razioni dopo 130 giorni di viaggio per mare. Li vinse il cuoco francese Nicolas Appert (1749-1841). Il metodo di Appert prevedeva la bollitura del cibo (soprattutto carne) e la sua chiusura ermetica in recipienti metallici sotto vuoto, poi sottoposti a una seconda bollitura. Era il 1809, ma Appert aveva già messo a punto il suo metodo nel 1795.

In pratica, il cuoco francese anticipò di mezzo secolo la sterilizzazione introdotta da Pasteur pur non avendo alcuna nozione di microbiologia. All'epoca non si conosceva l'alluminio e neppure l'apriscatole, che verrà inventato solo nel 1858 dall'americano Ezra J. Warner e subito dato in dotazione all'esercito. Il modello a rotella è più recente: lo brevetta William Lyman nel 1870. Fino al 1858 le scatolette si aprivano con martello e scalpello.

Appert non brevettò il suo metodo ma lo applicò in una sua azienda fino all'età di 86 anni, senza per questo diventare ricco. Anzi, morì in miseria e fu sepolto a Massy nella fossa comune. A brevettare il processo, ormai noto come «appertizzazione», fu nel 1810 l'inglese Peter Durand, in origine per conservare e trasportare il latte. In Italia la produzione industriale di scatolette inizia con Francesco Cirio, nato a Casale Monferrato nel 1836 e morto nel 1900. I piselli furono il primo prodotto inscatolato da Cirio: per la «naturalezza» della loro conservazione si guadagnò premi a Torino e a Parigi.

Un difetto della lattina a strappo è che, dopo averla aperta, non è più possibile chiuderla e quindi bisogna consumarne subito l'intero contenuto. Il tappo a vite delle bottiglie aveva già risolto questo problema nel 1889 (brevetto dell'inglese Dan Rylands, funzionario di un'azienda produttrice di acqua minerale).

Nel mondo si consumano 200 miliardi di lattine a strappo all'anno, più di 3 miliardi in Italia. Con cifre di questa entità, riciclarne la materia prima è indispensabile. Oltre a non invadere l'ambiente con un rifiuto praticamente indistruttibile, si ottiene un grosso risparmio di energia. Estrarre dalla bauxite 1 kg di alluminio richiede 14 kWh. L'alluminio, riciclabile con 0,7 kWh per kg, riduce del 95 per cento questo costo energetico. Oggi il 25 per cento dell'alluminio prodotto nel mondo è riciclato. Nel recupero l'Italia è al secondo posto in Europa dopo la Germania.

Tra le applicazioni recenti dell'alluminio in cucina troviamo i rotoli di pellicola metallica per ricoprire teglie da mettere in forno o da riporre nel frigorifero e le carte da cioccolatini. Lo spessore della pellicola è appena 5 millesimi di millimetro: un piccolo miracolo di tecnologia. La prima carta di alluminio per cioccolatini appare nel 1915.

La padella antiaderente

Una padella diventa antiaderente applicando sull'alluminio delle sue pareti interne un rivestimento di politetrafluoroetilene, più noto con il nome commerciale di Teflon (depositato dalla DuPont). Questo materiale è chimicamente inerte, ottimo isolante elettrico e così scivoloso che ancora oggi non si conosce una colla capace di farvi presa. La proprietà antiaderente del Teflon è un aspetto della sua caratteristica più generale di non reagire con altre sostanze, incluse quelle alimentari, almeno fino a temperature di 250 °C. Bisogna però evitare di arroventare le pentole antiaderenti perché oltre i 400 °C la loro pellicola si sfalda e rilascia una sostanza cancerogena.

La molecola del Teflon fu scoperta per caso nel 1938 da Roy Plunkett della DuPont mentre cercava di sintetizzare un nuovo clorofluorocarburo, sostanza usata fino a una ventina di anni fa nei frigoriferi come scambiatore di calore (poi ci si accorse che distrugge l'ozono della stratosfera). La prima applicazione fu bellica: servì a proteggere dalla corrosione gli impianti per arricchire l'uranio destinato alla bomba atomica lanciata dagli Stati Uniti su Hiroshima il 6 agosto 1945. Il suo nome in codice era K416. Nel dopoguerra fu usato nelle canne di fucili e pistole per ridurre l'attrito dei proiettili. L'applicazione domestica alle padelle antiaderenti fu introdotta nel 1955 dall'ingegnere francese Marc Grégoire, morto novantenne nel 1996.

La pentola a pressione

Quando l'acqua bolle, il processo di evaporazione mantiene costante la sua temperatura, che sarà di 100 °C se siamo al livello del mare, inferiore se ci troviamo a quota più alta. Ciò avviene perché con una pressione atmosferica ridotta scende anche la tensione di vapore superficiale e quindi per produrre l'evaporazione è sufficiente una temperatura sotto i 100 °C. Per questo motivo in alta montagna certe ricette che richiedono la bollitura non vengono bene. Se invece la pressione atmosferica è maggiore, la temperatura di ebollizione sale. Al doppio della pressione esistente al livello del mare – 2 bar, la pressione tipica degli pneumatici di un'automobile – l'acqua bolle a 121 °C.

La pentola a pressione funziona proprio su questo principio. Riempita per due terzi di acqua e chiusa ermeticamente con un coperchio sotto la spinta di una molla, la pentola a pressione opera tra 1,5 e poco più di 2 bar, può raggiungere i 120 °C e cuocere più rapidamente minestre di verdura, patate e carni lesse. Una valvola permette al vapore di uscire e fa sì che la pressione interna rimanga costante, senza mai superare il limite di sicurezza.

La pentola a pressione nasce per motivi umanitari a vantaggio delle classi più povere: doveva servire a rendere più appetitose, o almeno commestibili, carni dure di animali macellati in età avanzata. Anche le ossa, cotte in quel modo, diventavano morbide e si potevano mangiare.

Il digestore di Papin

Inventore della pentola a pressione fu il francese Denis Papin, nato a Blois nel 1647, di credo protestante, laureato in medicina all'Università di Angers. Il padre era un funzionario del demanio, un suo parente era il noto orologiaio Antoine Gaudron, con bottega a Parigi. Da lui Papin poco più che ventenne trovò il primo impiego e conobbe Christiaan Huygens, illustre fisico, astronomo e ottico olandese allora al servizio della monarchia francese. Huygens aveva ottenuto fondi dal ministro Colbert per sviluppare nuove forze motrici che si pensava potessero derivare dalla polvere da sparo e dall'« aria rarefatta dal fuoco », come allora veniva indicato il vapore acqueo. Così il giovane Papin partecipò al tentativo di costruire un motore a polvere da sparo, esperimento che ebbe scarso successo, e incominciò a occuparsi della forza espansiva del vapore acqueo.

Intanto Huygens, dopo aver applicato all'orologio il pendolo secondo l'intuizione già avuta da Galileo Galilei, aveva inventato il bilanciere con molla a spirale compensatrice e Antoine Gaudron se ne era servito per costruire un nuovo tipo di orologio, che per le sue dimensioni ridotte poteva essere portatile. Papin ebbe l'incarico di andare a Londra per consegnarne personalmente un esemplare a Henry Oldenburg, segretario della Royal Society, l'accademia scientifica più prestigiosa. Fu l'occasione per conoscere un altro scienziato famoso, il chimico e fisico Robert Boyle (1612-1691), con il quale lavorò alla costruzione di una macchina pneumatica a due cilindri. È in questi anni che inventa la sua pentola. La prima pubblicazione, intitolata *A New Digester or Engine for Softening Bones* (« Il digestore, nuova macchina per rendere tenere le ossa »), è del 1680. Tre anni dopo esce la versione più ampia: *La manière d'amollir les os et de faire cuire toutes sortes de viandes en fort peu de temps et à peu de frais* (« Un modo per rendere molli le ossa e cuocere ogni tipo di carne in pochissimo tempo e a basso costo »). Le caratteristiche originali del digestore, che poi sarebbe diventato noto come « pentola di Papin », erano la chiusura ermetica e la valvola di sicurezza per stabilizzare la pressione. Sulle sue intenzioni Papin è molto esplicito: grazie al digestore, scriveva, « anche la vacca più vecchia e più dura si può rendere tenera e di buon gusto quanto la carne migliore ».

Una leggenda attribuisce a Papin l'invenzione della macchina a vapore, che avrebbe applicato a un battello costruito insieme con Boyle, cosa del tutto infondata. È vero invece che Papin ideò una caldaia verticale chiusa al di sopra da un pistone. Facendovi bollire dell'acqua, il pistone saliva e la macchina poteva sollevare grossi pesi. Altrettanto vero è che la valvola di sicurezza di Papin troverà applicazione in tutte le successive macchine a vapore, compresa la prima locomotiva, realizzata nel 1825 in Inghilterra da George Stephenson (1781-1848).

La pentola a pressione, completata da un cestello interno, permette un'ottima cottura a vapore a temperatura compresa tra 110 e 120 °C. I tempi si abbreviano notevolmente, con un forte risparmio di energia. Ma per un gastronomo ha gravi limiti: non permettendo di rimescolare o di aggiungere ingredienti, si presta soltanto a preparare minestre e bolliti.

Acqua bollente

Vi sarà capitato di far scaldare una pentola di acqua e di notare, svuotandola, che sul fondo rimangono disegnate tante cellette regolari. La loro geometria rispecchia un fenomeno che avviene durante il riscaldamento quando la temperatura del fondo della pentola è uniforme. Si formano tante celle di convezione, con colonne di bollicine più calde che salgono verso la superficie, mentre l'acqua sovrastante, più fredda, scende. Il rimescolamento distribuisce il calore e alla fine tutta l'acqua bolle. Se l'acqua è calcarea, il minerale si deposita sul fondo e disegna con la sua configurazione le celle di convezione. Fatto interessante: il fenomeno convettivo è caotico, però nelle celle si riconosce una notevole regolarità. Il primo a studiarle fu il fisico Henri Bénard nel 1900, seguito nel 1916 da John William Rayleigh. Si tratta di una tipica struttura dissipativa e i risultati di queste ricerche sono poi stati estesi all'atmosfera della Terra e degli altri pianeti e alla dinamica interna delle stelle. Si può studiare l'universo anche scaldando l'acqua per la pastasciutta.

Caffettiere e caffeina

Una versione semplificata della valvola di Papin rende sicura anche la caffettiera più diffusa nelle famiglie italiane, la Moka, ideata da Renato Bialetti e brevettata nel 1933. La valvola è nella parte inferiore della macchinetta, il serbatoio dell'acqua. Quando si raggiunge l'ebollizione, impedisce che la pressione salga ulteriormente e lascia uscire il vapore in eccesso, mentre l'acqua, passando per il contenitore del caffè e per il filtro sale al serbatoio superiore. Il caffè prodotto in questo modo ricorda da vicino l'«espresso» dei bar. Un semplice forellino, invece, fa da sfogo nella caffettiera napoletana, detta coccumella. In questo caso, rovesciando rapidamente la caffettiera, l'acqua bollente passa attraverso il contenitore del caffè per gravità, non sotto la pressione del vapore. Negli ultimi anni anche in Italia si è diffuso il caffè ottenuto per infusione, mentre il sistema della triplice bollitura rimane confinato al mondo arabo.

Il caffè «espresso», specialità italiana, risale al brevetto di una macchina da bar depositato nel 1901 dall'ingegnere Luigi Bezzera di Milano. La caldaia era un cilindro in ottone e rame, un manometro indicava la pressione del vapore. La soluzione, funzionale ed esteticamente gradevole, soppiantò una macchina più monumentale e meno pratica realizzata in Francia da Eduard Loysel de la Lantais. A tutela della gloria italiana, nel 1999 le norme UNI hanno standardizzato anche la tazzina dell'espresso e il cappuccino, fissandone dosi, aroma, colore e altre caratteristiche dopo tre anni di lavoro dell'Istituto Internazionale Assaggiatori Caffè. Sul rispetto delle regole veglia da allora l'Istituto Nazionale Espresso Italiano, non sappiamo con quanta efficacia.

La caffeina, principio attivo del caffè, è un potente stimolatore del sistema nervoso, unica droga non sottoposta ad alcuna regolamentazione (per alcol e nicotina valgono limiti di età a protezione dei minori e si fanno campagne contro gli abusi; nel caso della caffeina la pubblicità spinge ad aumentare i consumi). Studi accurati hanno cercato di mettere in evidenza possibili danni alla salute ma non sono arrivati a prove convincenti neanche per i dosaggi raggiunti dai più accaniti consumatori di caffè. Si ritiene tuttavia che 10 grammi di caffeina pura, pari a un centinaio di tazzine di caffè bevute una di seguito all'altra, possano essere letali per un adulto di media corporatura (una tazzina contiene da 80 a 180 milligrammi di caffeina: la dose letale può quindi equivalere a un numero di tazzine compreso tra 55 e 125).

La molecola della caffeina, utilizzata in molti farmaci, blocca nel cervello e in altre parti dell'organismo l'azione della adenosina occupandone i recettori. L'adenosina è un neuromodulatore che riduce il ritmo delle scariche nervose spontanee e quindi rallenta la liberazione di altri neurotrasmettitori. Di per sé, quindi, la caffeina può sia favorire sia rendere più difficile il sonno: dipende da come avrebbe agito l'adenosina in quella particolare circostanza. Sotto l'azione della caffeina il battito del cuore accelera, alcuni vasi sanguigni si restringono mentre altri si dilatano e certi muscoli si contraggono più facilmente.

La teofillina, che si trova nel tè, e la teobromina, che si trova nel cioccolato, sono alcaloidi molto simili alla caffeina; differiscono solo per la mancanza, in due posizioni diverse, di un atomo di carbonio legato a tre atomi di idrogeno. In peso, le foglie di tè hanno il doppio di caffeina rispetto ai semi di caffè ma il diverso metodo di preparazione fa sì che una tazza di tè contenga solo la metà della caffeina di un «espresso». Tutte e tre le sostanze possono indurre dipendenza, ma se ne può uscire facilmente con una settimana di astinenza. Pochi però avranno voglia di liberarsi dalla doppia dipendenza di un buon caffè accompagnato da un cioccolatino.

Plastica, nel bene e nel male

Può anche non piacere agli ecologisti duri e puri, ma senza plastica l'attrezzatura della cucina sarebbe meno pratica e meno colorata. Anche dal punto di vista strettamente ambientale, se dovessimo sostituire la plastica con oggetti di metallo, ci sarebbe poco da guadagnare. Per esempio il PVC, policloruro di vinile, una delle materie plastiche più contestate, non si arrugginisce, la sua produzione comporta appena un terzo del consumo energetico dell'alluminio e se sostituisce parti metalliche di un'auto fa risparmiare benzina per tutta la vita della vettura perché è più leggero dell'acciaio. Insomma: come tutte le applicazioni della scienza, la plastica offre vantaggi e svantaggi. Ciò che conta è il bilancio costi/benefici.

Quando vi portate a casa una pizza appena sfornata è probabile che la scatola per mantenerla calda sia fatta con pellicole di polimero metallizzate. Quelle pellicole furono usate originariamente nello spazio per riflettere la radiazione termica che minacciava di arrostire satelliti carichi di delicatissimi strumenti. Il joystick in plastica stampata di un popolare videogame è copiato da un comando manuale dello Space Shuttle. Fibre tessili a base di polimeri nate per rendere ignifugo l'impianto elettrico sul razzo europeo Ariane ora servono a proteggere gli operai che lavorano con vetro e metalli fusi. Speciali fluoropolimeri creati per la NASA filtrano i liquidi organici sulla Space Station e restituiscono acqua pura. Presto serviranno anche a depurare acque infette in paesi alle prese con la sete.

Tubi, tettucci trasparenti per auto, isolanti termici e acustici per edilizia, parti di elettrodomestici, arredi, scafi nautici: ci sarà sempre più plastica intorno a noi. Non ha senso pensare di eliminarla. Bisogna imparare a usarla bene, farla durare evitando l'usa-e-getta, e infine riciclarla.

La prima plastica di grande successo popolare nasce nel 1906, quando il chimico belga Leo Baekeland (1863-1944) ottiene per policondensazione di un fenolo con un'aldeide la famosa bakelite. Si usa tuttora come isolante elettrico. E ha qualcosa di antico che ce la fa sembrare quasi un prodotto naturale. La tecnologia, con il tempo, si umanizza.

I nostalgici di *Carosello* ricorderanno il faccione sorridente di Gino Bramieri che agitando uno scolapasta o qualche altro attrezzo di cucina ripeteva il tormentone « E mo' e mo', moplen! » o la sua variante « Signora badi ben / che sia fatto di moplen! » Quella pubblicità chiudeva un circolo virtuoso: ricerca pura, ricerca applicata, prodotto industriale, consumatore, ritorno economico da investire nuovamente in ricerca (pura e applicata). Caso raro, almeno in Italia, dove l'industria chimica negli ultimi decenni è stata demolita da avventurieri della finanza e politici più ciechi che miopi.

Moplen è un nome industriale che evoca il tempo felice del miracolo economico italiano, irripetibile cocktail di intelligenza, spregiudicatezza, voglia di lavorare e circostanze fortunate. Ideatore di questa materia plastica particolarmente versatile fu Giulio Natta, straordinario architetto delle molecole, l'unico italiano che abbia ricevuto un premio Nobel per la chimica. Lo condivise nel 1963 con Karl Waldemar Ziegler (1898-1973). L'italiano aveva avuto l'intuizione originale e aveva sviluppato la teoria dei polimeri. Il tedesco era riuscito a trovare i catalizzatori che, accelerando e semplificando la polimerizzazione, permisero di giungere alla molteplicità di materie plastiche che, nel bene e nel male, sono un simbolo del nostro tempo. Tra i due, peraltro, all'epoca del loro viaggio a Stoccolma per ritirare il premio, non correva già più buon sangue in seguito alle tensioni createsi nello sfruttamento commerciale della loro scoperta.

Giulio Natta, figlio di un magistrato, nasce a Imperia il 26 febbraio 1903, studia a Genova e, per laurearsi in ingegneria chimica, va al Politecnico di Milano. Nel 1924 discute la tesi e subito inizia una carriera di ricerca. Negli anni Venti era ancora pionieristico l'uso dei raggi X per studiare, grazie alla loro diffrazione, la struttura dei cristalli: i raggi X, infatti, hanno una lunghezza d'onda paragonabile alla distanza che intercorre tra gli atomi dei reticoli cristallini, e quindi sono molto efficaci per capire come questi reticoli sono disposti. È una tecnica molto feconda, grazie alla quale furono scoperte la struttura tridimensionale dell'emoglobina del sangue e della stessa doppia elica del DNA. Oggi si costruiscono grandi acceleratori di particelle esclusivamente per produrre la «luce di sincrotrone», cioè raggi X di varia lunghezza d'onda da utilizzare nello studio delle strutture molecolari (macchine del genere si trovano a Trieste e a Grenoble).

La struttura tridimensionale delle molecole diventerà poi un aspetto fondamentale per le ricerche sui polimeri, ma intanto Natta si occupa anche di altre cose, come la sintesi dell'alcol metilico e di alcoli superiori a partire da idrogeno e ossido di carbonio. Di poco successive sono altre ricerche sulla produzione di gomma sintetica a partire dal butadiene, e queste invece confluiranno nella realizzazione dei polimeri.

Intanto va avanti passo dopo passo la carriera accademica: nel 1933 Natta diventa professore straordinario di chimica generale all'Università di Pavia; nel 1935 viene chiamato a Roma per ricoprire la cattedra di chimica fisica; nel 1937 è a Torino come professore di chimica industriale. L'anno dopo Natta torna al Politecnico di Milano, dove dirigerà l'Istituto di chimica industriale fino al 1973. Precocemente colpito dal morbo di Parkinson, muore a Bergamo il 1° maggio 1979.

Il Politecnico milanese è lo scenario nel quale si realizza il fruttuoso incontro tra ricerca pura e industria chimica. La Montecatini, per suggerimento di un manager lungimirante, Pietro Giustiniani, finanzia a Natta e al suo istituto quel programma di ricerca sui polimeri di cui il moplen è il risultato più popolare.

Che cos'è un polimero? È un insieme di molte parti (dal greco *polys*, «molto», e *meros*, «parte») tutte uguali: queste parti sono piccole molecole (dette monomeri) che, in particolari condizioni di temperatura e pressione, tendono a unirsi tra loro saldamente in lunghe file, formando macromolecole (polimeri, unione di molti monomeri). Negli anni Cinquanta si conoscevano già numerosi polimeri. La sfida consisteva nel crearne altri con speciali caratteristiche di resistenza meccanica, o di trasparenza o di resistenza al calore: appunto le proprietà che Natta riuscì a concentrare nei suoi prodotti applicando al propilene e allo stirene il catalizzatore di Ziegler.

Queste proprietà derivano direttamente dalla struttura quasi cristallina delle sue plastiche. «Fino ad allora», scrive Natta in una scheda autobiografica, «ben pochi erano i polimeri cristallini e la stessa importanza della cristallinità in chimica macromolecolare era solo parzialmente riconosciuta. I primi polimeri stereoregolari, cioè con una disposizione tridimensionale ordinata, e altamente cristallini furono ottenuti al Politecnico di Milano nel 1954 utilizzando i catalizzatori scoperti poco prima da Ziegler al Max Planck Institut di Mullheim. Ziegler aveva trovato che l'etilene, un gas ottenuto dal petrolio, può essere convertito in un polimero ad alto peso molecolare se viene posto in contatto con un catalizzatore a base di titanio e alluminio. Il polietilene così ottenuto ha proprietà assai diverse da quello tradizionale grazie alla maggiore regolarità della sua costituzione chimica. Questi catalizzatori si sono rivelati però ancora più utili quando sono stati applicati alla polimerizzazione di altri monomeri che fino a quel momento non avevano suscitato alcun interesse né scientifico né industriale, come il propilene, un altro gas derivato dal petrolio. Il propilene viene infatti convertito facilmente in un prodotto solido bianco, poco solubile nei comuni solventi, il polipropilene, che fonde a 175 °C (contro i 135 del polietilene) e capace di essere convertito in fibre di grande tenacia e in pellicole trasparenti e flessibili.»

Le proprietà tecnologiche del polipropilene attrassero subito l'interesse dell'industria. Nacquero così il moplen caro a Gino Bramieri e la fibra chiamata meraklon. Materiali che oggi si producono a centinaia di migliaia di tonnellate, ovviamente non senza problemi ambientali, considerando che sono quasi indistruttibili. La Montecatini brevettò il moplen in Italia e prima di estendere il brevetto all'estero trattò con Ziegler dandogli un terzo dei guadagni: accordo che tuttavia lasciò al chimico tedesco l'impressione di essere stato defraudato.

Esiti industriali a parte, è originale la linea di ricerca inaugurata da Natta e sviluppata dalla sua scuola: la stereochimica macromolecolare. Gli studi strutturali sul polipropilene isotattico hanno permesso di capire che in ciascuna macromolecola esiste una disposizione regolare dei gruppi metilici lungo la catena. La struttura in cui i gruppi metilici, e in genere i sostituenti legati alla catena paraffinica normale, si trovano tutti da una parte del piano in cui questa giace, è stata chiamata, appunto, «isotattica», cioè con lo stesso ordine. Le ricerche sono poi sfociate nei primi polimeri otticamente attivi e in processi che sono molto simili a quelli svolti dagli enzimi negli organismi viventi.

Il dopo Natta ha visto Catia Bastioli vincere il premio «Inventore Europeo dell'Anno 2007» per una serie di brevetti depositati negli anni 1992-2001 che hanno consentito di ottenere le prime bioplastiche da fonti rinnovabili di origine agricola che si siano affermate sul mercato. Si tratta del mater-bi, una famiglia di bioplastiche sviluppate e commercializzate da Novamont. Il mater-bi ha una resistenza pari a quella delle plastiche tradizionali ma si biodegrada in poche settimane se messo in una compostiera. È utilizzabile per teli da pacciamatura agricola, sacchetti per la spesa e la raccolta differenziata, in prodotti per il catering e per l'igiene, fino agli pneumatici con bassa resistenza al rotolamento.

Ingegneri delle molecole

Con la plastica l'uomo si lancia nell'avventura di creare materiali che non esistono in natura partendo da sostanze organiche come carbone, gas, sale comune (cloruro di sodio) e petrolio. Quest'ultimo è diventato nel tempo sempre più importante per l'industria della plastica, che oggi assorbe il 4 per cento del petrolio prodotto nel mondo. Il processo base per ottenere derivati dal petrolio è il cracking, messo a punto nel 1942. Consiste in una reazione che, favorita da particolari catalizzatori (in origine l'allumina, poi le zeoliti), spezza le catene lunghe delle molecole degli idrocarburi. Si ottengono così prodotti come la virgin nafta, dalla quale si ricavano monomeri quali l'etilene e il propilene. Altri monomeri fondamentali sono il butadiene e lo stirene. Polimerazzazione e policondensazione sono i due processi principali per ottenere i vari tipi di plastica. La prima la conosciamo già: è una reazione che mette in file ordinate i monomeri. La seconda raggiunge lo stesso risultato ma eliminando le molecole, come acqua e metanolo, che si formano nella reazione. Si aggiungono poi coloranti, sostanze antifiamma, antiossidanti, espandenti.

Precursore dei moderni architetti delle molecole plastiche fu Henri-Victor Regnault, che nel 1835 ottenne il PVC, cloruro di polivinile. Gli ambientalisti oggi lo accusano di essere cancerogeno e di generare diossina quando viene bruciato: accuse fondate, ma la pericolosità statisticamente è così piccola che con il PVC si fanno persino i cateteri e i sacchetti che contengono il sangue per le trasfusioni, oltre a rivestimenti di fili elettrici, condutture per acqua, serramenti, recinzioni e mobili da giardino.

Nel 1846 lo svizzero Frederick Schoenbein isolò il nitrato di cellulosa, primo polimero artificiale, di aspetto simile all'ambra. Nel 1862 l'americano Alexander Parkes sintetizzò la nitrocellulosa (nitrato di cellulosa più canfora), poi chiamata parkesina, e vinse così i 10 mila dollari messi in palio da due industriali per chi fosse riuscito a creare un materiale simile all'avorio da impiegare nelle palle da bigliardo, che all'epoca erano molto costose in quanto ricavate dalle zanne degli elefanti, e talvolta non riuscivano perfettamente sferiche. La parkesina non servì a sostituire le palle da bigliardo in avorio: l'inventore americano John Wesley ci provò, ma le palle di parkesina nell'urtarsi violentemente esplodevano e una prese fuoco dopo aver toccato il sigaro acceso di un giocatore.

In compenso, un tipografo di New York, John W. Hyatt, mescolando parkesina e canfora, nel 1869 inventerà la celluloide: vent'anni dopo George Eastman la userà per fare pellicole fotografiche. La fabbrica dei sogni, il cinema, ne avrebbe poi consumati milioni di chilometri.

Ma la vera data di nascita della plastica così come noi la conosciamo è il 18 giugno 1907, quando Leo Baekeland, cercando un sistema per evitare incrostazioni nelle provette, fece reagire fenolo e formaldeide ricavati dalla distillazione del carbone. La miscela, riscaldata a 200 °C e messa sotto forte pressione, dà origine a un nuovo materiale robustissimo, resistente agli acidi e al calore, ottimo isolante elettrico. È la bakelite, subito impiegata per fare piastre di circuiti, isolatori, eliche di aerei e poi un gran numero di oggetti domestici.

Negli anni Venti del secolo scorso nasce la fòrmica, un laminato plastico a base di urea, fenolo, formaldeide e carta kraft, di largo impiego nell'arredamento e in particolare per i mobili di cucina.

Negli anni Trenta si usavano ormai 16 tipi di plastiche diverse, tra le quali il polistirolo e i poliuretani. Del 1935 è il polietilene, ottenuto da Gibson e Fawcett. Del 1938 il nylon, rivoluzionaria fibra tessile artificiale creata da Wallace Hume Carothers condensando l'acido adipico da solo o con esametilen-diammina (ne riparleremo a proposito delle calze femminili). Del 1948 è il plexiglas, in origine creato per l'industria aeronautica americana. Nel 1954 il polipropilene isotattico di Giulio Natta sancisce il trionfo della plastica. Del 1960 è la pellicola elastica per avvolgere, del 1968 la bottiglia per acqua minerale (entrambe in PVC, il controverso cloruro di polivinile, o in PET o polietilene tereftalato).

Ghiaccio da esportazione

La nostra salute deve molto agli antibiotici. Ma i batteri nocivi prima ancora che con i farmaci si combattono con il caldo e con il freddo perché il primo li elimina e il secondo ne rallenta o ne blocca la riproduzione. Come vedremo, per allungarci la vita caldo e freddo, fornelli e frigorifero, cottura e conservazione a bassa temperatura hanno fatto di più degli antibiotici.

Per secoli non c'è stato altro mezzo che conservare per l'estate il freddo dell'inverno: in montagna ghiacciaie in caverne sotterranee (oltre i trenta metri di profondità la temperatura si mantiene costante intorno alla media annua del luogo) e neviere (anch'esse scavate nel sottosuolo) erano comuni fino all'inizio del secolo scorso e riuscivano a traghettare i cibi deperibili attraverso l'estate da un inverno all'altro. Dalle montagne, ghiaccio e neve si importavano in città, dove esistevano altre ghiacciaie. Era già una vera e propria industria del freddo. Ne resta traccia in tante cappelle dedicate alla Madonna della Neve e in certe «strade della neve» che collegavano i luoghi di produzione a quelli di consumo. A Verona il ghiaccio arrivava dai monti Lessini, a Napoli dal Vesuvio, a Palermo dalle Madonie. Torino ha una ghiacciaia nel parcheggio sotterraneo vicino a Porta Palazzo, la piazza del mercato. Roma consumava 250 tonnellate di ghiaccio all'anno: arrivava dalla Tolfa, da Spoleto, dal Terminillo, dai monti Gennaro e Pellecchia. Lo Stato Vaticano lucrava su questo traffico gestendolo in regime di monopolio.

C'era anche il freddo di esportazione. A Malta arrivava la neve dell'Etna, al Cairo quella del Libano, a Parigi quella della Norvegia. In America si faceva a fette la superficie ghiacciata dei grandi laghi tra Canada e Stati Uniti per portarla in Texas e in Florida. Nel 1806 i fratelli Frederich e William Tudor affittarono un veliero per trasportare 130 tonnellate di ghiaccio in Martinica.

Arriva il frigorifero

Il frigorifero ha liberato prima i commerci e poi le famiglie dalla dipendenza dal freddo naturale. Non si tratta solo di una questione economica, o di comodità. Per i paesi sviluppati, dove il frigorifero oggi è presente in 98 famiglie su 100, è stata anche una rivoluzione sanitaria. Nel 1900 i morti per infezioni gastrointestinali erano 125 ogni 100 mila abitanti all'anno, nel 1950 erano meno di 10, oggi sono in pratica zero.

Dopo i tentativi di alcuni precursori – Giambattista Della Porta (1589), lo scozzese William Cullen (1748) e l'americano Oliver Evans (1805) – la storia della fabbrica del freddo incomincia nel 1834, quando Jacob Perkins (1766-1849), che aveva già ideato una tecnica contro i falsari di cartamoneta, brevetta il primo sistema per comprimere ed espandere un gas in modo da generare un raffreddamento. Questa pompa è tuttora il cuore del frigorifero.

Il freddo prodotto espandendo il gas si ottiene ovviamente a spese dell'energia necessaria per la compressione, e la compressione produce calore. Ma se si tengono separati gli ambienti in cui avvengono le due operazioni, diventa possibile raffreddare uno spazio ridotto e ben isolato estraendone il calore e disperdendolo nell'ambiente circostante, dove finirà anche il calore liberato per ottenere la compressione: esattamente ciò che fa un frigorifero. E con ciò abbiamo anche risposto alla domanda che spesso pongono i professori di fisica ai loro studenti: se lasciamo aperta la porta di un frigorifero in funzione, la stanza si rinfresca, rimane a temperatura costante o si riscalda? Dato che per la seconda legge della termodinamica nessun processo con resa al 100 per cento è possibile, la stanza si riscalderà.

Carl von Linde (1842-1934) usò la pompa inventata da Perkins più di quarant'anni dopo, nel 1875, per costruire il primo frigorifero. Come fluido da comprimere ed espandere Linde provò inizialmente l'etere metilico ma ben presto (1876), per evitare rischi di esplosione, lo sostituì con l'ammoniaca, sostanza che aveva già suggerito il francese Ferdinand Carré nel 1857. Nel 1931 l'ammoniaca lascerà il posto al freon, un cloro-fluoro-carburo creato nel 1931 dalla DuPont, a sua volta sostituito da altri gas (idro-fluoro-carburi) a partire dal 1990, quando gli studi del messicano Mario José Molina (premio Nobel con Paul Crutzen e Frank Rowland nel 1995) ebbero dimostrato che i cloro-fluoro-carburi salgono fino alla stratosfera, dove distruggono lo strato di ozono che ci protegge dai raggi ultravioletti del Sole.

Le prime macchine frigorifere erano poco adatte all'uso domestico. Il frigorifero commerciale arriva sul mercato nel 1911 con il marchio General Electric. È curioso che anche Albert Einstein si sia occupato di frigoriferi: con il fisico Leo Szilard progettò una pompa elettromagnetica senza parti in movimento per evitare anche la minima perdita di liquido refrigerante. Il brevetto è del 1930. Una sola marca di frigorifero lo ha adottato ma in compenso ha trovato applicazione nel cruciale dispositivo che fa circolare il sodio nel sistema di raffreddamento dei reattori nucleari a neutroni veloci.

La struttura di un frigorifero è isolata termicamente dall'ambiente esterno e percorsa da una serpentina con alette che rendono più efficiente la trasmissione del calore all'aria. Nella serpentina scorre il liquido refrigerante, la cui temperatura viene abbassata prima comprimendolo e poi espandendolo. Un motore elettrico aziona il compressore, una valvola regola il ciclo espansione/compressione separando il condensatore (un tubo sottile in cui l'alta pressione mantiene il refrigerante allo stato liquido) dall'evaporatore (un tubo largo, dove la bassa pressione fa evaporare il refrigerante). Un termostato permette di regolare la temperatura, che nel frigorifero è compresa fra 3 e 5 gradi, quanto basta per rallentare la riproduzione dei batteri, mentre nel freezer deve scendere a –18 °C, temperatura che ne inibisce del tutto la riproduzione.

Il dato più significativo per distinguere un frigorifero buono da uno cattivo è il coefficiente di prestazione, cioè il rapporto tra il calore sottratto alla sorgente fredda e il lavoro esterno compiuto a questo scopo. Un alto valore del coefficiente di prestazione indica un frigorifero di qualità, che richiede poca energia elettrica per sottrarre calore dal suo interno. I valori oscillano tra 2 e 6. Le classi A, AA e AA+ corrispondono a frigoriferi di qualità crescente.

I frigoriferi più recenti oltre ad avere bassi consumi offrono prestazioni nuove: dispensatori esterni di acqua fresca e di cubetti di ghiaccio per limitare l'apertura dello sportello, guarnizioni antibatteriche, display a cristalli liquidi per programmare dall'esterno temperature differenziate nelle varie zone del frigo (fino a –1°C nel cassetto del pesce), assorbenti di umidità. C'è persino il frigo da guardare: un modello della LG ha integrato nella porta un televisore da 15 pollici.

Anche senza arrivare a queste raffinatezze, un uso intelligente del frigorifero può ridurre i consumi e assicurare buone prestazioni. Non bisogna lasciare che si formi la brina: è la principale causa di maggior consumo di elettricità in quanto funziona da isolante termico ostacolando la sottrazione di calore che è compito della serpentina. Mai mettere in frigo cibi ancora caldi. L'aria fredda è più pesante, quindi i piani bassi, più freschi, sono indicati per ospitare carni, pesci e altri alimenti che si alterano facilmente. I ripiani alti sono invece adatti a uova, creme, latte, formaggi.

Il thermos

Caldo e freddo si possono esportare grazie al thermos, apparecchio a forma di bottiglia progettato per conservare a lungo la temperatura delle bevande e dei cibi che contiene. Il suo segreto è semplice: un buon isolamento termico dall'ambiente. Lo si ottiene con un doppio recipiente di vetro, materiale che conduce male il calore: un vuoto pneumatico parziale tra i due contenitori mantiene l'isolamento, aiutato da altri materiali isolanti e dall'argentatura delle superfici interna ed esterna per riflettere la radiazione infrarossa.

Nel vuoto la radiazione elettromagnetica (e anche il calore è una forma di questa radiazione) non può trasmettersi per convezione, come avviene nell'acqua riscaldata in una pentola, né per conduzione, come succede nel metallo della pentola stessa, per l'ovvio motivo che non c'è materia che faccia da veicolo o da «ponte» tra una parte calda e una fredda. Nel vuoto la radiazione elettromagnetica può viaggiare solo per irraggiamento, come fa la luce nel viaggio dal Sole alla Terra.

Il vuoto tra le pareti del thermos elimina dunque due modi di dispersione del calore. Il terzo viene limitato dall'argentatura delle pareti, che con la sua azione riflettente impedisce alla radiazione di arrivare nelle zone che vogliamo isolare. Tappo di plastica con guarnizione ermetica e sul fondo della bottiglia uno strato di polistirolo espanso completano l'isolamento in quanto plastica e polistirolo sono pessimi conduttori di calore.

I thermos domestici, in commercio dal 1904, derivano dal «vaso» che concepì nel 1882 il chimico-fisico inglese James Dewar (1842-1923) per i suoi studi sulla liquefazione dei gas. Sono «vasi Dewar», o semplicemente «Dewar», anche i serbatoi per il trasporto di azoto, ossigeno, idrogeno ed elio liquidi. Ossigeno e idrogeno liquidi sono largamente usati nella propulsione dei razzi. L'elio liquido mantiene una temperatura vicinissima allo zero assoluto (–273 °C). Il collisore di protoni LHC inaugurato nel 2008 al CERN di Ginevra, lungo 27 chilometri e mantenuto alla temperatura dell'elio liquido, è l'oggetto più freddo che esista nell'universo, la cui temperatura globale è di 2,7 kelvin. Grandi Dewar si usano nell'industria per la preparazione dei surgelati e in molti laboratori di ricerca e ora possiamo trovare piccoli Dewar da 10 a 50 litri di azoto liquido anche nei ristoranti dove lo chef sperimenta la cucina del superfreddo. Ne riparleremo tra poco, quando faremo una incursione nella gastronomia molecolare.

Il frigo parla con le etichette intelligenti

Nei prossimi anni avremo forse frigoriferi collegati a Internet che dialogheranno con le confezioni di alimenti che custodiscono, veglieranno sulla data di scadenza pronti a lanciare l'allarme e ordineranno al supermercato le derrate in via di esaurimento. Tutto ciò sarà possibile con il diffondersi delle etichette intelligenti che in gergo tecnico si chiamano tag (etichetta in inglese) a RFID. Grazie a esse ogni oggetto potrà avere un numero identificativo (una specie di nome e cognome) e potrà essere messo in rete con qualsiasi altro oggetto etichettato, proprio come oggi ogni utente di Internet può connettersi con una enorme quantità di siti e con qualsiasi altro utente.

RFID, *Radio Frequency IDentification*, è il nome tecnico del dispositivo che costituisce il cuore dell'etichetta intelligente. In alcuni settori è già di uso comune. Il Telepass che ci addebita automaticamente il pedaggio rilevando l'entrata e l'uscita dall'autostrada si basa sulla RFID, un'etichetta contenuta nell'apparecchio applicato sul parabrezza, dove sono riportati i dati identificativi della nostra vettura. L'etichetta antifurto che nei supermercati fa suonare l'allarme quando il malintenzionato passa attraverso una antenna a forma di cancello posta prima dell'uscita è un tipo di RFID più semplice ed economico, che viene disattivato dalla cassiera se il pagamento avviene regolarmente.

In una etichetta RFID, circa 2 centimetri di lato, troviamo al centro un microchip appena visibile a occhio nudo dove sono memorizzati i dati e intorno un filo metallico che funge da antenna. Nelle etichette più evolute il chip contiene anche dei sensori e c'è una minuscola batteria di alimentazione. Quando passa in un campo elettromagnetico a radiofrequenza, l'antenna dell'etichetta ne capta l'energia, che attiva il microchip. Il chip, tramite la stessa antenna, invia poi i propri dati all'apparato ricetrasmittente, lo stesso che genera il campo elettromagnetico.

Qualcosa del genere avviene anche con il codice a barre e con le bande magnetiche, ma l'etichetta intelligente offre molti vantaggi. Non deve essere a contatto con il lettore perché i dati viaggiano via radio. Non è necessario che si trovi all'esterno della confezione. Contiene una maggiore quantità di informazioni. La comunicazione può essere criptata. È possibile leggere contemporaneamente, in un decimo di secondo, un centinaio di etichette registrandone i dati in un computer. Se necessario, è possibile aggiungere informazioni nel chip.

Il codice impostato sulle etichette intelligenti di solito adotta lo standard EPC (*Electronic Product Code*) sviluppato al MIT (Massachusetts Institute of Technology), composto da 96 cifre binarie. Il numero delle combinazioni possibili è strabiliante: 80 miliardi di miliardi di miliardi. È una cifra più che sufficiente per identificare ogni singolo oggetto in commercio sulla Terra.

Le applicazioni di un tale dispositivo – semplice, resistente e del costo di un euro o poco più – sono quasi illimitate. Vari paesi lo hanno adottato per i loro passaporti. Incominciò il governo malese nel 1998, dal 2006 anche Stati Uniti e Regno Unito usano la nuova tecnologia, che memorizza automaticamente nel chip tutti i passaggi di frontiera. Le etichette RFID permettono di conoscere in tempo reale le giacenze di un magazzino; di gestire qualsiasi biglietteria elettronica: tram, metrò, treno, aereo, autostrade, spettacoli; di identificare i dipendenti di un'azienda; tracciare il percorso di un prodotto dalla materia prima al consumatore; registrare interventi di manutenzione e di assistenza tecnica; gestire pratiche, schedare animali (addio medagliette per i cani), governare biblioteche. Cibi con etichette RFID dotate di sensori sono in grado di registrare nella loro memoria tempi e cambiamenti di temperatura durante il trasporto, denunciando eventuali interruzioni della catena del freddo.

È facile intuire gli sviluppi che quest'ultima applicazione consente. Etichette intelligenti, interrogate dal frigorifero, ci avvertiranno quando si avvicina la data di scadenza con una segnalazione che apparirà su un apposito display. E se il frigo è in rete, potrà anche segnalare al fornitore che un certo prodotto sta per esaurirsi, in modo che la dispensa sia sempre piena. Che tutto ciò non diventi un ulteriore incentivo al consumismo dipenderà dal nostro buonsenso e... dalle regole di comportamento che sapremo impartire al frigorifero.

La regolamentazione delle RFID in parte è ancora un problema aperto. Le frequenze radio assegnate appartengono a quattro bande: 125-134 kHz e 13,56 MHz per le RFID passive che prendono l'energia per funzionare dal campo del ricetrasmettitore; 868-915 MHz e oltre i 2,4 GHz per RFID attive, semiattive e passive. Nuovi passi verso la standardizzazione dei codici agevoleranno una adozione globale di questa tecnologia. Più difficile è mettersi d'accordo sulla tutela dei diritti del cittadino. Le etichette intelligenti si prestano anche a registrare informazioni che possono intaccare la libertà individuale. L'utente deve essere consapevole dell'uso che se ne fa e poter dare o negare il proprio consenso. In parte le garanzie sono implicite nei limiti tecnici: le etichette funzionanti a 13,56 MHz hanno un raggio d'azione tipico non superiore al metro, quelle a frequenze maggiori, usate per la logistica, si mantengono entro i 10 metri. I limiti di potenza imposti ai trasmettitori non permettono di oltrepassare queste distanze.

Il codice a barre

Per parecchi anni le etichette intelligenti si troveranno a convivere con il vecchio e familiare codice a barre, tuttora dominante sui prodotti in vendita al supermercato. L'idea del codice a barre venne nel 1948 a due studenti dell'Università di Drexel, Joseph Woodland e Bernard Silver. Nel 1952 la brevettarono. Ma i tempi non erano maturi. All'inizio i due giovanotti pensarono di usare il codice Morse, poi provarono codici a barre ovali e codici bidimensionali. La difficoltà più seria era però la mancanza di una tecnologia per rendere veloce ed esatta la lettura. Le fotocellule usate per leggere il sonoro dei film non davano risultati affidabili e richiedevano lampade da 500 watt che, consumo a parte, rischiavano di bruciare le etichette.

Soltanto il diffondersi del laser e del led ha risolto questo problema. Il lettore può essere a pistola o integrato nella cassa. In questo caso basta un rapido passaggio su una finestra illuminata da led o laser che grazie a specchi rotanti coglieranno il codice qualunque sia la direzione in cui la cassiera lo fa scorrere davanti alla finestra. Il codice usato nei supermercati ha tredici cifre determinate dalla scansione di barre nere di diverso spessore alternate a spazi bianchi. Il lettore misura il tempo impiegato dalla luce nel passare sulle bande di diverso spessore. Il linguaggio è binario. Un tratto nero sottile vale 1, uno nero di spessore doppio vale 11, il triplo spessore vale 111. Lo stesso discorso vale per gli spazi bianchi, che possono valere 0, 00 o 000. Due barre nere sottili separate da una bianca segnano l'inizio e la fine del codice. Delle 13 cifre, le prime due indicano il paese di provenienza, quattro riguardano il produttore, le ultime sei il prodotto. Un bip segnala che la lettura è avvenuta regolarmente. I dati vanno poi a un computer che li confronta con quelli in memoria e determina il pezzo, subito trasmesso alla calcolatrice della cassa.

Il codice a barre lineare esordisce il 3 aprile 1973 e il 26 giugno dell'anno dopo per la prima volta serve a registrare la vendita di un prodotto. Era un pacchetto di gomme americane acquistato in un supermercato di Troy, nell'Ohio. Il pacchetto, presumibilmente vuoto, è ora in mostra allo Smithsonian's Museum of American History. Bernard Silver, morto nel 1963 ad appena 38 anni, non ha potuto vedere il trionfo del codice a barre. Joseph Woodland, classe 1921, soffrirà assistendo al suo declino.

La lavastoviglie

Il 28 dicembre 1886 è una data da ricordare nella storia della tecnologia ma dovremmo celebrarla anche come una tappa nel cammino delle donne per liberarsi dai lavori domestici. In quel giorno Josephine Garin Cochrane costruì, per il proprio uso personale, la prima lavastoviglie. Era una ruota contenente una rastrelliera in filo di ferro dove si infilavano piatti e bicchieri. Grazie a un motore a vapore, la ruota girava in una tinozza sotto un getto di acqua calda. In sostanza è la stessa struttura delle attuali lavastoviglie.

Josephine Cochrane, nata nel 1839 e morta nel 1911 a Shelbyville nell'Illinois, era una ricca signora americana. Non lavava i piatti, il suo obiettivo era evitare che i domestici, lavandoli, glieli rompessero. Si sa, spesso la miccia delle rivoluzioni l'accendono le classi privilegiate, anche se poi l'incendio lo alimentano le classi povere. Donna intraprendente, la Cochrane fondò un'azienda per produrre e vendere la sua macchina, che chiamò Kitchen Aid, aiuto di cucina. Alla Fiera mondiale di Chicago del 1893 la lavastoviglie ebbe un discreto successo presso albergatori e proprietari di ristoranti, che speravano così di tagliare il numero degli sguatteri. Dovette però passare ancora mezzo secolo perché la nuova macchina si imponesse al grande pubblico.

La lavastoviglie è oggi presente in quasi tutte le famiglie americane. In Europa è in testa la Germania con il 54 per cento, seguita dalla Francia (44). La media europea è del 38 per cento. In Italia dispone di una lavastoviglie il 31 per cento della popolazione, meno della Spagna (34) ma secondo una inchiesta di mercato il 17 per cento degli italiani avrebbe intenzione di provarla. Le industrie interessate calcolano che se tutte le famiglie italiane che oggi lavano e asciugano a mano piatti e pentole passassero alla lavastoviglie risparmierebbero in un anno il fabbisogno di acqua di una città come Milano e quasi un miliardo di kWh, il consumo annuale della Valle d'Aosta. Inoltre, calcolando che in una famiglia di 4 persone caricare e scaricare la lavastoviglie richiede 15 minuti mentre sottrae un'ora lavare e asciugare le stoviglie a mano, alla fine dell'anno si avrebbero 23 giorni di vacanza in più.

Forse in questi dati c'è un po' di ottimismo, ma sul risparmio di acqua ed energia concorda una ricerca svolta dalla Università di Bonn esaminando un campione di 100 famiglie di vari paesi: a livello medio europeo un lavaggio in lavastoviglie risparmia 70 litri di acqua e 0,4 kWh. Il vantaggio deriva dal fatto che la lavastoviglie si usa con un carico completo mentre i piatti si lavano a mano anche quando sono pochi, con maggiore dispendio di acqua calda per lavaggio e risciacquo.

I detersivi per lavastoviglie hanno caratteristiche specifiche ma i meccanismi di rimozione del grasso sono gli stessi già visti per le lavabiancheria e si fondano su molecole che hanno una estremità idrofila e l'altra idrofoba. Il risultato igienico è nettamente superiore a quello che si ottiene a mano: il ciclo di lavaggio in una lavastoviglie di classe AAA uccide il 99,9 per cento dei batteri.

L'ultima generazione di lavastoviglie punta su ulteriori perfezionamenti: riduzione della rumorosità fino a 43 dB (poco più del rumore di fondo in una biblioteca), lampade sterilizzatrici a ultravioletti per eliminare ogni traccia di batteri, intensità dei getti di acqua differenziate per il cestello superiore e inferiore (piatti e pentole), sistemi intelligenti che rilevano il grado di sporco delle stoviglie e regolano automaticamente il tempo di lavaggio, la temperatura e il numero dei risciacqui. Josephine Cochrane sarebbe soddisfatta vedendo quanta strada ha fatto la sua invenzione.

Tanti modi di cuocere

Ora che conosciamo un po' meglio gli elettrodomestici che fanno della cucina il regno del caldo e del freddo, possiamo dare uno sguardo a ciò che avviene quando con la cottura e altri processi produciamo cambiamenti chimici e fisici negli alimenti: un modo asettico per indicare il rito di preparare un buon pranzo.

La cottura assume connotati diversi in funzione di parecchie variabili. La prima è la fonte di calore, che può essere la fiamma, il forno elettrico, la pentola a pressione, il forno a microonde, la piastra a induzione e così via. Ognuna di queste sorgenti di calore raggiunge una temperatura massima diversa: alcune centinaia di gradi la fiamma, fino a 250 °C il forno elettrico, 120 °C la pentola a pressione, 100 °C il forno a microonde e la cottura in acqua bollente, 100 o meno di 100 °C il bagnomaria. Altre variabili sono il tipo di contenitore e di condimento usati: anche questi fattori intervengono sulla distribuzione del calore e sulla temperatura di cottura. Una terza variabile è il tempo di esposizione, che può essere brevissimo (quando « scottiamo » un pezzo di carne) o anche molto prolungato (ad esempio nel caso dei bolliti).

Di qui tanti modi di cuocere: arrostitura alla fiamma; scottatura (in pentola rovente, su piastra metallica, su pietra, ai ferri); gratinatura al forno elettrico per indurire la superficie dell'alimento; affogatura quando si immerge il cibo in acqua sotto la temperatura di ebollizione; bollitura (immersione più o meno prolungata in acqua a 100 °C); stufatura (bollitura prolungata in poca acqua a pentola aperta); brasatura (processo che richiede prima una scottatura in un grasso e poi una stufatura); frittura (immersione o esposizione superficiale a un grasso a temperatura almeno di 130 °C); cottura a vapore; saltatura (una sorta di frittura ma a temperatura maggiore e per un tempo più breve che si ottiene facendo « saltare » gli alimenti). La cottura nella pentola a pressione ha le caratteristiche della bollitura, ma poiché avviene a temperatura più alta (fino a 130 °C) le reazioni chimiche si verificano a velocità tripla, e ciò rende più rapida la preparazione di carni e verdure lesse.

L'arrosto e la reazione di Maillard

Le trasformazioni chimiche e fisiche subite dai cibi esposti al calore sono complesse e se ne sa ancora poco perché soltanto da qualche decennio si è incominciato a studiarle seriamente. Il punto di partenza possiamo fissarlo nell'anno 1912 e nei lavori del biochimico francese Louis-Camille Maillard. Il suo nome è legato a quanto di più appetitoso si può produrre in cucina usando una fonte di calore sufficientemente intensa: la reazione di Maillard avviene tra zuccheri e proteine e inizia a 130 °C, accelera a 140 e dà il meglio di sé fino a 160 °C. A temperatura più alta si arriva a caramellare gli zuccheri. Dal punto di vista della scienza dei materiali, il caramello ottenuto per termodegradazione del comune zucchero da tavola è un vetro, cioè un materiale che, pur essendo allo stato solido, ha una struttura molecolare disordinata come un liquido.

Il profumo delle torte al forno e del pane appena cotto, l'odore dell'arrosto, l'aroma del caffè, la crosta sottile del brasato, il colore bruno dei toast, la doratura del fritto misto, l'aspetto ramato delle frittate sono il risultato di una serie di modificazioni chimiche chiamate «reazione di Maillard» (ma, come vedremo tra poco, è più corretto parlare di reazioni, al plurale). Per questo i cuochi vedono nel biochimico francese un benefattore dell'umanità, incuranti dei nutrizionisti che invece si preoccupano dei potenziali effetti dannosi di quelle prelibate arrostiture.

Maillard nasce a Pont-à-Mousson il 4 febbraio 1878. Ha soltanto 17 anni quando si iscrive alla facoltà di scienze di Nancy. Prima ancora della laurea, incomincia a fare ricerca alla facoltà di medicina dell'Università di Parigi. È qui che scopre la «reazione» che lo ha reso famoso, impresa che peraltro passa quasi inosservata e che solo dopo la sua morte otterrà la giusta attenzione. Nel 1914, benché riformato per debolezza visiva, entra nell'esercito al Servizio vaccinazione contro il tifo. Ne esce nel 1919 dopo essere diventato direttore del laboratorio di chimica dei Servizi sanitari militari. A questo punto lascia Parigi per una cattedra alla facoltà di medicina di Algeri e abbandona la ricerca. Muore all'improvviso il 12 maggio 1936, di passaggio a Parigi per la firma del trattato di annessione dell'Algeria.

Da sempre cucinare significa manipolare le molecole degli alimenti. Soltanto non ne eravamo consapevoli. Fornello a gas, forno, frullatore, freezer sono essenzialmente attrezzi per modificare e combinare le molecole. Di questo si è diventati coscienti pochi anni fa, e ne è nata la moda della « cucina molecolare ». Che però non è affatto una novità, anche se è vero che negli ultimi tempi ci sono stati sviluppi nuovi e interessanti.

Il pioniere della cucina molecolare è proprio Louis-Camille Maillard, lo scopritore del buon odore dell'arrosto e di tutto ciò che viene abbrustolito. La « reazione di Maillard » avviene quando piccole quantità di zucchero o di amido vengono riscaldate insieme con proteine o amminoacidi (i « mattoni » che formano le proteine). Sotto l'azione del calore, parte della molecola di zucchero (o meglio del suo gruppo aldeidico) reagisce con la parte azotata della molecola proteica (ossia il suo gruppo amminico) e ciò porta alla formazione di polimeri di colore scuro e di composti chimici molto saporiti, benché non completamente identificati. Se trovate la faccenda troppo difficile, non preoccupatevi: è proprio complicata, gli scienziati che si occupano di gastronomia sono tuttora impegnati nel ricostruire le reazioni di Maillard in tutti i loro particolari.

A grandi linee sappiamo però che le reazioni avvengono in tre fasi. Nella prima non si generano ancora composti colorati o profumati: ci si ferma alla formazione dei cosiddetti composti di Amadori o di Heyns. Nella seconda fase i composti di Amadori-Heyns subiscono una degradazione che libera aromi. Nella terza fase si formano composti di colore scuro ad alto peso molecolare (fino a cinquantamila volte la massa di un atomo di idrogeno) chiamati melanoidine. Tostatura, crosta del pane, arrostitura e fritture derivano il loro aspetto attraente dalle melanoidine.

Come spesso succede, ciò che per l'occhio, l'olfatto e il palato è attraente, per la salute è sconsigliabile. Tra le migliaia di nuove molecole che si trovano nelle melanoidine, possono essercene anche di cancerogene (come l'acrilammide), e in ogni caso nelle reazioni di Maillard vanno persi amminoacidi (primo tra tutti la lisina) e le proteine diventano meno digeribili. Va anche detto che non sempre le reazioni di Maillard danno un risultato gradevole: sono melanoidine anche quelle del latte bruciato. Ricordiamo però che è la dose a fare il veleno. Si può morire anche bevendo troppa acqua. Le quantità di melanoidine che normalmente si ingeriscono non sono pericolose e in compenso rendono il cibo molto più appetibile.

Il fritto: odore o profumo?

Di solito grazie alla reazione di Maillard arrosto e bistecche ai ferri diffondono aromi appetitosi. Ma nell'odore di frittura c'è anche qualcosa di pericoloso. Scaldando l'olio in padella, o anche semplicemente esponendo all'aria una fettina di carne, i grassi alimentari subiscono un processo di ossidazione nel quale le molecole dei grassi insaturi si spezzano in molecole più piccole, potenzialmente dannose per la salute. Speciale attenzione merita l'aldeide « acroleina », sostanza tossica che si forma durante la frittura per decomposizione del glicerolo a una temperatura specifica per ogni olio e nota come « punto di fumo ». Questa molecola ha un odore sgradevole, irrita le mucose, provoca danni all'apparato respiratorio e forse è anche cancerogena. I filtri ai carboni attivi che si trovano nelle cappe delle cucine la assorbono ma con il tempo tendono a rilasciarla.

Il problema è stato risolto nel 2007 con un filtro di ultima generazione ideato da un gruppo di ricercatori dell'Istituto di chimica biomolecolare del Consiglio nazionale delle ricerche di Padova. Il nuovo filtro, eliminando anche altre aldeidi imputate dell'odore sgradevole dei cibi freschi confezionati, contribuirebbe inoltre a ridurre i costi del loro stoccaggio. L'idea è nata da uno studio sulle proprietà antiossidanti della carnosina, una sostanza formata da due amminoacidi, e dei suoi analoghi sintetici; tra questi, l'istidil idrazide ha rivelato una forte capacità di fissare in modo irreversibile l'acroleina e le altre aldeidi prodotte dalla decomposizione ossidativa e termica dei grassi insaturi. L'istidil idrazide, fissato su supporti di plastica, promette vantaggi – migliore conservazione per gli alimenti freschi, più sicurezza nell'ambiente di lavoro, minor utilizzo di oli per cottura – che potranno riguardare sia la grande distribuzione (confezione e conservazione di carni e pesce), sia la ristorazione (fast food, ristoranti, friggitorie), sia una nuova linea di cappe aspiranti, friggitrici e pellicole per alimenti.

Cucina molecolare

Se Maillard ha fatto il primo passo, va al francese Pierre-Gilles de Gennes (1932-2007), premio Nobel per la fisica nel 1991, il merito di avere lanciato la cucina molecolare. Noi siamo abituati a pensare che gli stati della materia si riducano a tre: solido, liquido e gassoso, più lo stato di plasma, che è comunissimo nell'universo ma raro sulla Terra. De Gennes ha fatto notare che in gastronomia, la materia non è quasi mai in questi stati. Abbiamo piuttosto a che fare con schiume come quella del cappuccino, emulsioni come la maionese, gelatine, creme. E per studiare tali stati della «materia soffice» nel 1992 de Gennes mise insieme un agguerrito gruppo di chimici, biologi, fisici e cuochi.

Anche la ricetta più semplice, vista con l'occhio del chimico, di semplice non ha niente. In uno dei suoi straordinari racconti ispirati dalla conoscenza della chimica, Primo Levi spiega come un uovo diventi sodo. L'albume è fatto di proteine e di acqua. Come tutte le proteine, anche quelle dell'albume sono simili a nastri arrotolati su se stessi in minuscoli gomitoli. Riscaldate, le proteine si srotolano (i chimici dicono che si denaturano) e formano un reticolo ingarbugliato che intrappola le molecole di acqua. È il fenomeno della coagulazione.

Ogni proteina ha la sua temperatura di coagulazione. Dario Bressanini sulla rivista *Le Scienze* ha spiegato che l'albume coagula a 62 gradi e diventa un solido morbido a 65. L'ovotransferrina, che costituisce il 12 per cento delle proteine dell'albume, coagula a temperatura più alta, e quindi mantiene la morbidezza. A 85 gradi anche l'ovalbunina, che rappresenta più di metà delle proteine dell'albume, incomincia a coagulare. Il tuorlo, che è fatto di grassi, solidifica a 70. Conclusione: il perfetto uovo sodo si ottiene con un compromesso termico, cioè tenendolo per un'ora a 65 gradi. Solo così avrà la consistenza e il gusto ideali, senza che si formi intorno al tuorlo una pellicola verdognola: un solfuro di ferro dall'aspetto poco appetitoso.

Perché anche i colori, in cucina, sono il risultato di fenomeni chimici. Hervé This, il più titolato chef della cucina molecolare, nel libro *I segreti della pentola* ci spiega, per esempio, perché gamberi, granchi e aragoste diventino rossi quando vengono immersi nell'acqua bollente. Dipende dal fatto che il carapace dei crostacei contiene una molecola con quattro atomi di ossigeno, l'astraxantina, che negli animali vivi è legata a un'altra proteina formando una sostanza scura. Il calore dissocia le due proteine e appare il colore rosso dell'astraxantina. Nel salmone questa molecola è presente da sola: è quel colore rosa che sta così bene nel piatto.

I vegetali sono verdi grazie alla clorofilla, meraviglioso laboratorio che cattura la luce e fabbrica zuccheri, cioè sostanze organiche, partendo da sostanze inorganiche come acqua e anidride carbonica. La molecola della clorofilla ha al centro un atomo di magnesio che, durante la cottura in ambiente acido, può essere sostituito da uno ione idrogeno: basta questo minuscolo cambiamento a trasformare il colore da verde in bruno.

Ferran Adrià, il grande cuoco di Barcellona, forse il più bravo del mondo, è un altro padre della gastronomia molecolare. In Italia su questa frontiera troviamo Davide Cassi, professore di fisica della materia all'Università di Parma, affiancato dal cuoco Ettore Bocchia. Le loro ricette comprendono esperimenti singolari, come la cottura dell'uovo a freddo nell'alcol etilico, la frittura del pesce nello zucchero fuso, la surgelazione istantanea nell'azoto liquido a 196 gradi sotto zero e altre stranezze. Tutte, però, deliziose. A cominciare dal sorbetto che si ottiene in meno di un minuto versando e rimestando in azoto liquido un banale succo di frutta. Ma provate anche a immergervi un rametto di sedano. Dopo qualche secondo è cristallizzato, va in pezzi come se fosse di vetro: posandolo sulla lingua, nel brusco sbalzo termico da –196 a +37 °C libererà aromi meravigliosi.

C'è da preoccuparsi dei chimici-gastronomi? No. Cassi e Bocchia nel loro libro di ricette *Il gelato estemporaneo e altre invenzioni gastronomiche* hanno scritto il « Manifesto della cucina molecolare italiana ». Il primo punto dice: « Ogni novità deve ampliare, non distruggere, la nostra tradizione gastronomica ».

Tra le ricette ideate da Cassi e Bocchia c'è il « rombo assoluto ». La preparazione si basa sulla cottura del pesce, prima ben avvolto in foglie di porro, non in olio ma nello zucchero fuso. Ogni zucchero ha la sua temperatura di fusione, raggiunta la quale la temperatura rimane costante. Il più adatto per produrre le reazioni di Maillard è il glucosio anidro (in polvere), che si mantiene tra i 180 e i 190 °C. Con un termometro a sonda però bisogna controllare la temperatura più interna del filetto di rombo: quando questa raggiunge i 45 °C è il momento di togliere dallo zucchero gli involtini. Liberato il pesce dalle foglie di porro, lo si può condire con olio extravergine di oliva e un po' di sale grosso. Questo rombo è «assoluto» perché la cottura ha preservato intatti tutti i suoi sapori, esaltati dalle reazioni di Maillard e dall'aroma della foglia di porro. Lo stesso procedimento si può applicare alla cernia e all'orata, ma anche a carni bianche come il petto di quaglia, di pollo e di faraona.

Molecole in azione

È bene distinguere tra gastronomia molecolare e cucina molecolare. La prima è una disciplina scientifica che descrive in termini chimici e fisici ciò che avviene nei processi di preparazione dei cibi. La seconda è una disciplina pratica che applica le nozioni della gastronomia molecolare alla creazione di nuovi piatti. La differenza rispetto al passato è che i grandi cuochi di un tempo ideavano le loro ricette per intuizione, per tentativi, e più spesso per caso, mentre oggi il cuoco molecolare progetta a tavolino le sue ricette partendo da precise conoscenze di chimica e di fisica.

Prendiamo ancora un uovo. I minuscoli gomitoli delle proteine dell'albume non si srotolano solo riscaldandoli per aumentarne l'agitazione termica e vincere così le forze che tengono la proteina raggomitolata (si tratta di forze elettriche dovute al fatto che le molecole sono composte di amminoacidi idrofili e amminoacidi idrofobi: i primi aderiscono alle molecole di acqua, i secondi ne sono respinti). Lo stesso risultato, definito dai biochimici «denaturazione», si può ottenere a freddo versando alcol etilico sull'albume: le molecole di alcol si avvicinano ai gomitoli proteici e indeboliscono la forza che l'acqua esercita per tenerli raggomitolati. Se l'alcol è abbastanza abbondante, i gomitoli si svolgono e i loro lunghi filamenti si intrecciano tra loro. Cioè le proteine si denaturano. È dunque possibile preparare un uovo strapazzato a freddo mescolandolo con alcol etilico a 95°. Un lavaggio in acqua porterà poi via il sapore dell'alcol. In modo analogo la denaturazione del latte si ottiene con gli enzimi del caglio e quella delle carni cospargendole con aceto o succo di limone.

La polarità elettrica delle molecole, cioè il fatto che abbiano una estremità idrofila e una idrofoba, è anche all'origine di una emulsione come la maionese. Il grasso del rosso d'uovo si può sostituire con il grasso vegetale della lecitina di soia: le goccioline di olio si legano alle code idrofobe dei fosfolipidi della lecitina. Nelle schiume, invece, le code idrofobe dei fosfolipidi si attaccano intorno a bollicine di aria: di qui la loro spugnosa leggerezza.

Nella maionese tradizionale, il rosso d'uovo mette a disposizione molecole che hanno affinità sia con l'olio sia con l'acqua, rendendo così possibile l'emulsione. Ne basta assai meno di quanto ne usano le massaie: il gastronomo molecolare americano Harold McGee è riuscito a preparare 24 litri di maionese con un solo rosso d'uovo.

Il bianco d'uovo montato a neve non è una emulsione ma una mousse, in quanto l'olio (insolubile in acqua) è sostituito da bollicine di aria, che invece sono abbastanza solubili. Nell'albume le proteine sono il 10 per cento contro il 90 per cento di acqua. Come nel caso della maionese, si può ottenere una enorme quantità di mousse, fino ad alcuni metri cubi, partendo da un solo albume. Basta aggiungere acqua.

Gastronomia, scienza della complessità

La cucina può diventare una scienza, ma non sarà mai una scienza esatta. È piuttosto una scienza della complessità, in quanto le variabili in gioco sono molte. Per esempio nel 1947 Carslaw e Jaeger hanno calcolato il tempo di cottura ideale di un tacchino. Per farlo hanno però dovuto introdurre alcune semplificazioni: immaginare che il tacchino sia sferico e che le sue carni siano un miscuglio al 60 per cento di acqua, al 20 per cento di grasso e al 20 per cento di proteine. Arrostendo il tacchino, le sue proteine incominciano a denaturarsi a 70 °C. La cottura sarà completa quando saranno denaturate anche le proteine più interne, dove il calore arriva più tardi. Il tempo di cottura però non deve essere eccessivo, altrimenti l'acqua rimasta legata alle proteine evapora e la carne diventa dura e fibrosa. Il bravo cuoco dovrà quindi individuare il miglior compromesso. Lo può aiutare la « relazione di Fick », secondo la quale il tempo di riscaldamento necessario perché il centro del tacchino raggiunga una data temperatura è proporzionale al quadrato del raggio del tacchino. Ma l'esperienza maturata nell'arrostire un gran numero di tacchini sarà ancora più preziosa della formula di Fick.

Per rendere tenera la carne si può ricorrere alla frollatura, alla marinatura o alla proteolisi. Quest'ultima, come ha dimostrato il fisico ungherese Nicholas Kurti (1908-1998) durante una seduta della Royal Society, si ottiene perfettamente iniettando succo di ananas o di papaya freschi in un arrosto di maiale: gli enzimi bromelina e papaina degradano con molta efficienza le proteine della carne, e in particolare il collagene, il maggior colpevole della durezza della carne.

La ricetta del brodo: anche Liebig sbagliava

Un precursore della cucina molecolare fu il chimico Lavoisier, illustre vittima della Rivoluzione francese. Quando ebbe l'incarico di rifornire gli ospedali di Parigi, studiò le virtù nutritive del brodo, comprese che dipendevano dalle sostanze rilasciate dalla carne e progettò un densimetro per calcolare la quantità di carne necessaria per nutrire la popolazione più povera.

Gli estratti di carne faranno poi la fortuna del chimico tedesco Justus von Liebig (1803-1873). Studente geniale ma scapestrato, era stato espulso dal liceo per aver fatto detonare un esplosivo che si era portato da casa. Dopo essere stato aiutante di un farmacista, Liebig riprende gli studi, si laurea a Bonn e diventa professore prima all'Università di Heidelberg e poi all'Università di Monaco di Baviera. Ma si procurerà fama e ricchezza applicando la chimica all'agronomia. Nel 1865 fonda in Uruguay un'azienda per produrre estratti di carne. Uno dei suoi obiettivi era rendere meno costosa l'esportazione di carne dall'America all'Europa. L'estratto non deperiva, pesava poco e occupava poco spazio sulle navi mercantili, pur conservando gran parte del potere nutritivo delle carni da cui derivava.

Nonostante i suoi meriti di scienziato e di imprenditore, Liebig è responsabile di un pregiudizio duro a morire. Secondo il chimico tedesco per fare un buon brodo non si deve immergere la carne nell'acqua calda per evitare che i succhi nutritivi restino intrappolati nella carne. Questa teoria del brodo, peraltro derivata dal grande Brillat-Savarin, è stata all'origine della fortuna economica del chimico tedesco. Eppure è sbagliata, e lo ha dimostrato il cuoco molecolare Hervé This: « Niente vale l'esperienza », scrive This. « Dividiamo un pezzo di carne in due parti uguali e mettiamone metà in acqua fredda, l'altra in acqua bollente. Riscaldiamo e pesiamo i due pezzi di carne a intervalli regolari. Possiamo osservare che nell'acqua bollente la massa diminuisce rapidamente, mentre cala più lentamente nell'acqua fredda. Dopo un'ora di cottura però, la perdita di peso dei due pezzi di carne è praticamente la stessa. In seguito la massa non varia più anche se prolunghiamo la cottura di diverse ore. In degustazione alla cieca, non è possibile distinguere un brodo dall'altro: la teoria del brodo, improbabile in astratto, è falsa nella pratica. »

Freddo e superfreddo

Non solo il caldo, anche il freddo agisce sui tessuti biologici. Nella verdura appena raccolta, per un certo tempo le cellule continuano la loro attività anche se non ricevono più acqua dalle radici. Così, tanto per fare un esempio, a temperatura ambiente i piselli perdono il 40 per cento dei loro zuccheri in sei ore. Invece a 5 °C, nel frigorifero, le cellule vegetali vivono al rallentatore perché tutte le reazioni biochimiche avvengono più lentamente e i nostri piselli si manterranno in buone condizioni per molti giorni. Però non bisogna esagerare. Gli avocado sotto i 7 °C diventano neri e non maturano più, le patate a temperature inferiori a 4 °C si rammolliscono.

Sotto zero, poi, l'acqua gela e si dilata, rompendo le membrane cellulari: per questo le verdure scongelate prendono un aspetto floscio e desolato. Se surgelate carni e verdure, fatelo il più in fretta possibile: così i cristalli di ghiaccio rimangono piccoli e fanno meno danni.

Abbattendo le ultime barriere stagionali, i surgelati hanno inaugurato un nuovo modo di fare cucina. È stata una rivoluzione simile a quella che portò Appert all'inizio dell'Ottocento inventando le scatolette sterilizzate, con la differenza che i cibi surgelati possono mantenere anche le caratteristiche che hanno quando sono crudi.

È lecito discutere se sia un bene (possibilità di conservare a lungo pesci, carni, frutta e verdure che non troverebbero collocazione sul mercato) o un male (dispendio di energia per la conservazione e il trasporto). Certo la frontiera dei 18 °C sotto zero, tipica dei surgelati, fa tenerezza rispetto ai 70 °C sotto zero del ghiaccio di anidride carbonica che si usa per trasportare i gelati senza farli squagliare. Ma ancora più audaci sono gli esperimenti a –196 °C della cucina molecolare del superfreddo, resa possibile dall'azoto liquido.

L'azoto liquido arriva in cucina

Per quattro quinti, l'aria che respiriamo è fatta di azoto. L'altro quinto è quasi tutto ossigeno, con un po' di argon (0,93%) e tracce di altri gas. Azoto significa « senza vita ». Pur derivando dal greco, è una parola moderna coniata alla fine del Settecento dall'infaticabile Lavoisier, che aveva osservato come questo gas, impedendo la respirazione e la combustione, bloccasse tutti i processi vitali. Questa proprietà oggi trova applicazione nella conservazione dei prodotti alimentari: insalata, cappelletti, agnolotti, pasta fresca durano a lungo se nelle loro confezioni l'azoto sostituisce l'aria. L'inerzia può essere una virtù (almeno quella chimica). D'altra parte, benché inerte, l'azoto è il quarto elemento per abbondanza nel corpo umano e il quinto nell'universo, e nel regno vegetale i suoi composti sono essenziali: non sempre è necessario darsi da fare per occupare posizioni di rilievo.

Liquefare un gas è più o meno difficile a seconda della sua temperatura di ebollizione. Per il cloro basta scendere a 35 °C sotto zero. Faraday ci riesce nel 1823 con il metodo classico dell'alternanza compressione-espansione che abbiamo visto applicato nei frigoriferi. Mezzo secolo dopo Louis-Paul Cailletet (1832-1913) e Raoul-Pierre Pictet (1846-1929) liquefanno prima l'ossigeno raggiungendo i 183 °C sotto zero e poi, nel 1872, l'azoto, a –196 °C. Ma per avere azoto liquido in abbondanza bisogna aspettare ancora trent'anni. Soltanto nel 1902 Carl von Linde ne mette a punto la produzione a partire dall'aria liquefatta, che dopo molti tentativi aveva ottenuto nel 1895.

Oggi l'azoto liquido costa mezzo euro al litro, molto meno della Coca-Cola, ed è facile procurarselo: basta consultare le Pagine Gialle. Più costoso è il contenitore per conservarlo, che è il «vaso Dewar», padre nobile del comunissimo thermos. Un Dewar da 50 litri costa sui mille euro. Ma si può anche noleggiare dallo stesso fornitore dell'azoto liquido. Le perdite termiche di un vaso Dewar da 20-25 litri sono così ridotte che la conservazione potrà durare anche più di un mese.

Maneggiare l'azoto liquido richiede qualche cautela. Se in un ambiente chiuso la quantità di azoto supera l'88 per cento, la scarsità di ossigeno rende difficile la respirazione e si rischia l'asfissia. Inoltre la sua bassissima temperatura può provocare ustioni alla pelle. Le norme di sicurezza richiedono l'uso di guanti e occhiali per chi maneggia l'azoto liquido, l'ambiente deve essere ventilato, si devono usare pinze per mettere e togliere oggetti nel liquido. Raccomandazioni ben giustificate in un laboratorio. In cucina, date le piccole quantità in gioco, basterà prendere le stesse precauzioni che si adottano con l'olio bollente: attenzione agli schizzi, maneggiare con cura il Dewar, fare movimenti lenti, specialmente travasando il liquido dal Dewar a recipienti più piccoli dove lo si usa a fini gastronomici, ricordarsi che nel passaggio dallo stato liquido allo stato di vapore il volume dell'azoto aumenta di settecento volte e che la nebbia creata dall'ebollizione del gas rende difficile vedere bene che cosa si sta facendo.

L'azoto liquido in cucina si usa in due modi: immergendovi gli alimenti o versandocelo sopra. In entrambi i casi si ottengono modificazioni fisiche dei cibi dovute al superfreddo, con risultati interessanti per il palato.

Il primo esperimento consigliato da Davide Cassi (Università di Parma) è molto semplice: lasciar cadere nell'azoto liquido qualche goccia di acqua, che ovviamente gela immediatamente e si deposita sul fondo perché l'azoto liquido è meno denso (un litro pesa 0,81 kg). Verificato il fenomeno e presa confidenza con la nebbia che il gelido gas forma condensando l'umidità dell'aria, si può passare a prove più divertenti versando qualche goccia di succo di frutta: vedremo che il ghiacciolo mantiene il suo colore naturale e assaggiandolo scopriremo che il suo gusto è molto gradevole. L'ideale è fare una immersione così breve da ghiacciare il contorno e mantenere un po' di succo liquido all'interno: la crosta così si squaglierà subito e il contatto con la lingua sarà piacevolissimo.

Il passaggio successivo potrà riguardare gocce di liquidi alcolici: vino dolce, genepy, cognac, grappa, vodka e così via. Attenzione però a non ustionarsi la lingua. Una gradazione alcolica più alta abbassa la temperatura di fusione. Un porto a 15 gradi alcolici (15 parti di alcol su 100 di acqua) gela a 5 °C sotto zero, un genepy a 30 gradi alcolici ghiaccia a –15 °C, una vodka a 40 gradi ghiaccia a –24 °C e una grappa a 50 gradi a –37 °C.

Ripartiamo dall'acqua per sperimentare non più l'immersione ma la mescita versando in una tazza un po' di azoto e rimescolando. L'azoto asporta calore dall'acqua ed evapora, l'acqua si raffredda cristallizzando e si trasforma in neve. Impareremo che all'inizio il flusso di azoto può essere abbastanza forte, poi bisogna limitarlo per evitare che si formi non una sospensione di piccolissimi cristalli ma un unico blocco di ghiaccio.

Forti di questa lezione, è venuto il momento di provare a versare l'azoto su mezzo litro di panna fresca addolcita con zucchero a velo e aromatizzata con vaniglia, montando il tutto con un frustino. La panna è una emulsione di palline di grasso e di proteine in acqua. Dunque ora abbiamo a che fare con molecole bipolari da un lato idrofile e dall'altro idrofobe. Queste circondano le bollicine di azoto imprigionandole nella panna e la bassa temperatura rende stabile la schiuma. Il risultato è già alquanto gradevole e l'esperienza fatta permette di passare al gelato, che unisce in sé le proprietà di una schiuma perché contiene bollicine di aria, di una emulsione perché contiene particelle di grasso circondate da molecole bipolari e di una sospensione perché contiene microcristalli di ghiaccio e aggregati di proteine. La differenza tra il gelato comune e quello ottenuto versando sugli ingredienti azoto liquido sta nella dimensione dei cristalli, che nel caso del raffreddamento ad azoto sono molto più piccoli e danno una sensazione più piacevole aumentando la cremosità. Per lo stesso motivo sono notevoli i sorbetti ottenuti versando azoto su succhi di frutta o sciroppo di menta e la granatina fatta con caffè caldo e azoto liquido.

Naturalmente gli esperti di cucina molecolare si lanciano in esperimenti ben più arditi, dalla tartara di gamberi con gelato di guacamole alle crocchette di birra con ostriche e salsa di yogurt fino a meringhe riempite con salsa di marroni, prima scaldate nel forno a microonde e subito dopo surgelate in azoto liquido. Pare che la lotta tra il caldo e il freddo dia esiti paradisiaci per il palato.

Ma non ci avventureremo in tali acrobazie. Sarà già abbastanza chiaro che con l'avvento della cucina molecolare chimica e fisica non se ne stanno più defilate nelle retrovie delle ricette ma diventano protagoniste.

Dolce e salato

Pur nelle innumerevoli sfumature dei sapori e degli aromi, dolce e salato rimangono le coordinate fondamentali della geografia gastronomica. Zucchero e sale, le due bianche sostanze cristallizzate che non possono mancare in nessuna cucina, sotto la loro apparenza familiare hanno lunghe storie da raccontare, strettamente legate all'origine della vita e al suo destino finale.

La fotosintesi clorofilliana, reazione sulla quale da tre miliardi di anni si fonda l'intero mondo vivente, porta alla formazione di zuccheri: li produce un raggio di Sole combinando acqua e anidride carbonica. La cellulosa, principale componente delle piante, non è altro che una lunga catena di molecole zuccherine. Non sorprende che la Sony stia sperimentando un prototipo di batteria che funziona a zucchero: l'essenza di questa sostanza non è tanto il suo sapore dolce quanto l'essere un concentrato di energia solare cristallizzata. Quando bruciamo combustibili fossili, liberiamo energia che in origine era zucchero prodotto dalla fotosintesi. Usando carbone e petrolio torniamo a immettere nell'atmosfera anidride carbonica che le venne sottratta milioni di anni fa: di qui l'effetto serra che le attività industriali aggiungono a quello naturale e il rischio di una catastrofe climatica. Nella molecola dello zucchero – 6 atomi di carbonio, 12 di idrogeno e 6 di ossigeno – si nasconde l'inizio e la fine di tutto ciò che fa della Terra un pianeta vivo.

In Occidente il miele fu il dolcificante dell'antichità. Forse perché lo produce un insetto operoso come l'ape, tuttora molti lo ritengono più sano dello zucchero. In realtà il miele è un miscuglio di normalissimi zuccheri: 70 per cento di glucosio e fruttosio, 10 per cento di saccarosio e maltosio. Il resto è acqua più un pizzico di 120 sostanze aromatiche, quaranta delle quali ancora da identificare.

Certamente malsana è la sapa, altro dolcificante antico, usato in Grecia e nell'antica Roma, dove era un privilegio delle classi più ricche. Apicio (25 a.C.-35 d.C.), il più celebre gastronomo della latinità, ne fa un ingrediente di 85 sue ricette. Si otteneva facendo bollire succo di uva, vinacce e vino inacidito in recipienti di piombo fino alla completa evaporazione dell'acqua e dell'alcol. I romani non lo sapevano, ma proprio dal piombo, trasformato in acetato di piombo, dipendeva il sapore dolce. Purtroppo questo sale di piombo è un veleno: causa anemia, debolezza cronica, mal di stomaco, emicrania, aborti. Con un po' di esagerazione, alcuni storici attribuiscono all'intossicazione da piombo la decadenza e la fine dell'impero romano.

In Oriente il sapore dolce lo procurava la canna da zucchero. La pianta è originaria della Polinesia. Di qui passò in Cina e in India, dove nel 700 a.C. si incominciò a estrarne lo zucchero. La coltivazione si estese poi alla Persia e all'Egitto. All'inizio del Medioevo lo zucchero di canna si affaccia sulle sponde del Mediterraneo. Lo sbarco in Inghilterra è datato 1319. Ma lo zucchero di canna costava dieci volte più del miele e in principio si trovava solo in farmacia. Ancora al tempo di Shakespeare era una raffinatezza. Il prezzo scenderà solo nel Settecento con le grandi coltivazioni di canna nei Caraibi, dove l'aveva portata Cristoforo Colombo nel 1494 con il suo secondo viaggio. Piantare, coltivare e tagliare la canna sotto il sole dei tropici è un lavoro duro, ma la tratta degli schiavi aveva azzerato il costo della manodopera. Le canne, alte 2-3 metri, venivano frantumate e messe in acqua calda per sciogliere gli zuccheri contenuti nel midollo. Con il raffreddamento e l'evaporazione dell'acqua, lo zucchero cristallizzava, lasciando un sottoprodotto maleodorante: la melassa.

Lo zucchero di barbabietola fu la risposta di Napoleone al blocco delle importazioni di zucchero di canna da Haiti imposto dalla Marina britannica. L'imperatore chiese ai suoi scienziati una soluzione alternativa e questi si ricordarono che il chimico tedesco Andreas Marggraf (1709-1782) aveva scoperto la possibilità di ricavare zucchero da radici e tuberi come la pastinaca e da una varietà di barbabietola. Il nuovo zucchero arriva sul mercato nel 1800 e in pochi decenni la produzione da barbabietola supera quella ottenuta dalla canna. Talvolta le soluzioni autarchiche hanno successo.

Lo zucchero comune è un disaccaride, cioè l'unione di due zuccheri semplici: glucosio (tipico del succo d'uva) e fruttosio (tipico dei frutti). Pasta, pane, riso sono in gran parte fatti di zuccheri ma più complessi, detti polisaccaridi. Alla fine però per assimilarli il nostro organismo deve ridurli a glucosio. Questo è il vero carburante della vita. Nel sangue ne abbiamo costantemente in circolo una decina di grammi e altri cinque grammi si trovano nei liquidi extracellulari. Ogni grammo di zucchero fornisce quattro calorie. Altrettante ne dà un grammo di proteine, mentre un grammo di grasso ne procura nove. Metà dell'energia che il glucosio libera serve a far funzionare il cervello (o almeno *dovrebbe* servire a questo scopo). Gli zuccheri in eccesso si accumulano sotto forma di glicogeno. Ne abbiamo una scorta di 350 grammi, sufficienti a farci sopravvivere per un giorno. Ulteriori eccedenze di zuccheri si trasformano in grassi: la riserva normale che ci portiamo addosso è sufficiente ad assicurare un mese di sopravvivenza.

Oltre a glucosio e fruttosio, nella dieta entrano anche altri zuccheri, come il lattosio e l'amido contenuto nei cereali. Mangiare un etto di pane o un piatto di pastasciutta equivale a ingoiare mezz'etto di zucchero. È dunque abbastanza irrilevante, per non ingrassare, privarsi di un cucchiaino di zucchero nel caffè e sostituirlo con un dolcificante, ma se serve ad alleggerire il vostro senso di colpa fatelo pure, va bene così.

Il gusto dolce dipende dalla capacità delle molecole degli zuccheri di legarsi, con un meccanismo chiave-serratura, a specifici sensori della lingua, più numerosi sulla punta. Per possedere un sapore dolce, una molecola deve avere all'incirca la forma di un triangolo scaleno con in un vertice un atomo di ossigeno o di azoto legato a un idrogeno, in un altro vertice un atomo di ossigeno o di azoto e nel terzo vertice un gruppo idrorepellente (per esempio un idrocarburo).

I dolcificanti artificiali, una conquista della chimica moderna, svolgono la stessa funzione degli zuccheri comuni ma con più efficienza e senza apportare calorie, o quasi. Il loro potere dolcificante è sorprendente. Fatto lo zucchero comune uguale a 1, il ciclammato vale 30, l'aspartame 180, la saccarina 300, il sucralosio 600, l'alitame 2000.

Interessanti sono anche i dolcificanti di origine vegetale. Lo xilitolo, ottenuto in Germania più di un secolo fa da Emil Fischer, si estrae dal legno di betulla e ha lo stesso potere dolcificante dello zucchero comune ma offre il vantaggio di non essere metabolizzato dai batteri colpevoli della carie dentaria: per questo è utilizzato in dentifrici e gomme da masticare. La steviosina, contenuta nelle foglie della *Stevia rebaudiana*, una pianta originaria del Paraguay, è trecento volte più dolce dello zucchero, mentre la taumatina, estratta dal ketemfe, frutto della pianta africana *Thaumatococcus danielli*, lo è duemila volte.

La casualità ha fatto da levatrice alla scoperta della maggior parte dei dolcificanti artificiali. Il primo fu la saccarina, trovata da Ira Ramsen e Constantin Fahlberg nel 1879 mentre alla Johns Hopkins University preparavano un nuovo derivato del benzene. Con un apporto calorico trascurabile, addolcisce trecento volte più dello zucchero. A più riprese si è cercato di dimostrare che può fare male alla salute ma senza mai arrivare a dimostrarlo.

Michael Sveda scoprì il potere dolcificante del glutammato nel 1937 alla DuPont: aveva posato la sigaretta sul banco del laboratorio sporcandola con un po' di polvere del composto che aveva appena preparato. Vent'anni dopo il cosiddetto ciclammato è finito sotto accusa come cancerogeno e negli anni Settanta è stato messo al bando negli Stati Uniti, ma nel 1984 la Food and Drugs Administration ha dovuto riabilitarlo.

Un altro dolcificante finito nel mirino è l'aspartame, scoperto nel 1965 da James Schlatter alla Searle & Co. (USA) mentre studiava farmaci antiulcera. Il brevetto fu ceduto alla Monsanto per 2,7 miliardi di dollari. Nel 1974 la Food and Drugs Administration ne approvò lo sfruttamento. Un anno dopo tornò a mettere l'aspartame sotto processo. Lo approvò definitivamente nel 1981 ma imponendo di aggiungere l'avvertenza « contiene una fonte di fenilalanina », un amminoacido essenziale non ben assimilato dalle persone – una su 15 mila – che soffrono di fenilchetonuria.

Nel 1967 Karl Claus, un ricercatore dell'azienda chimica tedesca Hoechst, si leccò un dito per prendere dal pavimento un pezzo di carta che gli era caduto. Il dito era dolcissimo perché aveva toccato il composto che stava preparando, l'acesulfame. Duecento volte più dolce dello zucchero, l'acesulfame ora è usato in tutto il mondo in bevande, budini, medicinali, dentifrici.

Il sucralosio nasce nel 1976 al Queen Elizabeth College di Londra per un malinteso. Al chimico Shashikant Phadnis, che lo aveva sintetizzato, chiesero per telefono che ne inviasse un campione alla società Tate & Lyle che intendeva « saggiarlo », ma lui capì « assaggiarlo » e volle fare questa prova per primo: era seicento volte più dolce dello zucchero.

Un ambiente molto zuccherino impedisce la vita dei batteri. Questo è il semplice segreto delle marmellate. Lo stesso succede con il sale, altro sapore apprezzato fin dalla notte dei tempi. In epoche in cui non esisteva la surgelazione per conservare carne, pesce e altri cibi, è facile immaginare l'importanza e il valore del sale, che infatti fu usato anche come moneta: i soldati delle legioni romane erano pagati con sale, e per questo ancora oggi la parola salario indica la paga dei lavoratori dipendenti.

Sono sali tutti gli innumerevoli composti chimici derivanti dalla reazione tra acidi e basi, inorganici e organici, ma il sale per antonomasia, quello da cucina, è il cloruro di sodio: due soli atomi, uno di sodio e uno di cloro, simbolo NaCl.

Per noi moderni questo semplice sale inorganico rappresenta un paradosso. È abbondantissimo in natura: il mare ne contiene 24 grammi per litro. Altre grandi quantità si estraggono da miniere e depositi formati da sorgenti termali. Eppure la storia del sale si intreccia con tutti i principali eventi della storia umana: guerre, organizzazione sociale e politica, riti religiosi, commercio, migrazioni, progressi industriali, crescita delle città, costruzione di strade. Altri paradossi: il sale è indispensabile alla vita ma un suo eccesso la mette a rischio; un tempo era prezioso, oggi lo gettiamo a tonnellate sulle strade per prevenire il ghiaccio; è un composto semplice, ma relativamente da poco tempo ne abbiamo compreso il ruolo insostituibile per le nostre cellule.

Tracce della storia del sale sono un po' dappertutto. La via Salaria che porta a Roma si chiama così perché di lì passava il sale destinato alla capitale dell'impero romano. Salisburgo significa « città del sale »: nelle sue vicinanze c'era una miniera di salgemma. Al sale si riferiscono toponimi come Halle, Hallstatt, Hallen, La Salle, Moselle (*halos* è la parola greca che indica il sale). Nell'antichità gli insediamenti intorno al mar Morto erano contesi perché quel lago è un imponente deposito di sale. Nel Medioevo Venezia affrontò varie guerre per difendere il proprio monopolio nel commercio del sale. Il blocco delle esportazioni di sale fu un'arma del Regno Unito contro la ribellione della sua colonia americana, i nascenti Stati Uniti. In molti paesi la tassa sul sale è stata essenziale per finanziare le casse dello Stato e si è trasformata in una miccia di ribellioni e lotte popolari. Fu la tassa sul sale a innescare in India la rivoluzione pacifica di Gandhi.

Anche nella storia della scienza e della tecnologia il sale ha un posto di rilievo. Per l'industria chimica il sale è una materia prima di grande valore. Senza il cloro estratto dal sale non avremmo il disinfettante che rende asettici gli acquedotti e scomparirebbero farmaci, antiparassitari e materie plastiche come il PVC. Senza il sodio, l'altro componente del sale, non avremmo la soda caustica, necessaria per estrarre l'alluminio dai minerali di bauxite e per la produzione di saponi, detersivi, cellofan, rayon, carta, pasta di legno.

Nel 1887 lo svedese Svante Arrhenius propose che fossero ioni di carica opposta a spiegare la struttura e le proprietà dei sali, idea audace in un tempo nel quale non si conosceva l'esistenza né degli elettroni né dei protoni. Dopo un lungo dibattito, nel 1903 Arrhenius ebbe il premio Nobel per la chimica.

I cristalli di sale hanno forma cubica: come Arrhenius aveva immaginato, ioni sodio con carica positiva e ioni cloruro con carica negativa sono tenuti saldamente insieme dall'attrazione tra cariche elettriche di segno opposto. Sempre per la loro polarità, ione cloruro e ione sodio si legano l'uno al polo positivo delle molecole di acqua, l'altro al polo negativo. Si comprende così la forte solubilità del sale. Grazie a essa il sale estrae acqua dai cibi e ne permette la conservazione. Per lo stesso motivo il cetriolo salato spurga i suoi succhi e in Giappone «salare la verdura» è un modo per dire «sgonfiare un fanfarone».

Nel nostro corpo abbiamo 110 grammi di sale, livello che dobbiamo mantenere compensando con sale assunto nei cibi quello che va perduto con il sudore. I maratoneti possono arrivare al collasso per una perdita eccessiva di sale.

L'equilibrio del cloruro di sodio è cruciale per la sopravvivenza: gli ioni del sale generano gli impulsi elettrici che corrono nel sistema nervoso e mantengono l'equilibrio elettrolitico tra le cellule e il liquido che le circonda. Questo è il meccanismo chiamato pompa sodio-potassio: gli ioni sodio positivi che vengono estratti dalle cellule sono più numerosi degli ioni positivi di potassio che vi entrano, di conseguenza il citoplasma interno alla cellula acquista una carica negativa rispetto all'ambiente esterno alla membrana cellulare. La differenza di potenziale elettrico fa funzionare nervi e muscoli. Abbiamo buoni motivi per essere grati al sale, anche se per i buongustai basterebbero salumi, salmoni e caviale. O, più modestamente merluzzi, aringhe e acciughe.

Spezie: la chimica piccante

Per millenni le spezie sono state soprattutto un modo per conservare il cibo. Naturalmente il sale, l'aceto, l'essiccazione, l'affumicatura erano apprezzate anche per il sapore che aggiungono ai piatti, ma non stava nel sapore il loro ruolo più importante. Per questo le spezie erano costose e per procurarsele i governi erano disposti ad affrontare guerre e a finanziare viaggi di esploratori e avventurieri. La refrigerazione ha tolto alle spezie la funzione pratica, rendendole economiche e disponibili per un uso puramente voluttuario. Ciò non significa che sia venuta meno, quando c'è, la loro utilità per la salute. Lo zafferano, tanto per fare un esempio, oltre a colorare di un giallo allegro il risotto e altri piatti, è ricco di antiossidanti, sostanze che combattono i radicali liberi e quindi l'invecchiamento dell'organismo: il suo contenuto di carotenoidi raggiunge l'8 per cento contro lo 0,008 della carota (mille volte di più). Purtroppo non è tra le spezie più a buon mercato: un chilogrammo di zafferano vale 3500 euro perché per produrlo occorrono i pistilli di 150 mila fiori e la raccolta comporta 500 ore di lavoro a cui si deve aggiungere la manodopera per l'essiccazione, la lavorazione e il confezionamento.

La spezia più diffusa ed economica è il pepe. Si ricava dalle bacche di una liana tropicale originaria dell'India chiamata scientificamente *Piper nigrum*. Il maggior produttore oggi è il Vietnam. Una piccola parte delle bacche si vende direttamente come pepe verde. Il pepe bianco deriva dai frutti maturi essiccati e privati della buccia e della polpa per isolare il seme. Il pepe nero, che da solo rappresenta i tre quarti del mercato, si ottiene facendo fermentare i semi di bacche non ancora mature. Il pepe rosa non è vero pepe: è la bacca di una pianta del Sud America, e in grandi quantità è velenoso.

I chimici hanno cercato di individuare le molecole che conferiscono alle spezie i loro aromi o la sensazione di piccante. Il principio attivo sia del pepe bianco sia del pepe nero è la piperina, una molecola formata da 17 atomi di carbonio, 19 di idrogeno, 3 di ossigeno e uno di azoto. La sensazione di calore (o bruciore) che suscita non ha a che vedere con il gusto ma con la risposta del sistema nervoso al dolore. Chi ama il pepe ha dunque una predisposizione al masochismo. La struttura chimica della piperina fa sì che essa si leghi a una proteina dei recettori delle sensazioni dolorose che abbiamo in bocca ma anche su altre parti del corpo: la proteina cambia forma e trasmette al cervello un segnale di allarme.

Una sensazione di bruciore trasmette anche il peperoncino rosso. Ne esistono numerose specie usate in cucina da più di novemila anni, tutte appartenenti al genere *Capsicum*, originario del Messico. Pimento o pepe di Giamaica, pepe rosso o pepe di Caienna, paprika e chili hanno in comune la stessa molecola attiva, la capsaicina, non molto diversa dalla piperina, costituita da 18 atomi di carbonio, 27 di idrogeno, 3 di ossigeno e 1 di azoto. Un'altra molecola piccante è lo zingerone, che si trova nel rizoma della pianta di zenzero. Come la capsaicina, termina in un anello aromatico che porta un gruppo Ho e un gruppo H_3C-O ma non ha l'atomo di azoto.

Ma se nel caso delle spezie piccanti percepiamo non tanto un gusto quanto una sensazione di dolore, come si spiega il successo di queste sostanze e di piatti come il goulasch, così apprezzato in Ungheria?

Una risposta possibile è che, oltre a esaltare il sapore di altri ingredienti, proprio perché dolorifiche le molecole piccanti suscitino come reazione il rilascio di endorfine, sostanze naturali simili alla morfina prodotte dal nostro corpo sia in risposta a sensazioni spiacevoli sia facendo l'amore. Si chiuderebbe così il cerchio fra tavola e talamo, e la ricerca del piccante non sarebbe più imputabile solo a tendenze masochistiche.

Una corrispondenza tra struttura chimica e sensazione prodotta la troviamo anche nelle molecole aromatiche dei chiodi di garofano e della noce moscata. Queste spezie derivano da piante di famiglie diverse e originarie di isole separate da centinaia di chilometri: la *Myristica fragrans*, albero della noce moscata, cresceva solo sulle isole Banda, nell'oceano Pacifico, all'estremità sud delle Molucche; la *Eugenia aromatica*, pianta dei chiodi di garofano, era esclusiva delle isole Tidore e Ternate, all'estremità nord dello stesso arcipelago. Eppure l'eugenolo, molecola attiva dei chiodi di garofano, e l'isoeugenolo, molecola attiva della noce moscata, differiscono solo per un doppio legame ed entrambe sono molto simili allo zingerone, la molecola dello zenzero. Come capita spesso, una piccola differenza causa una grande diversità.

Integratori alimentari

Intorno al 1895 un biologo americano analizzò il contenuto delle foglie di spinaci e la sua segretaria nel ricopiare gli appunti sbagliò la posizione della virgola, facendone salire il contenuto di ferro da 3 a 30 milligrammi ogni 100 grammi di ortaggio. Tutte le pubblicazioni successive ripresero quel dato senza verificarlo, diffondendo l'errore. Così si è radicata la credenza che gli spinaci siano ricchi di ferro. Invece ne contengono una quantità del tutto simile ad altre verdure, e per di più si tratta di ferro difficile da assimilare, mentre nel fegato di bovino la dose di ferro è quasi tripla rispetto agli spinaci e l'assimilazione è molto più facile. Nel 1933 i disegnatori Dave e Max Fleischer presero spunto dalla falsa opinione popolare per creare Braccio di Ferro, fortunato personaggio dei fumetti e dei cartoni animati. Aveva ragione Mark Twain quando metteva in guardia i suoi lettori: « Siate prudenti quando leggete libri di medicina. Potreste morire per un errore di stampa ».

Il pregiudizio a favore della virtù degli spinaci oggi si è esteso a una variegata moltitudine di integratori alimentari ben esposti nelle farmacie e in ogni supermercato. La pubblicità promette risultati seducenti. Sono prodotti arricchiti di vitamine e sali minerali per mantenere il fisico in gran forma o ritardare l'invecchiamento (il selenio farebbe miracoli), lieviti, fermenti lattici, crusca e altre fibre per una migliore assimilazione del cibo e per regolare l'intestino, lecitina di soia, acidi grassi polinsaturi e steroli vegetali per abbassare il colesterolo, estratti di papaya o di aloe per agevolare la digestione, ginseng, pappa reale, propoli e pollini per aumentare le energie fisiche e le prestazioni sessuali.

Una inchiesta di FederSalus, Federazione italiana delle aziende produttrici di integratori che si autoproclamano utili alla salute, ha accertato che nel 2007 un italiano su tre ne ha fatto uso più o meno regolare, con una prevalenza di pubblico femminile. Il fatturato è imponente: un miliardo e 100 milioni di euro per il canale delle farmacie più un altro mezzo miliardo in supermercati, erboristerie, palestre e negozi di fitness. Un consumatore su tre decide da solo quali integratori mettere in tavola, uno su due chiede consiglio al medico. Eppure, secondo autorevoli farmacologi come Silvio Garattini e alimentaristi come Carlo Cannella, questi prodotti sono utili soprattutto al conto in banca di chi li fabbrica e li commercia: una persona sana e con una alimentazione equilibrata non ha alcun bisogno di integratori.

Biotecnologie, ieri e oggi

Dodici specie forniscono il 90 per cento delle proteine animali consumate dall'umanità. Pollame e suini occupano le prime posizioni. Ancora più ristretto è il gruppo delle piante alimentari che sfamano il mondo. Quattro colture provvedono da sole alla metà delle calorie di origine vegetale nella dieta umana. In testa c'è il riso. Da questo cereale dipende la sopravvivenza di una persona su tre, un fatto che spiega perché il suo DNA – 50 mila geni – sia stato tra i primi a essere interamente decifrati (2002).

Sono dati ambivalenti. Da un lato, se non ci fosse stata una così forte selezione delle specie produttive sarebbe impossibile sfamare i 6,7 miliardi di persone che abitano la Terra, per di più fornendo cibo a prezzi decrescenti: nei paesi OCSE la spesa per alimentari, fatta uguale a 100 quella del 1900, si è ridotta a 90 nel 2000. Dall'altro lato, è preoccupante che la biodiversità si sia tanto ridotta e che l'esistenza dell'umanità dipenda da un numero così limitato di specie. Secondo la FAO nell'ultimo secolo abbiamo perso tre quarti della diversità genetica esistente nelle colture agricole, e delle 6300 razze animali di interesse alimentare 1350 sono in via di estinzione. Una epidemia globale che colpisse qualche specie di importanza primaria per l'alimentazione (l'aviaria dei polli, per esempio) avrebbe conseguenze gravissime. Solo una grande diversità biologica permetterebbe di fronteggiare una tale emergenza.

In questo quadro, anche le biotecnologie sono bifronti. Da un lato rischiano di ridurre ulteriormente la biodiversità. Dall'altro introducono specie nuove più produttive e offrono uno strumento prezioso per tutelare specie altrimenti condannate all'estinzione da malattie o parassiti. È il caso di piante esotiche come la papaya, ora tutelata da un vaccino biotech. Ma anche di ortaggi nostrani, come il pomodoro San Marzano, attaccato dal virus del Mosaico del cetriolo. La varietà più tipica del nostro paese potrebbe essere salvata con una modifica genetica già disponibile, ma tutto è stato bloccato. Intanto la «protezione» data al San Marzano da Slow Food in nome della purezza autoctona ha portato in pochi anni a una riduzione dal 30 al 3 per cento della sua presenza sul mercato, e sulla pastasciutta mettiamo la passata di pomodoro importata dalla Cina.

Non è questa la sede per affrontare il dibattito sugli organismi geneticamente modificati (OGM) ma caso mai un giorno anche in Italia come nella maggior parte dei paesi del mondo gli OGM dovessero arrivare in sala da pranzo, può essere utile ricordare qualche nozione elementare di biologia.

Primo. Viviamo in mezzo alle biotecnologie. Non da oggi. Da millenni. Il vino, la birra, il pane, lo yogurt, l'aceto, i formaggi sono biotecnologie: si tratta infatti di trasformazioni di alimenti ottenute con l'introduzione più o meno forzata di microrganismi chiamati lieviti, muffe, batteri. Fortunatamente per ora tutti sono d'accordo, difensori e detrattori degli OGM, che il barolo, il gorgonzola e la toma di Alba sono ottime cose.

Ciò che è cambiato tra la metà dell'Ottocento – quando padre Mendel studiava gli incroci tra varietà di piselli – e la metà del Novecento – quando Watson e Crick intuirono la forma a doppia elica del DNA – è la nostra conoscenza dei modi con cui si può operare una biotecnologia: si è scoperto, in sostanza, che i caratteri ereditari sono scritti in pezzetti di DNA chiamati «geni», e che ogni organismo è caratterizzato da uno specifico corredo di questi geni.

Sorprendente è stato constatare che i dieci e più milioni di specie viventi, dai minuscoli lieviti alle piante, dai pesci all'uomo, hanno in comune un gran numero di geni: un po' come *La Divina Commedia* e la *Gazzetta Ufficiale*, pur essendo testi molto diversi, sono scritti con le stesse 21 lettere dell'alfabeto. In sostanza, la natura, creato nel corso dell'evoluzione un gene capace di fare una certa cosa, per esempio una proteina, ha conservato quel gene e lo ha poi riutilizzato in molte specie diverse. Un po' come nel gioco del Lego i pezzi sono sempre quelli ma le costruzioni che un ragazzino fantasioso ne può ricavare sono pressoché infinite.

Lo scambio di materiale genetico è la base stessa della vita, e il sesso, dal punto di vista biologico, è il sistema più efficace (e piacevole) che la natura sia riuscita a escogitare per rimescolare geni di provenienza diversa. Papà e mamma non lo sapevano, ma mentre ci concepivano facevano un complesso e audace esercizio di ingegneria genetica, al punto che noi – frutto di quella manipolazione (chiamiamola così) – abbiamo metà geni dell'uno e metà geni dell'altra.

Oggi i biologi conoscono i pezzi del Lego genetico e stanno imparando a modificarli o a spostarli da un organismo a un altro in modo preciso e puntuale. In realtà lo si fa da millenni con gli incroci tra varietà di piante e razze di animali, ma fino all'arrivo dell'ingegneria genetica la tecnica adottata era lenta e i risultati affidati al caso. Come al caso si affidarono papà e mamma (e qualche volta si vede). Tutte le piante che noi utilizziamo sono il risultato di pazienti innesti e incroci, il frutto di una selezione che ha richiesto generazioni e generazioni. Solo da poche decine di anni l'uomo ha imparato ad accelerare il processo, ma ancora in modo rudimentale, inducendo le modificazioni genetiche non con incroci ma con raggi gamma. Sono stati necessari duemila anni per passare da spighe che fornivano quattro o cinque chicchi di frumento a spighe che ne forniscono un centinaio. Un discorso simile vale per gli animali d'allevamento.

Nel settore agricolo, un OGM in senso moderno è un organismo che, anziché subire modificazioni a caso (le mutazioni in natura avvengono continuamente a migliaia) o per un incrocio tra varietà affini o per un bombardamento con raggi gamma, è stato modificato in modo mirato, ponendo in esso esattamente quel gene che gli conferisce la proprietà desiderata: un gusto migliore, una maggior produzione, la capacità di difendersi da malattie e da insetti, la resistenza a un clima più arido e così via.

Dopo anni di sperimentazione, questi OGM finora non hanno mostrato alcun effetto negativo sulla salute: in questo senso si è espressa in un documento sulla sicurezza alimentare la Società Italiana di Tossicologia come capofila di altre 14 società scientifiche. Ad analoghe conclusioni sono arrivate l'Organizzazione Mondiale della Sanità, la FAO e molte altre istituzioni scientifiche internazionali.

Le biotecnologie alimentari, d'altro canto, fanno parte di un campo ben più vasto. Fin dagli anni Ottanta del secolo scorso i malati di diabete vivono grazie a iniezioni quotidiane di insulina prodotta con l'ingegneria genetica, prima da batteri *Escherichia coli* e poi da lieviti modificati. Questa insulina è uguale a quella umana perché in quei microrganismi è stato introdotto il gene umano che la codifica. In precedenza si usava insulina ricavata da maiali e bovini, che aveva effetti secondari indesiderati in quanto la sua struttura è lievemente diversa. E questo è solo uno tra i molti esempi che si potrebbero fare di farmaci, test diagnostici e vaccini ottenuti con biotecnologie.

La riscoperta dello yogurt

Per millenni, producendo birra, vino, aceto, yogurt, formaggi e pane, l'uomo ha praticato alla cieca svariate biotecnologie. Da poco più di un secolo incominciamo a conoscerle non solo gastronomicamente ma anche scientificamente.

Louis Pasteur (1822-1875) scoprì che a trasformare in aceto il vino facendone fermentare l'alcol è un fungo unicellulare simile ai lieviti, il *Mycoderma aceti*. L'alcol diventa acido acetico in quanto i funghi fissano su di esso l'ossigeno che assorbono dall'aria. L'ambiente favorevole allo sviluppo del *Mycoderma aceti* deve già essere lievemente acido: la colonia di microscopici funghi formerà un velo grigiastro più o meno denso. Un po' di velo servirà a trasformare in aceto altro vino, meglio se già inacidito con qualche cucchiaino di aceto. È invece un errore, benché sostenuto da una tenace consuetudine, tramandare di bottiglia in bottiglia la «madre dell'aceto», cioè il deposito che si forma sul fondo del recipiente. Non si deve fare perché la «madre» è costituita da una massa di micodermi acetici che assorbe il poco ossigeno in soluzione nel vino, e l'ossigeno è necessario alla reazione chimica che trasforma l'alcol.

I formaggi sono innumerevoli ma tutti si ottengono dalla coagulazione del latte. Il latte coagula per aggregazione delle sue goccioline di grasso ricoperte di caseina (la proteina che costituisce l'85 per cento delle proteine del latte, le quali a loro volta rappresentano il 4 per cento del suo volume). I globuli di grasso, liberati da particolari cellule della ghiandola mammaria, hanno un diametro di 2,5 millesimi di millimetro: sotto una membrana a due strati, uno lipidico e uno fosfolipidico, contengono anche colesterolo e vitamina A. La caseina coagula quando si fa cagliare il latte aggiungendovi un acido o del sale. Dopo la sgocciolatura, vari microrganismi (batteri, funghi, muffe) si prendono cura di affinare il formaggio, conferendogli caratteristiche inconfondibili.

Nel caso del gorgonzola, il latte viene trattato con gli stessi batteri dello yogurt. Poi si immettono muffe di *Penicillium roqueforti*, si aggiunge il caglio (estratto dall'abomaso, il terzo stomaco del vitello) e si riscalda il tutto a 28-32 gradi. Dopo 20 minuti si forma la cagliata. Seguono la salatura e l'affinatura in magazzino. Le forme vengono poi forate per far entrare l'aria che favorirà, in 30-40 giorni, il pieno sviluppo delle muffe. Altre varietà di *Penicillium* daranno il brie, il camembert e così via. Il loro cugino *Penicillium notatum* è celebre per essere l'antibiotico casualmente scoperto da Alexander Fleming nel 1928 quando, al ritorno dalle vacanze, trovò che la sua muffa aveva sterminato una coltura di stafilococchi.

Lo yogurt è opera di due batteri, il *Lactobacillus bulgaricus* e lo *Streptococcus thermophilus*. Immessi nel latte, che è una emulsione di globuli di grasso e di molecole di caseina in acqua contenente lo zucchero lattosio, questi batteri producono una fermentazione che trasforma il lattosio in acido lattico, il quale a sua volta acidifica l'ambiente facendo aggregare le particelle di caseina in una rete che intrappola acqua, caseina, globuli di grasso e colonie di batteri. Questi nel frattempo si saranno incredibilmente moltiplicati: con un vasetto di yogurt mangiamo più di 100 miliardi di batteri lattici.

L'azione benefica dei batteri contenuti nello yogurt e in altri tipi di latte fermentato che non possono essere chiamati yogurt perché non derivano in modo esclusivo dal *Lactobacillus bulgaricus* e dallo *Streptococcus thermophilus*, prosegue nell'intestino, dove mediano l'assimilazione del cibo. Il primo a esplorare la simbiosi tra uomo e batteri intestinali è stato il russo Ilja Metchnikoff (1845-1916), zoologo, biologo e pioniere dell'immunologia che svolse quasi tutta la sua attività all'Istituto Pasteur di Parigi. Metchnikoff aveva notato la particolare longevità dei pastori bulgari, forti consumatori di latte fermentato. Lo studio di questo alimento lo portò a isolare il *Bulgarian bacillus*. In una pubblicazione intitolata «Essais optimistic» Metchnikoff avanzò l'ipotesi che una flora intestinale arricchita dai batteri del latte fermentato fosse il motivo della lunga vita dei pastori bulgari. Il meccanismo immaginato era che i batteri del latte fermentato, colonizzando l'intestino, eliminassero la flora batterica putrefattiva, ritenuta dannosa. Per la prima volta un alimento veniva considerato non solo per il suo potere nutritivo ma anche per la sua capacità di migliorare la funzionalità fisiologica del consumatore: è la nascita del concetto di « cibo probiotico » e di « alimento funzionale ». Nel 1908 Metchnikoff divise il premio Nobel per la medicina con Paul Ehrlich, e ciò contribuì a consolidare la fiducia nel ruolo benefico del latte fermentato e il recente successo commerciale degli alimenti probiotici.

Ricerche recenti hanno in parte confermato e in parte ridimensionato l'ottimismo di Metchnikoff. È sicuro che yogurt e latte fermentato migliorano la digeribilità del lattosio nella popolazione adulta (che spesso non riesce ad assimilare questo zucchero). Ed è vero che con yogurt e latte fermentato si può ripristinare una buona flora batterica intestinale, benché solo uno *Streptococcus thermophilus* e un *Lactobacillus bulgaricus* su cento riescano a superare il primo tratto dell'intestino (più resistente è il *Bifidus actiregularis* della Danone, con una sopravvivenza del 30 per cento). È possibile che questi batteri siano efficaci nel fermare la diarrea, nell'inibire i batteri patogeni e nello stimolare il sistema immunitario. Rimane da dimostrare, invece, che grazie allo yogurt si riesca a ridurre il colesterolo e gli enzimi intestinali capaci di promuovere lo sviluppo di tumori.

Lo yogurt e le sue varianti rimangono in ogni caso i precursori di una categoria di cibi destinata a una grande crescita: alimenti con virtù pre-biotiche o pro-biotiche, cioè capaci di favorire nell'organismo la produzione di sostanze biologicamente utili. Tanto che una nuova parola si affaccia nei dizionari per indicare i prodotti alimentari meticciati con farmaci: nutraceutici.

Siamo colonie di batteri

Il discorso sullo yogurt ci porta a una riflessione abbastanza sorprendente. La simbiosi, cioè la stretta coabitazione di due esseri viventi, fino a poco tempo fa appariva come una curiosità interessante ma piuttosto rara e quindi, tutto sommato, non di particolare rilevanza. Il caso più notevole rimaneva quello dei licheni, nei quali un fungo e un'alga si sono divisi i compiti secondo le loro specifiche competenze: l'alga provvede alla fotosintesi e quindi al nutrimento, il fungo mette a disposizione una struttura protettiva contro la disidratazione e fornisce sali minerali. Ora si sta scoprendo che la simbiosi, nelle forme più varie, non è l'eccezione ma la regola. Il 90 per cento delle specie vegetali (250 mila!) convive con funghi e altre 16 mila con batteri simbionti. Un terzo delle specie di funghi coabita con piante o animali. Duemila specie di termiti dipendono in modo totale da batteri che popolano il loro intestino con la straordinaria densità di 100 milioni per millimetro cubo. L'*ameba Pelomyxa* è priva di mitocondri e per respirare ingloba un gran numero di batteri. I pesci *Photoblepharon* emettono flash luminosi grazie a batteri luminescenti che ospitano sotto una palpebra che aprono e chiudono per attrarre le prede.

Il caso più sorprendente è proprio quello della nostra specie, *Homo sapiens*. Noi pensiamo che il nostro corpo sia costituito in prevalenza da « nostre » cellule. Bene, è venuto il momento di abbandonare questa illusione. Un organismo umano è formato da circa 10 mila miliardi di cellule ma ospita 100 mila miliardi di batteri. Le « nostre » cellule sono dunque una minoranza: per ognuna di esse, ne abbiamo addosso nove estranee. Quattrocento specie di batteri abitano nel nostro intestino, una bella varietà se pensiamo che sono seicento in tutto le specie di uccelli che possiamo trovare in Europa. Altri batteri colonizzano i denti e le mucose, la pelle è un autentico ecosistema microbico, con flore ben diverse a seconda che si tratti del dorso della mano, dal clima ventilato, o del palmo, dove il clima è caldo-umido, mentre sulla nostra fronte, nei pori delle ghiandole sebacee prosperano milioni di acari commensali, i *Demodex follicolorum*. Insomma: non siamo individui ma popolose comunità. E si può discutere se siamo noi a usare miliardi di creature microscopiche o se sono loro a usare noi.

L'indice di massa corporea

Un'altra riflessione è d'obbligo, lasciando la cucina e la sala da pranzo. Non è vero che a tavola non si invecchia, come dice il proverbio. È vero però che si può fare molto perché ciò che mangiamo ci faccia invecchiare più lentamente. Molti sono i fattori che hanno contribuito al forte aumento dell'attesa di vita in Italia e in genere nei paesi più sviluppati: igiene, nuovi farmaci, servizi sanitari di base, benessere economico, prolungamento della scuola. Ma forse il più importante è una alimentazione corretta.

In una dieta che vada d'accordo con la buona salute, due sono gli equilibri da raggiungere. Il primo riguarda il giusto rapporto fra le tre grandi categorie alimentari: gli zuccheri (o carboidrati), i grassi (o lipidi) e le proteine. Il secondo riguarda il bilancio tra calorie che introduciamo mangiando e calorie che spendiamo nelle nostre attività quotidiane.

Una piramide rappresenta bene il rapporto tra zuccheri, grassi e proteine: secondo l'Istituto Nazionale per la Nutrizione alla base stanno i carboidrati (pasta, pane, patate, frutta, dolci) con il 55 per cento delle calorie giornaliere, poi vengono i grassi con il 30 per cento e le proteine formano la punta della piramide con il 15 per cento. Il discorso però sarebbe molto più complesso. I grassi non sono tutti uguali: quelli vegetali e quelli animali polinsaturi (tipici del pesce) devono prevalere su quelli saturi. I carboidrati complessi (pasta, pane) sono preferibili a quelli semplici (zucchero, miele). Verdura e frutta, con le loro fibre, dovrebbero essere una parte importante della dieta, con 5-6 porzioni al giorno. Indispensabili sono i micronutrienti: vitamine e sali. E l'attività fisica quotidiana ha altrettanta importanza di una alimentazione sana.

Non entreremo in approfondimenti, che richiederebbero un altro libro. Suggeriamo soltanto di misurare il proprio Indice di Massa Corporea (IMC o, all'inglese, BMI) e trarne le conseguenze per la dieta. Questo indice mette in rapporto il peso con l'altezza e si calcola dividendo il peso corporeo in chilogrammi per l'altezza espressa in metri e moltiplicata per se stessa. Per esempio, una persona che pesi 70 chilogrammi e sia alta 1,75 avrà un IMC uguale a 70 : (1,75 x 1,75), cioè 70 : 3,06. Risultato: 22,8. Ed ecco i dati di riferimento:

IMC inferiore a 18,5: sottopeso
IMC 18,5-25: peso normale
IMC 25-30: sovrappeso di 1° grado
IMC 30-40: sovrappeso di 2° grado
IMC maggiore di 40: sovrappeso di 3° grado (obesità grave).

Non sono cifre da mitizzare. Però una indicazione la danno. Uno sguardo alla bilancia ogni tanto previene più malanni di tante analisi mediche. Senza guastarci il piacere di cucinare e sederci in sala da pranzo.

3
IL BAGNO, REGNO DELL'ACQUA E SAPONE

L'invenzione del rubinetto

Se la cucina è il laboratorio dove caldo e freddo producono le loro reazioni chimico-fisiche a beneficio del nostro palato e prima ancora della nostra sopravvivenza, il bagno è il regno dell'acqua.

Ruoti il rubinetto, e scorre. Un filo sottile o un getto robusto, fredda, tiepida o bollente, come vuoi. I rubinetti dell'ultima generazione (come l'Ondus dell'azienda tedesca Grohe, 2008) hanno un display che indica la temperatura scelta, nascondono sensori e memorie per registrare le preferenze dell'utente. Basta sfiorarli e si ottiene un getto con l'intensità e la temperatura desiderate.

Per aprire e chiudere il flusso dell'acqua i romani avevano sistemi «a maschio»: una specie di tappo. Il primo riferimento scritto al rubinetto è del 1237. La parola deriva forse dal francese medievale *robin*, che indicava il becco, il caprone, il montone. Ma fino al 1800, l'anno in cui Alessandro Volta ideò la pila, il gesto banale di aprire e chiudere l'acqua del lavandino, della doccia o della vasca da bagno non sarebbe stato possibile. Fu Thomas Gryll, un mercante inglese, a inventare, appunto nel 1800, il rubinetto a vite per graduare il flusso. Era avanti sui tempi: l'acqua è arrivata nelle abitazioni popolari un secolo dopo.

Dove è arrivata. Noi ci gingilliamo con miscelatori e idromassaggi. Abitare in appartamenti con due bagni padronali e uno di servizio ci sembra un fatto scontato. Ma ancora oggi, secondo i dati dell'UNESCO, un miliardo e 100 milioni di persone (una su sei) non dispongono di acqua potabile e 2 miliardi e 400 milioni sono prive di servizi igienici. Questa situazione causa 30 mila morti al giorno, in gran parte bambini, per infezioni, dissenteria, colera. In un anno, calcola l'Organizzazione Mondiale della Sanità, 2 milioni e 200 mila esseri umani muoiono per mancanza di acqua potabile e servizi igienici. Un rubinetto che gocciola spreca 5 litri al giorno. Basterebbero a salvare una vita.

Acqua potabile

Tifo e colera hanno mietuto vittime fino a un secolo fa, quando si sono diffuse le tecnologie per purificare l'acqua. Dopo le scoperte di Pasteur, iodio, acido citrico e permanganato sono entrati al servizio della sterilizzazione. Nel 1907 a Nizza si sperimenta l'ozonizzazione, dopo che Maurice Paul Otto ebbe trovato il modo di produrre questo potente ossidante. La soluzione finale è venuta con l'ipoclorito di sodio e il biossido di cloro. Oggi su 100 impianti di potabilizzazione 99 usano il cloro. In piccole dosi non è dannoso. Anzi, protegge i denti dalla carie.

Quanta acqua consumiamo?

Per noi l'acqua è un bene così a portata di mano che non ci rendiamo neppure conto di quanto spesso la usiamo, e meno ancora di quanta ne consumiamo.

Per dissetarci abbiamo bisogno di 2 litri di acqua al giorno, che d'estate possono aumentare a 2 litri e mezzo o 3. Per lavarci i denti lasciando scorrere l'acqua dal rubinetto, se ne vanno 30 litri. Per lavarci la faccia mattino e sera, e le mani tre o quattro volte al giorno, consumiamo altri 10 litri. La vasca da bagno è una divoratrice di acqua: ne richiede fino a 150 litri. Rispetto al bagno, la doccia fa risparmiare: se ne vanno 20 litri al minuto e di solito tre minuti di doccia sono sufficienti. Poi occorre lavare i piatti: 50-70 litri se li laviamo a mano, un po' meno, 35-40 litri, se usiamo una lavastoviglie. Ogni volta che facciamo funzionare lo sciacquone del gabinetto se ne vanno 15 litri. Un ciclo della lavatrice consuma 40-50 litri. Lavare un'automobile richiede da 130 a 800 litri di acqua.

Alcuni di questi consumi sono strettamente personali: bere, lavarsi. Altri, come lavare piatti e indumenti o l'automobile, vanno suddivisi tra tutti i membri della famiglia. In media, ogni persona ha bisogno di circa 100 litri di acqua al giorno. Ma il consumo effettivo varia dai 400 litri degli Stati Uniti ai 200-220 dell'Italia, per scendere fino ai 5 litri del Madagascar.

Sugli usi personali e domestici bisogna ancora fare una osservazione importante. Non tutta l'acqua che ci serve deve essere di prima qualità. Quella per bere e lavarsi i denti certamente deve essere acqua potabile. Per fare il bagno, per lo sciacquone o per lavare l'automobile e innaffiare basta dell'acqua pulita. Purtroppo però gli acquedotti sono fatti in modo che noi usiamo sempre acqua potabile, anche quando non sarebbe necessario. Questo è un enorme spreco, che presto non potremo più permetterci. In futuro probabilmente bisognerà avere due rubinetti: uno per l'acqua potabile e uno per l'acqua pulita ma non da bere.

I grandi consumatori di acqua però non sono le famiglie e le singole persone. A inghiottire enormi risorse idriche sono le industrie e, ancora di più, l'agricoltura.

L'acqua entra nei cicli di produzione di quasi tutti i tipi di industria. Per fare un computer servono 1500 litri di acqua. Ne occorrono 250 tonnellate per produrre una tonnellata di acciaio o di alluminio. Un'auto pesa in media una tonnellata: per costruirla si è consumato in acqua il peso di 250 vetture. Se poi qualche ecologista vi suggerisce di farla viaggiare non a benzina ma a bioetanolo, sappiate che per produrre un litro di questo carburante « pulito » occorrono 1560 litri di acqua, 70 mila per fare il pieno. 300 tonnellate di acqua sono necessarie per fabbricare una tonnellata di carta, circa 150 litri per fare questo libro... Servono 20 tonnellate di acqua per ottenere un chilogrammo di cotone: quanto pesa la nostra camicia! Certi tessuti artificiali richiedono quantità ancora più massicce: per fare una tonnellata di Rayon si consumano 650 tonnellate di acqua.

C'è di peggio. L'agricoltura e l'allevamento del bestiame assorbono tre volte più acqua delle industrie. Frumento, granoturco e riso richiedono da una a 5 tonnellate di acqua per chilogrammo di prodotto. Mucche e maiali si nutrono di prodotti agricoli e devono essere allevati per periodi di tempo che vanno da sei mesi a qualche anno: per ottenere un chilogrammo della loro carne occorrono da 5 a 20 tonnellate di acqua. Altri esempi: servono 1000 litri di acqua per fare un chilogrammo di pollo, altrettanto per un chilogrammo di agrumi o un chilogrammo di patate, e ben 6800 litri per un bicchiere di latte.

Gran parte dell'acqua usata per coltivare i campi si potrebbe risparmiare. Il sistema di irrigazione più semplice consiste nel fare scorrere rigagnoli di acqua nei campi. Peccato che sia anche il sistema più dispersivo. Tecniche di irrigazione a pioggia, o meglio ancora « a goccia a goccia », rendono cento volte di più. Basta pensare allo Stato di Israele: il suo territorio era in buona parte desertico, eppure è diventato un grande esportatore di pompelmi e altri generi di frutta e di verdure proprio grazie a sistemi di irrigazione tecnologicamente avanzati, che consumano poca acqua sfruttandola al meglio.

D'altra parte, l'uomo cerca di migliorare continuamente la qualità della vita: tutti desiderano nutrirsi meglio, lavarsi di più e più comodamente, aumentare la produzione industriale. Conseguenza: il consumo di acqua nel mondo raddoppia ogni vent'anni. Poiché si calcola che oggi stiamo già utilizzando la metà di tutte le risorse idriche esistenti (parliamo sempre di acqua potabile e pulita, non dell'acqua marina, inutilizzabile perché salata), è probabile che nel 2025 il mondo intero si troverà ad aver esaurito questa preziosa risorsa. Se oggi si usa definire « oro nero » il petrolio, di questo passo dovremo parlare dell'acqua come dell'« oro blu ».

Acquedotti all'italiana

L'Italia è un paese abbastanza ricco di acqua. Anzi, decisamente ricco al Nord (Piemonte, Valle d'Aosta, Lombardia, Trentino-Alto Adige, Veneto, Friuli, Emilia-Romagna). Ma anche l'Italia centrale può contare su risorse idriche abbondanti. Più difficile è la situazione in alcune regioni del Sud (Campania, Abruzzo, Molise, Basilicata, Puglia, Calabria) e nelle isole. Qui però esistono situazioni molto diverse. Certe parti della Sicilia e della Sardegna rischiano addirittura la desertificazione. In generale però l'acqua sarebbe più che sufficiente. A Capo d'Orlando, cittadina sulla costa siciliana tra Messina e Palermo, grazie a una gestione idrica efficiente, l'acqua è sovrabbondante e il sindaco è disposto a fornirla ai Comuni che gliela chiedano. Dove l'acqua manca, è colpa di acquedotti che perdono come dei colabrodo, di ladri che rubano l'acqua lungo il percorso di distribuzione, della mafia che specula sulla sete della popolazione. In Sicilia gli acquedotti perdono fino al 55 per cento dell'acqua: partono 100 litri e ne arrivano 45. Qualche anno fa si sono scoperti laghi artificiali di acqua rubata e intere reti idriche abusive, mentre nei paesi vicini i rubinetti restavano a secco venti ore al giorno. Per vera siccità soffrono invece molte isole minori, dove i rifornimenti idrici devono arrivare con navi cisterna.

Nell'Italia centro-meridionale la portata complessiva dei fiumi è di 800 metri cubi al secondo, nell'Italia centro-settentrionale raggiunge i 2700. La differenza è evidente. Ma studi recenti dicono che al massimo il Centro-Sud ha bisogno di 12 miliardi di metri cubi di acqua all'anno, mentre la disponibilità effettiva, tra acque di superficie e sotterranee, è di 19 miliardi. La colpa non è quindi di una natura avara ma di una amministrazione inefficiente.

Sprecona e dannosa è poi l'irrigazione dei campi per scorrimento, in quanto trasporta nelle falde acquifere sotterranee l'inquinamento derivante da diserbanti e concimi. Molto pericolosi sono gli escrementi organici: nella Pianura Padana vengono allevati 4 milioni di bovini e 5 milioni di suini. L'inquinamento prodotto dai loro escrementi è pari a quello di 138 milioni di persone, il doppio dell'intera popolazione italiana.

Siamo il paradiso dell'acqua minerale

Su 100 italiani, 85 bevono acqua in bottiglia, e in regioni come la Lombardia e l'Umbria si arriva al 90 per cento. Le analisi chimiche e batteriologiche dimostrano che non sempre l'acqua minerale è migliore di quella del rubinetto. Spesso è il contrario. Tra l'altro la stessa espressione «acqua minerale» non ha senso, è solo una convenzione merceologica: tutte le acque sono minerali! L'acqua del rubinetto viene controllata almeno una volta al giorno, quella in bottiglia può restare in un negozio per mesi prima di trovare un acquirente. Le stesse norme in vigore lasciano a desiderare: la legge consente un contenuto di arsenico più alto nelle acque imbottigliate che nell'acqua potabile che sgorga dal rubinetto.

Ciò non vuol dire che l'acqua minerale sia da scartare. Le bollicine delle acque frizzanti possono essere piacevoli e certe acque imbottigliate hanno particolari caratteristiche che possono renderle utili alla salute. Ma certo in generale l'interesse dei cittadini è avere buona acqua del rubinetto: costa un millesimo di quella imbottigliata e spesso la sua qualità è più garantita. Sul prezzo dell'acqua minerale l'imballaggio incide per il 60%, il trasporto in media per il 15%, un altro 15% se ne va in energia e costo del lavoro, il 10% è pubblicità. Il costo reale del contenuto d'acqua è quasi impercettibile. Il 65% dei consumatori beve acqua liscia, il 20% frizzante, il 15% leggermente frizzante. Nel 2007 gli italiani hanno bevuto 11,2 miliardi di litri di acqua imbottigliata, pari a 194 litri pro capite all'anno. Il giro di affari tocca i 3,2 miliardi di euro.

Acqua e salute

Abbiamo già fatto notare che all'inizio del Novecento gli italiani in media vivevano meno di 50 anni. Oggi gli uomini vivono 76 anni e le donne 82. Dati simili valgono anche per la Francia, la Germania, la Svezia, il Giappone. Insomma, per tutti i paesi ricchi. Se nel mondo sviluppato si vive tanto di più rispetto a un secolo fa, in buona misura dobbiamo ringraziare il fatto che le nostre case hanno acqua potabile per bere e cucinare. E acqua calda e fredda per lavarsi. Perché lavarsi e bere acqua pura significa prevenire un gran numero di malattie infettive che fanno strage nei paesi poveri e assetati.

Secondo l'Organizzazione Mondiale della Sanità 70 malattie su 100 hanno a che vedere con la siccità. Questo spiega perché in tutto il pianeta siano in costruzione 500 grandi dighe: serviranno, si spera, a portare acqua dove si muore di sete o dove non è possibile irrigare i campi. Ma ci fa anche capire perché nel mondo siano sempre in corso una trentina di conflitti più o meno striscianti per il possesso di risorse idriche: fiumi, laghi, sorgenti, pozzi.

Contro la sete spesso si combatte con le armi. Sarebbe meglio se si combattesse solo con pacifiche trattative e con opere di ingegneria. Invece Stati Uniti e Messico litigano sulle acque dei fiumi Colorado e Rio Grande; Israele è in guerra con i paesi arabi anche per le acque del Giordano e del lago di Tiberiade; la Turchia è in lotta con Iraq e Siria per le sorgenti del Tigri e dell'Eufrate; India e Bangladesh si contendono le acque del Gange. In Africa Zambia, Mozambico, Botswana e Zimbabwe sono in guerra per le acque dello Zambesi, Egitto e Sudan si contendono l'acqua del Nilo, il Congo è assetato, benché sia un paese ricchissimo di acqua e tre volte più piovoso dell'Italia. Non è neppure vero che l'Africa nel suo insieme sia arida (a parte il deserto del Sahara). Secondo i dati dell'UNESCO dispone di 5.500.000 chilometri cubi di acqua dolce: più dell'America del Nord (4.300.000), dell'America del Sud (3.000.000), dell'Europa (1.600.000), ed è seconda soltanto all'Asia (7.800.000).

Mettiamo il rompigetto

Ogni italiano in media consuma 220 litri al giorno. Il 23 per cento va nelle pulizie personali: per il bagno, la doccia, lavarsi i denti e le mani. Il 14 per cento nel lavaggio dei vestiti, della biancheria, dei piatti, delle pentole. Il 13 per cento in usi di cucina: lavare carne, verdura, frutta, cuocere i cibi. Ben il 28 per cento se ne va negli sciacquoni dei nostri gabinetti. Il 14 per cento lo usiamo per innaffiare vasi di fiori, piccoli orti e giardini. E l'8 per cento si perde negli impianti.

Certo, anche negli usi domestici si può risparmiare. Quando ci laviamo le mani, il viso, i denti, solo una minima parte dell'acqua che scorre dal rubinetto viene utilizzata. Quasi tutta finisce nello scarico senza neppure averci sfiorato. Il rompigetto è un semplice dispositivo che si applica ai rubinetti. Miscelando l'acqua con l'aria, dimezza il flusso nell'unità di tempo. Il risparmio nel risciacquo dei piatti e nella cura dell'igiene personale è notevole, e se l'acqua è calda c'è un proporzionale risparmio energetico: tutti dovremmo mettere i rompigetto alla doccia e ai rubinetti del lavandino in bagno e in cucina. Altro provvedimento opportuno è installare sciacquoni con scarico differenziato: non sempre servono 15 litri per tenere pulita la tazza.

Ma su 5000 chilometri cubi di acqua in un anno consumati nel mondo, secondo la FAO, 3500 servono alla coltivazione dei campi, un po' più di 1000 alla produzione industriale e solo 200 agli usi civili.

Queste cifre ci dicono che, benché sia opportuno fare di tutto per risparmiare acqua nelle nostre case, non è così che si vince la battaglia della sete nel mondo. Anche perché l'acqua risparmiata in Italia non va a dissetare il Terzo Mondo. L'Organizzazione Mondiale della Sanità pone la soglia della scarsità di acqua potabile a 1000 metri cubi all'anno per persona. Sotto i 500 metri cubi la situazione si fa critica. Un intero continente, l'Africa, vive in queste drammatiche condizioni.

Il prezzo dell'acqua

In Italia in media l'acqua potabile costa poco più di un euro al metro cubo. È un prezzo inferiore a quello della maggior parte dei paesi europei, che si aggira intorno a 2 euro. In Francia il prezzo è di 2,72 euro, in Svizzera 3 euro, in Germania 4,20. È bene che l'acqua abbia un prezzo: solo così è possibile porre un freno agli sprechi. Ma il prezzo non può essere, in un mondo a misura d'uomo, quello del mercato. Altrimenti si arriva all'assurdo che un litro d'acqua nel deserto del Sahara dovrebbe costare milioni, mentre non costerebbe nulla vicino alla sorgente di un fiume sulle Alpi. Come l'aria che respiriamo, l'acqua è indispensabile alla vita: dovrebbe bastare questo fatto per sottrarla alla legge economica della domanda e dell'offerta.

Un patrimonio comune dell'umanità richiede una gestione altrettanto comune, cioè non privata (aziende nazionali e multinazionali) ma pubblica (Stato, Regione, Comune) e sotto la tutela di apposite leggi internazionali (ancora inesistenti) che le Nazioni Unite dovrebbero far osservare. Insomma, il prezzo dell'acqua deve essere «equo», «giusto» per chi la acquista: quindi potrà essere più alto in un paese ricco e dovrà essere più basso o addirittura pari a zero in un paese poverissimo.

Purtroppo però le cose vanno nella direzione opposta. La Dichiarazione di Dublino del 1992 ha stabilito che «l'acqua ha un valore economico in rapporto ai suoi diversi usi e deve, quindi, essere riconosciuta come tale». Immaginiamoci che cosa succederebbe se la stessa affermazione si facesse per l'aria. Il primo Forum del Consiglio mondiale dell'acqua, svoltosi a Marrakech nel 1997, ha depennato l'espressione «diritto all'acqua» e ha introdotto l'ambiguo «bisogno dell'accesso all'acqua potabile»: così i cittadini non sono più titolari di un diritto ma clienti-consumatori. Non a caso dal 2005 è diventato presidente del Consiglio mondiale dell'acqua Loïc Fauchon, presidente e direttore generale del Groupe des Eaux de Marseille e della Compagnie Générale des Eaux (gruppo Veolia Water), le due più potenti multinazionali impegnate nella gestione di acquedotti.

In Italia fino al 1990 la distribuzione dell'acqua era dispersa fra 13.500 acquedotti indipendenti e 550 gestori. Leggi emanate nel 1994 e nel 2000, maliziosamente interpretate, hanno permesso a Comuni e Province di cederli a privati. Il risultato è che la privatizzazione dell'acqua nel nostro paese è ormai un fatto compiuto, i cittadini italiani non sono più padroni delle loro acque: dominano la scena 12 gruppi quotati in borsa, da gruppi stranieri come Suez, Veolia Water e Saur a società italiane come Italgas (ENI), ENEL, Edison, ACEA di Roma, HERA di Bologna, AMGA di Genova, SMAT di Torino.

Tre atomi e una molecola

Sembra banale, l'acqua, ma non lo è. Anzi, per certi versi è ancora un liquido misterioso. Partiamo dalla formula: H_2O. Tutti la conoscono, è la più elementare. Vuol dire che, in una molecola di acqua, due atomi di idrogeno sono legati a un atomo di ossigeno (quindi chi ama le complicazioni può anche chiamare l'acqua «monossido di idrogeno»). I due ingredienti, però, non hanno la stessa età. L'idrogeno si è formato all'origine dell'universo, 14 miliardi di anni fa, un milionesimo di secondo dopo il Big Bang, quando il plasma primordiale di quark si condensò in protoni e neutroni. L'ossigeno non c'era al tempo del Big Bang, è più giovane di circa un miliardo di anni e le stelle sono la pentola necessaria per cucinarlo.

La ricetta richiede una lunga cottura. Tutto incomincia con una nebulosa fredda e rarefatta costituita al 90 per cento di idrogeno e al 10 per cento di elio, i soli due elementi usciti dal Big Bang. Basta che localmente esista una piccola differenza di densità perché la nebulosa incominci a contrarsi, prima molto lentamente, poi sempre più in fretta, fino a un vero e proprio collasso. Quando al centro della nebulosa la densità diventa quindici volte quella del piombo e la temperatura raggiunge i 14 milioni di gradi, quattro nuclei di idrogeno (cioè quattro protoni) si uniscono per formarne uno di elio, costituito da due protoni e due neutroni (tralasciamo come i protoni possano trasformarsi in neutroni). Il nucleo di elio è un po' più leggero delle quattro particelle originarie: la differenza di massa, pari al sette per mille, si trasforma in energia secondo la famosa equazione di Einstein: $E = mc^2$, cioè energia = massa per velocità della luce al quadrato.

Così la stella si accende e a spese di questa reazione termonucleare può brillare per milioni e miliardi di anni, a seconda della sua massa (più la stella è massiccia più rapidamente consuma la sua scorta di idrogeno: il Sole, che è una stella di massa intermedia, vivrà circa 10 miliardi di anni). Quando nel nocciolo della stella l'idrogeno incomincia a scarseggiare, la stella si contrae e nel suo centro la temperatura sale a livelli tra i 100 e i 400 milioni di gradi: in queste condizioni, tre nuclei di elio possono unirsi per formarne uno di carbonio (esistono vari isotopi del carbonio, ma il più comune è il carbonio 12, il cui nucleo è formato da sei protoni e sei neutroni). Se poi la temperatura sale ancora e raggiunge il miliardo di gradi, il carbonio cattura un ulteriore nucleo di elio, e il piatto è servito: abbiamo l'ossigeno. Il nostro corpo contiene quattro secchi d'acqua: cioè 5 chilogrammi di idrogeno marchiato Big Bang e 35 chilogrammi di ossigeno fabbricato in stelle delle passate generazioni e riciclato in nebulose, nuove stelle, pianeti. Già questo fatto, ignorato dai più, toglie l'acqua dal novero delle cose banali.

Acqua nell'universo

Gli ingredienti dell'acqua non sono merce rara. L'ossigeno è per abbondanza il terzo elemento dell'universo dopo l'idrogeno (70 per cento) e l'elio (28 per cento). Ma l'elio è un gas nobile, che sdegna le nozze con elementi plebei. L'acqua è dunque la combinazione dei due elementi più diffusi tra quelli reattivi. Non c'è da stupirsi se nell'universo è una molecola comune. C'è acqua nelle più sperdute nebulose e nei vortici di polveri e gas dai quali nascono le stelle. Sono di acqua ghiacciata le comete: ogni stella ne ha intorno miliardi, come moscerini su di una pesca troppo matura. Una banchisa gelida copre molti satelliti di Giove, Saturno, Urano, Nettuno. Oceani globali forse si nascondono sotto la superficie di Europa e Callisto. Pare che acqua mista ad ammoniaca avvolga i nuclei rocciosi di Titano, Tritone e Plutone. Nel 1996 si è trovata acqua, sotto forma di vapore, persino nel Sole, dove le macchie consentono temperature un po' più miti, e nel 2002 Nils Ryde (McDonald Observatory, USA) l'ha scovata nei pressi della fotosfera della stella Arturo. Il satellite per l'infrarosso *ISO* e quello per onde sub millimetriche *SWAS* hanno scoperto che nella zona centrale della nebulosa di Orione ogni giorno si forma una quantità di acqua pari a cento volte tutta quella esistente sulla Terra. I radiotelescopi in orbita captano la «voce» dell'acqua, sulla frequenza di 556,93 GHz, quasi da ogni direzione dello spazio.

Tutto sommato, considerata l'abbondanza dell'acqua, i filosofi greci, che ne facevano un componente base dell'universo insieme con il fuoco, l'aria e la terra, pur nella loro ingenuità, non sbagliavano poi tanto.

Da meno di tre secoli, grazie alla scoperta dell'idrogeno e dell'ossigeno, sappiamo che l'acqua non è un elemento ma un composto. Nel 1766 Henry Cavendish (1731-1810) riuscì a isolare un gas che identificò come il fantomatico «flogisto», elemento ipotizzato dagli alchimisti come essenza del fuoco e del calore: in effetti quel gas bruciava ed esplodeva. Cavendish, oggi ricordato soprattutto per aver misurato nel 1798 la costante di gravitazione universale, eseguì anche l'analisi quantitativa dell'aria: siamo nel 1783, e solo da un anno l'idrogeno era stato identificato come tale e battezzato dal chimico francese Lavoisier. Nome appropriato, in quanto significa «generatore dell'acqua». L'ossigeno era noto già da una decina di anni: lo aveva scoperto il 1° agosto 1774 Joseph Priestley (1733-1804), un teologo inglese che lo isolò dall'ossido di mercurio (in realtà l'aveva preceduto lo svedese Karl W. Scheele, che però non riuscì a farsi riconoscere né questa né altre scoperte, e passerà alla storia come il più scalognato e misconosciuto degli scienziati).

Diciotto tipi di acqua

La fisica del Novecento ci ha poi insegnato che di uno stesso elemento possono esistere vari isotopi, cioè diverse forme. Gli isotopi di un dato elemento chimico hanno tutti lo stesso comportamento chimico, ma hanno un peso atomico diverso perché il loro nucleo contiene un diverso numero di neutroni, particelle che non hanno carica elettrica (e quindi non modificano il comportamento chimico dell'atomo) ma hanno una massa quasi identica a quella del protone, la particella con carica positiva il cui peso è pari a circa 1800 volte quello dell'elettrone, la particella con carica negativa.

L'atomo di idrogeno più comune è costituito da un solo protone intorno al quale si aggira un solo elettrone. Il suo peso atomico, quindi, è uguale a 1. Esistono però isotopi dell'idrogeno piuttosto rari, nel cui nucleo troviamo un neutrone (e allora abbiamo quel genere di idrogeno che chiamiamo deuterio) o due neutroni (e in questo caso abbiamo il trizio, un gas radioattivo perché il suo nucleo è instabile e tende a eliminare i neutroni in eccesso). Ecco dunque già tre diverse possibili molecole di acqua, a seconda che a combinarsi con l'ossigeno sia un atomo di idrogeno normale o uno di deuterio (in questo caso si parla, giustamente, di «acqua pesante») o uno di trizio (eventualità rarissima).

Ma anche dell'ossigeno esistono vari isotopi. L'ossigeno più comune ha peso atomico 16: il suo nucleo comprende 8 protoni e 8 neutroni. Esiste però anche dell'ossigeno con un neutrone in più e con due neutroni in più, quindi di peso atomico 17 e 18. Così le combinazioni si moltiplicano, e diventano possibili, teoricamente, 18 tipi di acqua, perché non è detto che i due atomi di idrogeno di una singola molecola appartengano allo stesso isotopo. Il peso atomico della molecola di acqua può così variare ampiamente dal minimo di 18 per il tipo più comune fino al massimo di 24.

Le percentuali in cui sono presenti i diversi isotopi sono molto varie. Nel caso dell'ossigeno, l'isotopo con peso atomico 16 rappresenta il 99,76 per cento del totale, l'ossigeno 17 lo 0,04 per cento e l'ossigeno 18 lo 0,2 per cento. Quanto all'idrogeno, il tipo più leggero costituisce il 99,985 per cento del totale, mentre il deuterio copre il rimanente 0,015. Di trizio si trova un solo atomo ogni 100 milioni di miliardi di normali atomi di idrogeno. I due neutroni contenuti nel suo nucleo sono un po' degli intrusi, e la natura preferisce invece situazioni di buona convivenza. Il trizio, quindi, tende a trasformarsi in elio. Supponendo di avere 100 atomi di trizio, dopo 12 anni scopriremo che solo 50 corrispondono ancora all'isotopo ultrapesante dell'idrogeno; gli altri 50 sono diventati elio. Questo processo comporta l'emissione di elettroni, cioè di radiazione beta. Ecco perché il trizio è radioattivo e ha vita relativamente breve, tanto che dovrebbe essere scomparso da lunghissimo tempo se sulla Terra ci fosse soltanto il trizio originario. Invece, anche se in quantità minima, c'è sempre trizio nell'atmosfera ed è sempre possibile trovare goccioline di acqua al trizio nei fiumi e nel mare. Ciò è dovuto ai raggi cosmici, un flusso di particelle nucleari proveniente dallo spazio che produce continuamente nuovo trizio bombardando l'azoto dell'alta atmosfera.

Preziosa eccezione

Se l'acqua per diffusione nell'universo è la regola, per il suo comportamento fisico rappresenta una eccezione. Osserviamo un filo d'acqua che scorre lungo la parete del lavandino. Il rigagnolo non si sparge in una lamina sottile e uniforme: va a zig zag e mostra una forma ben definita, come un minuscolo fiume. Eppure non ha un letto, un alveo. È uno strano ruscello in rilievo. A dargli questo aspetto è il fenomeno della tensione di superficie: è dovuta alle forze di coesione molecolare, che a loro volta, come vedremo, dipendono da forze elettriche. È come se una pellicola separasse l'acqua dall'aria e dalla parete del lavandino. Un fluido resiste allo spargimento perché occorre fornirgli energia per aumentare la sua superficie in contatto con l'esterno. Nel caso dell'acqua la tensione di superficie è piuttosto forte. Grazie a essa le gocce assumono una forma tondeggiante e nello staccarsi dal rubinetto hanno tutte più o meno la stessa dimensione: è il risultato di un compromesso tra la tensione superficiale e la forza di gravità. Ecco la spiegazione scientifica del vecchio modo di dire «uguali come due gocce d'acqua».

Avogadro, l'uomo che contò le molecole

Quante molecole ci sono in una goccia d'acqua? Tante da darne 200 miliardi a ognuno dei 6,7 miliardi di abitanti della Terra. Facile dedurne che sono davvero qualcosa di molto piccolo: riusciremmo a vederle solo ingrandendole un miliardo di volte.

Mettiamo 18 grammi di acqua in un bicchiere. Ne occupano sì e no il fondo. Diciotto grammi è la massa di una «mole» di acqua, cioè un numero di grammi uguale al peso atomico della sua molecola, che è appunto 18 (16 per l'ossigeno più 2 per gli idrogeni). Le molecole contenute in una mole di acqua sono quasi 10 elevato alla ventiquattresima potenza. Se questo numero non vi dice niente, per rendere l'idea si può aggiungere che equivale più o meno ai bicchieri d'acqua contenuti negli oceani, al peso della Terra in chilogrammi, al numero di tutte le stelle dell'universo.

10 alla 24 è in prima approssimazione il Numero di Avogadro.

Nato il 9 agosto 1776, Amedeo Avogadro di Quaregna si spense a Torino nel 1856. Gli siamo debitori del moderno concetto di molecola e di atomo. In un breve saggio pubblicato il 14 luglio 1811 su una rivista francese espose la legge fisica che ora porta il suo nome: volumi uguali di gas diversi nelle stesse condizioni di pressione e temperatura contengono un uguale volume di molecole. Quattro pagine che hanno cambiato la storia della scienza. Il Numero di Avogadro ne è una conseguenza, e vale in pratica anche per un liquido e per ogni sostanza.

La cosa curiosa è che Avogadro morì senza avere neppure una vaga idea del suo Numero, che, tra l'altro, per cinquant'anni lasciò del tutto indifferente la comunità scientifica. Fu il chimico Stanislao Cannizzaro a capire che nella legge di Avogadro si nascondeva il segreto degli atomi, e fu l'austriaco Joseph Loschmidt il primo a tentare di calcolarne il numero in una «mole». Ma soltanto nel 1908 Jean-Baptiste Perrin ottenne un risultato attendibile, intorno a 6 per 10 alla ventitreesima. Oggi la migliore stima è di 6,0221415 per 10 alla 23, con una incertezza relativa di 1,7 parti su 10 milioni.

Amedeo si era laureato non ancora ventenne in diritto canonico ma, affascinato dalla pila di Volta, presto si convertì alla fisica. Padre di otto figli (nessuno seguì le sue orme), attraversò l'Illuminismo, il periodo napoleonico, la Restaurazione e il Risorgimento sempre da protagonista fra gli intellettuali del Piemonte tra Sette e Ottocento. Dal punto di vista politico, per la scienza erano tempi migliori di quelli in cui vive l'Italia di oggi. È incredibile quanto Prospero Balbo, Luigi Menabrea, Cavour e lo stesso re Carlo Alberto si siano spesi per lo sviluppo scientifico e tecnologico del Piemonte, già avendo in vista l'unità d'Italia.

Verso un nuovo campione del kg

Se è permessa una piccola digressione, il fatto più interessante è che forse tra qualche anno il Numero di Avogadro manderà in pensione il vecchio campione del chilogrammo, l'unità di massa stabilita con il Sistema Metrico Decimale negli anni seguiti alla Rivoluzione francese.

Oggi il metro è definito in rapporto alla velocità della luce, il secondo è scandito da oscillazioni dell'atomo di cesio. Si cerca, in sostanza, di riferire le unità di misura a fenomeni naturali in quanto essi danno più garanzie di stabilità e riproducibilità. Il chilogrammo è la sola unità di misura che sia ancora legata a un oggetto materiale, il cilindro di platino-iridio conservato a Sèvres, in Francia, presso il Bureau International des Poids et Mesures, il « sancta sanctorum » dei metrologi, dove si trovano anche due suoi gemelli. Tutti i campioni nazionali disseminati nel mondo si rifanno a quei preziosi cilindri.

Il prototipo del kg, soprannominato « Le Grand » per dire quanto sia venerato, è anche venerabile. Nel senso che risale al 1899 e mostra qualche acciacco. Fuso a Londra alla Johnson, Matthey & Co., lo ha rifinito a Parigi il costruttore di bilance Michel Collot. In un secolo è stato controllato tre volte, con esito allarmante. « Le Grand » dimagrisce: in tre confronti estremamente laboriosi e accurati fatti a intervalli di trent'anni, risulta alleggerito di 25 milionesimi di grammo. La causa del deperimento è dubbia: forse libera bollicine di gas rimaste imprigionate nella fusione, forse nelle operazioni di controllo si stacca qualche strato superficiale di atomi di platino-iridio. Basterebbe la perdita di uno strato di un solo atomo per avere un alleggerimento di 5 miliardesimi di grammo.

Conclusione: i metrologi vorrebbero riportare anche il chilogrammo a una costante fondamentale della natura, e tra i candidati c'è la Costante di Avogadro (per inciso, l'unica costante fisica fondamentale che porti un nome italiano).

Da anni all'Istituto di Metrologia Colonnetti di Torino ci stanno lavorando. L'obiettivo è realizzare una sfera di silicio monocristallino assolutamente perfetta dalla massa di un kg e contare quanti atomi contiene. Come? Semplice: il numero di atomi che formano il cristallo si ottiene dal rapporto tra il volume della sfera e il volume della cella elementare del cristallo, che è formata da 8 atomi. In pratica però la faccenda è terribilmente complicata. Intanto bisogna sbagliare al massimo di un atomo ogni 100 milioni, altrimenti tanto vale tenersi il vecchio cilindro di Sèvres. E poi, dato che del silicio esistono tre isotopi (cioè tre forme atomiche di peso diverso a seconda del numero di neutroni contenuto nei loro nuclei), occorre misurare con rigore assoluto la percentuale di ciascun isotopo nel cristallo. Oppure, cosa altrettanto difficile, ottenere una sfera fatta di un solo isotopo. Ovviamente con un reticolo cristallino perfetto, perché solo in questo caso è possibile calcolare il numero di celle del reticolo dividendo il volume del cristallo per il volume di una cella.

Ammesso che si riesca in tutto ciò, l'impresa ha senso a patto di conoscere esattamente il Numero di Avogadro. Per arrivare al kg in silicio occorre ancora migliorare la precisione di dieci volte. Al Colonnetti, dove si collabora con gruppi di ricerca sparsi in Belgio, Francia, Germania, Giappone, Australia e Stati Uniti, non disperano.

Come è fatta una molecola d'acqua

Dopo aver aperto al massimo il rubinetto provocando un po' di schizzi, richiudiamolo e osserviamo le gocce che aderiscono alle pareti del lavandino per poi scivolare lentamente, a piccoli scatti, verso lo scarico. Quando due gocce si trovano molto vicine, tendono a unirsi, e grazie al peso accresciuto la nuova goccia scivola giù più rapidamente: tra le gocce sembra esserci una forza di attrazione. Non è la forza di gravità, che invece agisce risucchiando le gocce verso lo scarico, e ovviamente non può essere né l'interazione forte né l'interazione debole, due forze che agiscono soltanto a strettissimo raggio dentro i nuclei atomici. Non rimane che una indiziata: la forza elettrica. Infatti è lei a determinare non solo la tensione di superficie – come già sappiamo – ma anche l'attrazione tra le gocce.

Per capire meglio la faccenda si deve studiare più a fondo la molecola dell'acqua. Pochi composti possono esistere in tre stati – solido, liquido e gassoso – entro una stretta finestra di 100 °C che, guarda caso, è esattamente quella dell'ambiente terrestre. Questa è appunto la sorte dell'acqua. Inoltre l'acqua ha un alto calore specifico, proprietà che ne fa un magazzino di calore adatto a generare intorno un clima temperato, e un alto calore di vaporizzazione, prerogativa che ne fa il miglior refrigerante attraverso l'evaporazione, come sa chiunque si sia fatto una bella sudata. Ma ancora più singolare e importante è che l'acqua si dilati quando si raffredda sotto i 4 gradi, mentre la maggior parte dei corpi, più la temperatura si abbassa, più si contrae. Conseguenza: il ghiaccio galleggia.

Dobbiamo alla provvidenziale leggerezza del ghiaccio rispetto all'acqua il fatto che sulla Terra c'è la vita. Se il ghiaccio fosse più pesante, oceani e laghi incomincerebbero a gelare dal fondo e in poco tempo tutta la Terra sarebbe avvolta in una crosta gelida. Invece il ghiaccio si forma in superficie, e poiché ha qualità di isolante termico (come ben sanno gli inuit che vivono sotto gli igloo), mantiene liquida l'acqua sottostante: gli oceani possono così funzionare da termostato del pianeta, e l'acqua liquida rimane disponibile per le creature viventi che in essa hanno avuto origine e di essa in gran parte sono fatte.

Già, ma perché l'acqua, ghiacciando, si dilata? Di solito nei nostri cassetti stanno più cose se le disponiamo in ordine, mentre ce ne stanno di meno se le gettiamo dentro alla rinfusa. Con le molecole di acqua succede esattamente il contrario: sotto forma liquida le molecole sono in disordine ma tengono meno posto, sotto forma di ghiaccio sono ben ordinate ma ne occupano di più. Non è una faccenda bizzarra?

Per spiegare l'eccezionalità di questo comportamento è stato necessario arrivare alla fisica atomica e alla meccanica quantistica. Nella molecola di acqua i due atomi di idrogeno si legano all'ossigeno formando un angolo di 104 gradi determinato dalle proprietà quantistico-elettriche dell'idrogeno e dell'ossigeno, e – semplificando molto – per un delicato gioco di forze elettromagnetiche, il modo di accorparsi di queste strutture molecolari (simili a un virtuale tetraedro) è tale che esse occupano più spazio nella struttura semicristallina del ghiaccio che non in quella più caotica del liquido. La dilatazione dell'acqua nel congelarsi fa sì che il peso specifico del ghiaccio sia di un decimo inferiore a quello dell'acqua liquida, ciò che garantisce il galleggiamento. Si spiega così anche perché dal mare spunti soltanto un decimo della massa degli iceberg, mentre i nove decimi sono sommersi. La tragedia del *Ti-*

tanic, della quale il film con Di Caprio è stata una remota ma non trascurabile conseguenza, ha radici nella meccanica dei quanti.

Più precisamente, le molecole si formano quando atomi diversi mettono in comune alcuni dei loro elettroni. Nel caso dell'acqua, l'idrogeno ha un solo elettrone e l'ossigeno ne ha 8, di cui 6 disposti sullo strato esterno. Sono questi che si prestano a essere scambiati con quelli dei 2 atomi di idrogeno. Ma lo scambio non è equo. L'ossigeno tende a tirare verso di sé la maggior parte degli elettroni propri e quelli dell'idrogeno. Così la molecola di acqua, pur essendo elettricamente neutra, ha in sé uno sbilanciamento di cariche che la rendono « polare », cioè le conferiscono dei poli elettrici: un polo carico positivamente dalla parte dei nuclei e un polo carico negativamente dove si addensano gli elettroni. La molecola di acqua ricorda dunque l'ago di una calamita. Lato positivo e lato negativo delle molecole si attraggono, lati dello stesso segno si respingono. Succede così che le molecole dell'acqua, anche nella struttura disordinata dello stato liquido, si dispongano in reticoli relativamente ordinati. A scoprirlo, nel 1959, fu Linus Pauling, premio Nobel per la chimica e poi anche per la pace.

In pratica, tra gli atomi di idrogeno di una molecola e l'atomo di ossigeno di un'altra esiste una forza elettrostatica di attrazione. Una sorta di legame chimico che è dieci volte più intenso delle forze che tengono insieme le molecole nei liquidi normali, pur rimanendo dieci volte più debole delle forze che saldano tra loro idrogeno e ossigeno nelle singole molecole. Questo tipo di attrazione si chiama « legame idrogeno », o « ponte idrogeno ». Per far evaporare l'acqua bisogna somministrare parecchia energia proprio perché occorre vincere questo legame che tende a tenere insieme le molecole. In compenso si libera energia quando il vapore condensa in acqua.

Nel ghiaccio ogni molecola allaccia i suoi quattro legami in modo più stabile e ordinato che non nel liquido, dove i « ponti idrogeno » si formano e distruggono in continuazione. Si ha dunque un cristallo in cui le molecole sono più distanziate, separate da spazi vuoti, e questa è la ragione profonda per la quale il ghiaccio occupa più volume dell'acqua da cui deriva. Ora dovrebbe essere chiaro anche perché una bottiglia piena di acqua messa a gelare nel freezer si spacca. E perché non bisogna mai riempire fino all'orlo le cellette per fare i cubetti di ghiaccio.

Linfa vitale

Se la fisica dell'acqua ha del meraviglioso, la sua biologia non è da meno. Ci limiteremo a tre esempi.

Primo. L'acqua tiepida della Terra primordiale fu la nicchia dove 3,6 miliardi di anni fa composti del carbonio, ammoniaca e altre semplici molecole, fatte reagire da scariche elettriche, formarono i primi composti organici complessi, da cui sono derivati i venti amminoacidi che fanno da mattoni alle proteine, le quali sono a loro volta i mattoni di ogni cellula vivente.

Secondo. Tutta la piramide della vita, dai più semplici batteri all'*Homo sapiens*, si regge sulla fotosintesi, la reazione che avviene nella clorofilla delle piante. L'acqua vi svolge un ruolo da protagonista. I fotoni della luce del Sole, infatti, hanno esattamente l'energia necessaria per scindere una molecola di acqua, rendendo possibile la formazione di zuccheri che costituiscono la fonte di energia fondamentale per ogni creatura vivente.

Terzo e ultimo esempio. Se vogliamo vedere le cose davvero in profondità, sono i «ponti idrogeno» dell'acqua (cioè i tenui legami elettrochimici che collegano tra loro le molecole dell'acqua rendendola in certo senso più simile a un cristallo che a un liquido) a funzionare da cerniera lampo nella doppia elica della molecola di DNA e in generale nelle molecole proteiche.

Guardando le cose a livello globale, per l'ambiente terrestre l'acqua è un po' come il sangue per il nostro organismo: circola ininterrottamente, si sporca e si purifica, anzi si distilla, nel processo di evaporazione. Il calore solare fa girare tra mari e cielo 40 mila chilometri cubi di acqua all'anno. Eppure l'acqua atmosferica è soltanto lo 0,001 del capitale idrico del pianeta. Il 97,2 per cento dell'acqua è negli oceani, il 2 per cento nelle calotte glaciali, l'acqua del sottosuolo rappresenta lo 0,6 per cento, quella di laghi e fiumi lo 0,017. Con la sua cappa di ghiacci, l'Antartide è la più grande riserva di acqua dolce del pianeta (ne concentra quasi il 90 per cento), il termometro del mondo, l'archivio del clima, forse la sfera di cristallo dove è scritto il futuro dell'ambiente: se i suoi ghiacci fondessero completamente, il livello del mare salirebbe di 60 metri e interi paesi verrebbero sommersi.

Sciacquone e carta igienica

Ci sono invenzioni semplici ma fondamentali per la qualità della vita. Per noi è difficile immaginare come dovevano essere le strade nel Medioevo, quando le deiezioni venivano versate in un rigagnolo al centro della strada. Eppure si è fatto così fino al Seicento, e succede ancora in buona parte dei paesi sottosviluppati. Il primo rudimentale sciacquone compare nel 1596, inventato in Inghilterra da John Harrington, scrittore, cortigiano e figlioccio della regina Elisabetta I: aprendo una valvola, si scaricava un flusso di acqua che trascinava gli escrementi in un pozzo nero adiacente all'abitazione. Dal tubo di collegamento risaliva però un puzzo insopportabile, come ancora possiamo constatare nei gabinetti chimici a secco di certi rifugi di montagna. A trovarvi rimedio fu nel 1775 un altro inglese, Alexander Cummings, che applicò alla tazza un tubo a forma di S – il sifone – per mantenere sempre uno strato di acqua tra la tazza e il pozzo nero, in modo da mettere una sorta di tappo liquido al cattivo odore.

La necessità di non sprecare acqua ha fatto introdurre sciacquoni a flusso differenziato: un paio di litri o una decina, rispettivamente per deiezioni liquide e solide. In futuro si arriverà ad avere nelle case due circuiti idrici, uno per l'acqua potabile e uno per l'acqua destinata a usi meno nobili. Negli Stati Uniti è già iniziata la *no flush revolution*: servizi igienici asciutti. Al posto dello sciacquone, utilizzano cartucce sostituibili e un liquido biodegradabile per assorbire gli odori. Il tutto però finisce come al solito nella rete fognaria.

Più antica dello sciacquone è la carta igienica. Risale ai cinesi: mille anni dopo aver inventato la carta per altri usi, intorno al 1390 incominciarono a produrre carta igienica in foglietti separati. Ma era riservata soltanto all'imperatore e alla sua famiglia. La diffusione in Occidente e in ambiente borghese avviene soltanto a partire dal 1857, a opera dell'americano Joseph Gayetty. Chiamata *therapeutic paper*, conteneva estratto della pianta di aloe, era considerata quasi come un farmaco e le confezioni erano a foglietti. La carta igienica in rotoli con fogli a strappo fa la sua comparsa nel 1879. Inventata dall'inglese Walter Alcock, fu trasformata in un fortunato prodotto industriale dai fratelli Edward e Clarence

Scott, un cognome che, nel settore, anche oggi mantiene un notevole prestigio.

Svuotare la vasca da bagno

Fatto il bagno, togliete il tappo e osservate come si svuota la vasca. Un residuo di schiuma può essere utile per rendere più visibile il moto dell'acqua. All'inizio tutto procede in modo tranquillo. Il livello scende lento e regolare. Ma quando rimangono pochi centimetri di acqua, un vortice si forma sopra il buco di scarico. In che direzione gira?

Secondo una tradizione tenace, il vortice ruoterà verso est se vi trovate nell'emisfero Nord della Terra e verso ovest se vi trovate nell'emisfero Sud. In effetti dovrebbe essere così. Infatti entra in gioco la Forza di Coriolis, dovuta al combinarsi del moto di rotazione della Terra con il moto lineare dell'acqua che defluisce lungo la pendenza della vasca dalla parte più alta verso quella più bassa dove c'è lo scarico.

Gaspard-Gustave de Coriolis, nato a Parigi nel 1792 e morto per una malattia fulminante nel 1843, fu persona di grande modestia e ciò ha impedito che i suoi meriti venissero pienamente apprezzati. Matematico e ingegnere, divenne direttore dell'École Polytechnique nel 1839, nove anni dopo aver rifiutato di occuparvi la cattedra del suo maestro Cauchy quando questi, fedele ai Borbone, scelse l'esilio prima in Svizzera e poi a Torino piuttosto di prestare giuramento alla Monarchia di luglio dopo la rivoluzione del 1830. Tra i contributi di Coriolis spiccano la nozione moderna di lavoro meccanico e quella di « forza viva », gli studi sugli urti con attrito e la formula della composizione dei moti, nonché il lavoro che ne mantiene viva la memoria appunto grazie all'espressione Forza (o Accelerazione) di Coriolis. Di questo fenomeno dobbiamo allo studioso francese la formalizzazione matematica. Il concetto però risale a George Hadley, che già nel 1735 aveva indicato nel moto di rotazione della Terra, con la conseguente maggior velocità periferica all'equatore rispetto alle latitudini più elevate, la causa della deviazione dei venti alisei e delle correnti oceaniche che si muovono in direzione nord-sud. Grazie alla rotazione della Terra, un punto sull'equatore si muove infatti a 1670 km orari, e questa velocità decresce gradualmente se ci si sposta sui paralleli a nord e a sud dell'equatore, fino ad azzerarsi ai poli. Un oggetto che viaggi dall'equatore verso i poli incontrerà quindi latitudini la cui velocità dovuta alla rotazione terrestre è progressivamente minore, e ciò comporterà una deviazione della sua traiettoria.

La Forza di Coriolis messa alla prova

Nel moto delle masse d'aria e delle acque marine su scala globale, la Forza o Accelerazione di Coriolis è molto evidente. Come sanno bene i meteorologi, la sua azione è importante nel determinare l'evolversi delle perturbazioni e può essere decisiva nel generare gli uragani.

Assai più difficile è vedere la Forza di Coriolis all'opera nel lavandino o nella vasca da bagno. Su piccola scala, la sua azione è minima e basta una infinitesima perturbazione locale a cancellarla.

Tuttavia in condizioni di laboratorio accuratamente controllate il fenomeno è stato verificato e ne esiste anche una documentazione cinematografica nel film scientifico *Vorticity* realizzato da Ascher H. Shapiro al Massachusetts Institute of Technology di Boston nel 1969. Per l'esperimento i ricercatori costruirono una vasca da bagno ideale perfettamente circolare, larga 180 centimetri e alta 15. Lo scarico, posto nell'esatto centro geometrico, aveva un diametro di 9 millimetri. Per escludere ogni dubbio sul risultato, l'acqua fu immessa versandola in senso orario, cioè nella direzione opposta a quella che avrebbe dovuto caratterizzare il vortice nell'emisfero Nord della Terra. Il liquido fu poi lasciato a riposo per 24 ore in modo che cessassero le turbolenze locali, badando anche a evitare le impurità che avrebbero potuto rendere la tensione superficiale non perfettamente uniforme. Infine il tappo fu tolto dal basso con estrema cautela. L'accelerazione prevista per Boston era di appena 5 millimetri al minuto, cioè un miliardesimo della forza di gravità. Per i primi 10-15 minuti la vasca si svuotò senza che si manifestasse una rotazione percepibile. Poi incominciò un chiaro moto antiorario. Al ventiquattresimo minuto, quando ormai la vasca era quasi vuota, il vortice girava in senso antiorario a 0,3 rotazioni al secondo.

In teoria, quindi, svuotando la vasca da bagno dovremmo vedere il vortice ruotare verso est. In pratica, anche quando accade, possiamo essere praticamente sicuri che l'evento è casuale. Però è bello credere che un fenomeno grandioso come la rotazione della Terra possa manifestarsi anche su scala domestica.

La lavabiancheria

La data di nascita della lavabiancheria si può fare risalire al 1677, quando il baronetto John Hoskins inventò un cestello di cordame che, riempito di indumenti, girava sotto un getto di acqua. Per essere precisi, l'apparecchio serviva soltanto a risciacquare i panni insaponati, non a lavarli. Ce ne parla il fisico inglese Robert Hooke (1635-1703), a sua volta inventore della pompa pneumatica, di strumenti ottici e meteorologici, orologi e di un rudimentale telegrafo.

Novant'anni dopo, Jacob Christian Schaeffern, un teologo di Ratisbona, realizzò una macchina lavabiancheria più evoluta. Bisogna però aspettare il 1860 perché negli Stati Uniti la società Thomas Bradford costruisca la prima lavatrice meccanica concepita come quelle attuali. Era costituita da due scatole di legno l'una dentro l'altra. La più interna, di forma ottagonale, traforata, conteneva i panni e ruotava (grazie a una manovella) nella scatola più grande, stagna e piena di acqua insaponata. La storia ricorda anche William Blackstone, che nel 1874 costruì una rudimentale macchina lavatrice a manovella e la regalò alla moglie per il compleanno.

Nel 1907 per la prima volta il motore elettrico, collegato al cestello interno con una cinghia di trasmissione, sostituì la forza muscolare dando origine alla prima lavatrice moderna. Il progresso si deve ad Alva A. Fisher, un inventore della Hurley Machine Company. Da allora sono intervenuti molti perfezionamenti, ma non sostanziali: il cestello oscillante nel 1911, poi resistenze per riscaldare l'acqua, programmi di lavaggio differenziati in durata e temperatura, centrifuga per strizzare i panni. Nel 1957 dalla General Electric uscì la prima lavatrice che permetteva di impostare temperatura di lavaggio, temperatura di risciacquo e velocità del cestello e della centrifuga.

Normalmente un ciclo di lavaggio consuma 40-50 litri di acqua. Le lavatrici con carica del cestello frontale sono più efficienti di quelle a carica dall'alto e riducono i consumi del 5 per cento.

I modelli di lavatrice più recenti hanno un generatore di vapore che permette di indebolire il legame tra lo sporco e i tessuti agevolando l'azione del detersivo. Inoltre il motore viene montato direttamente sull'asse del cestello senza organi di trasmissione (cinghia e puleggia) per limitare le vibrazioni, specie nella fase di centrifuga, quando si raggiungono i 1400 giri al minuto e la periferia del tamburo ruota fino a 130 chilometri orari.

Le lavatrici di ultima generazione fanno largo uso di sensori elettronici che identificano l'entità del carico e, in base al programma prescelto, ottimizzano il consumo di acqua e la durata del ciclo di lavaggio, con un risparmio del 20 per cento sia in acqua sia in elettricità. Innovazione molto utile, perché dal punto di vista energetico la lavatrice è tra gli elettrodomestici più voraci, specie nella fase di riscaldamento dell'acqua. È quindi importante limitare al massimo la temperatura, anche per logorare di meno i tessuti.

Una lavatrice di classe A, cioè tra le più efficienti, consuma circa 0,8 kWh per un ciclo di lavaggio a 60 °C. Per farla funzionare occorrerebbe il lavoro di quattro atleti capaci di generare in continuità 200 watt ciascuno. Da anni si consiglia di usare le lavatrici di notte, quando la produzione di elettricità è maggiore della domanda, ma pochi lo fanno, un po' perché le vecchie lavatrici sono rumorose e un po' perché l'utente non ne ha nessun vantaggio economico. Con il diffondersi dei contatori digitali sarà possibile differenziare le tariffe a seconda dell'ora. Avremo così un incentivo a fare il bucato di sera e di notte. Intanto dal 1999 al 2004 l'efficienza energetica delle lavatrici è aumentata del 4,5 per cento. Si potrà ancora migliorare, i margini però si restringono, a meno di tornare a macchine che usano forza muscolare: è recentissima una lavatrice a pedali messa insieme con pezzi di automobile riciclati. Ma non a tutti si può chiedere di essere eroi dell'ecologia.

Un ciclo completo comprende il riscaldamento dell'acqua, il prelavaggio, il lavaggio, il risciacquo e la centrifuga, che elimina gran parte dell'acqua dai tessuti abbreviandone l'asciugatura. Nel prelavaggio la temperatura dell'acqua è di 35 °C e il cestello ruota lentamente ora in una direzione ora nell'altra facendo penetrare il detersivo nei tessuti. Il lavaggio avviene poi variando più volte la velocità di rotazione del cestello e inframmezzando delle pause. Si possono avere rotazioni lunghe e pause brevi o rotazioni brevi e pause lunghe, con programmi adeguati ai diversi tipi di tessuto.

Per i prossimi anni sono in progetto lavabiancheria che, rilevando i dati da etichette intelligenti applicate agli indumenti, sceglieranno automaticamente il programma di lavaggio più adatto e meno dispendioso in acqua ed energia.

La nobile lotta contro lo sporco

Ciò che alla buona chiamiamo «sporco» è un miscuglio di grassi, proteine, batteri e polveri che aderiscono tenacemente a calzini, colletti, mutande e ogni sorta di indumento, per non parlare di pentole, piatti, posateria e altro ancora, pelle umana inclusa.

Nella biancheria che va in lavatrice gli specialisti distinguono cinque tipi di sporco. Per un terzo, si tratta di sostanze solubili in acqua (idrofile) come sale, zuccheri, urea. Il resto è composto da quattro categorie di sostanze non solubili in acqua pura (idrofobe): sporco unto e grasso costituito da sebo cutaneo, grassi alimentari, oli lubrificanti, cere; proteine e composti proteici come quelli derivanti dalla desquamazione della pelle; sporco contenente sostanze coloranti, come i succhi di frutta, gli estratti vegetali, il sangue; pigmenti solidi di vario tipo (fuliggine, limatura metallica, silicati, carbonati, ossidi contenuti nella polvere).

Molti saranno sorpresi nell'apprendere che 100 chilogrammi di biancheria da lavare contengono da 1,8 a 4 chilogrammi di sporco. Dove è più concentrato, lo sporco si presenta sotto forma di macchie. Quattro sono i principi base a cui si ricorre per ripulire un tessuto dalle macchie: assorbenza, soluzione, reattività chimica e detergenza. L'assorbenza funziona con le macchie fresche: la si applica per esempio cospargendo di talco uno schizzo di condimento finito sulla cravatta. La soluzione funziona con quei tipi di sporco che si diluiscono in acqua (i sali) o in alcoli alcolossidati o in tetracloroetilene, che è il solvente usato per il lavaggio a secco. La reattività chimica trova applicazione negli spray antimacchia: agisce tramite enzimi che favoriscono reazioni tra le molecole dello sporco e altre molecole contenute nello spray. Infine, la detergenza agisce agganciando elettricamente le molecole dello sporco ad altre molecole che vengono poi drenate via dall'acqua. Vediamo come.

Poiché è costituita da molecole polari simili a minuscole calamite, l'acqua riesce a sciogliere bene solo i composti polari idrofili – come i sali – ai quali aderisce grazie alla forza elettrostatica, ma non le sostanze apolari – come i grassi – che, proprio in quanto apolari, risultano idrofobe.

Forti di questa nozione, studiosi di chimica industriale hanno escogitato detersivi sempre più efficaci. In sintesi, la loro funzione consiste nel rendere lo sporco solubile in acqua, in modo che possa essere drenato via con quest'ultima. Ciò avviene tramite sorprendenti fenomeni molecolari.

La struttura chimica dei detersivi, e in particolare di quelli chiamati tensioattivi, è tale che le loro molecole hanno una estremità idrofila (cioè in grado di agganciare, come con un uncino, le molecole di acqua) e una estremità idrofoba (cioè incapace di reagire con l'acqua). La molecola di detersivo, dal banale sapone alle mirabili preparazioni che la pubblicità impone a fantesche e padrone di casa, con l'estremità idrofoba arpiona le molecole di grasso dello sporco. L'estremità idrofila, invece, stabilisce interazioni elettrostatiche con l'acqua. Quando tutta una masserella di sporco è circondata da molecole di detersivo, finisce con lo staccarsi dalle fibre dei tessuti da ripulire, in quanto essa tutt'intorno risulta idrofila, e quindi emulsionabile, solubile in acqua.

La formula di un detersivo in polvere per lavatrice comprende anche più di 15 componenti, ognuno con una funzione specifica. Oltre ai tensioattivi, troviamo i complessanti e gli scambiatori ionici per addolcire l'acqua ed evitare depositi sui tessuti e nella lavatrice, candeggianti, enzimi che trasformano le sostanze proteiche insolubili in composti solubili, attivatori di candeggio, elettroliti, stabilizzatori, inibitori di corrosione.

Pelle e sapone

Se tanta cura richiede il bucato, l'igiene personale non sarà da meno. La pelle è il nostro vestito vivente e di conseguenza l'organo più esteso. Ne abbiamo da 1,3 a 1,7 metri quadrati e, nell'ordine dall'esterno all'interno, è suddivisa in tre strati: epidermide, derma e ipoderma.

L'epidermide è lo strato più sottile, appena 0,12 millimetri contro 1,8 millimetri del derma. Se esaminiamo l'epidermide al microscopio ci accorgiamo che a sua volta comprende due strati, uno morto e uno vivo. In superficie c'è uno strato corneo di cellule morte, ordinate a scaglie sovrapposte l'una all'altra come tegole. Senza sosta vengono rimpiazzate da nuove cellule, provenienti dal sottostante strato germinativo, che ospita anche i nuclei di pigmentazione (responsabili del colore della pelle) e le cellule produttrici della melanina (la sostanza responsabile dell'abbronzatura). In trenta giorni lo strato germinativo rinnova completamente il nostro vestito di epidermide.

Qui però ci interessa lo strato corneo. È composto per il 58 per cento di cheratina, proteina che si trova anche nelle unghie e nelle corna (degli animali). Il 30 per cento è una miscela di sostanze solubili in acqua o che si legano per attrazione elettrostatica alle sue molecole come sali, carboidrati (zuccheri), amminoacidi, urea e acido pirrolidoncarbossilico. Il rimanente 12 per cento è fatto di sostanze grasse, ed è su quest'ultimo che agiscono i detersivi che usiamo per lavarci.

Il sapone comune è un tensioattivo anionico, cioè contenente molecole che hanno acquisito qualche elettrone in eccesso e quindi hanno carica negativa: una miscela di sali alcalini di acidi grassi con peso molecolare elevato, come gli stearati ($C_{17}H_{35}COO$), i palmitati ($C_{15}H_{31}COO$) e gli oleati ($C_{17}H_{33}COO$). Poiché il sapone comune funziona male con acqua dura in quanto con gli ioni calcio e magnesio forma sali insolubili che precipitano sulla pelle e si depositano sulle pareti di vasche e lavandini, oggi si usano quasi esclusivamente saponi più elaborati. Per esempio, i saponi liquidi a base sintetica contengono alchilsolfati che li rendono tensioattivi. Formule simili ma ancora più sofisticate hanno gli shampoo e le schiume da bagno specifici per pelli e capelli grassi, normali o secchi.

I bagnoschiuma di qualità contengono tensioattivi sintetici in quantità fino al 60 per cento, mescolati con molecole profumate e sostanze per ammorbidire la pelle. Quelli economici fanno magari molta schiuma ma contengono solo piccole quantità di detergenti. Non dimentichiamo che il sapone naturale è un inibitore della schiuma: usarlo insieme con un bagnoschiuma è del tutto inutile. Chi ha la pelle secca dovrebbe usare il bagnoschiuma con prudenza perché le sue molecole tensioattive si attaccheranno alle già scarse molecole grasse della pelle, rendendola ancora più secca.

I sali da bagno, usati per la loro azione astringente e tonificante, non hanno controindicazioni. Sono a base di cloruro di sodio (il banale sale da cucina), solfato di sodio (bei cristalli azzurri), borace e carbonato di sodio (per addolcire l'acqua), fosfato e polifosfato di sodio (ad azione decalcificante). Si usano anche sali effervescenti al bicarbonato di sodio, che libera bollicine di anidride carbonica, o perborato di sodio, che libera ossigeno.

Specchio delle mie brame

Lo specchio: difficile immaginare qualcosa di più semplice, ma anche di così magico. In casa ne abbiamo parecchi. Quello del bagno conosce i nostri segreti più intimi. Secondo un mito consolidato gli specchi rovesciano la destra con la sinistra, e quindi in essi non ci vediamo così come ci vedono gli altri. Non è così. Provate a immaginarvi posti dietro lo specchio nella stessa posizione in cui vi state guardando e ve ne convincerete.

L'uso di specchiarsi è antico come l'umanità. Per fare uno specchio basta una pozza d'acqua. I primi specchi usati dagli antichi cinesi non erano altro che vasi di argilla pieni di acqua, chiamati Jian. Dall'immobilità ipnotica di uno stagno nasce il mito di Narciso, uno dei più ricchi di simbologia, un nodo culturale che dalla Grecia antica arriva dritto nel cuore della psicoanalisi. Il rapporto tra l'uomo e lo specchio è un passaggio obbligato del costume e della scienza: attorno allo specchio sono fiorite opere letterarie e artistiche, telescopi costituiti da specchi a tecnologia incredibilmente sofisticata permettono di esplorare l'universo fino ai suoi confini estremi.

La realtà e la sua immagine sono le sponde che contengono nel proprio alveo il pensiero filosofico da Socrate a sant'Agostino, da Kant agli epistemologi contemporanei. Rimane il fatto sorprendente che, benché indagato ogni mattino nello specchio del bagno, ciò che ci appare più estraneo è proprio il nostro volto.

Come prodotto tecnologico, gli specchi più antichi risalgono al 4500 a.C. e sono stati trovati dall'archeologo Guy Brunton nella regione di El-Badari, nell'Egitto predinastico, 400 chilometri a sud del Cairo. Sono lastre di selenite, una varietà di gesso dall'aspetto perlaceo. Il più antico specchio metallico è uscito invece dallo scavo di una tomba della prima dinastia egizia (2920-2770 a.C.), è di rame e ha la forma di una pera capovolta larga circa 20 centimetri: lo si può ammirare al Museo di Sydney, in Australia.

Greci e latini usavano specchi metallici di bronzo lucidato, di rame, di ferro, o anche di marmo levigato. Il passaggio agli specchi di vetro placcato con metalli riflettenti ha incontrato molte difficoltà. Fino alla fine del Medioevo i vetri erano quasi sempre colorati non tanto per farne vetrate decorative, quanto perché non si riusciva a farli trasparenti. Nel Quattrocento i maestri vetrai di Venezia per tentativi ed errori misero a punto una formula che incominciò a dare buoni risultati e in breve conquistarono il monopolio degli specchi migliori e di più grandi dimensioni. Si trattava di un silicato di potassio e calce, e verrà superato solo nell'Ottocento dal vetro a base di silicato di potassio e piombo (il cristallo). Su un vetro piano, ottenuto partendo da un cilindro di silicato rovente, si colava poi un amalgama di stagno e mercurio. Operazione difficile: la maggior parte dei vetri più grandi si spaccava per la dilatazione termica a contatto con lo stagno fuso, e lo strato metallico raramente riusciva uniforme. Il prezzo di uno specchio di buona qualità era altissimo: un anno di salario di un artigiano qualificato. Anche grazie a un'azione di spionaggio industriale, nel Settecento il mercato degli specchi passò alla Francia con la nascita di una manifattura a Saint-Gobain, località che ancora oggi dà il nome a un marchio di prestigio nell'industria dei materiali. Si deve aspettare la fine dell'Ottocento perché alla stagnatura subentri l'argentatura e la produzione degli specchi, anche in grande formato, diventi semplice e poco costosa.

La cultura dello specchio ha connotati diversi a seconda dei luoghi e delle civiltà, ma con alcune costanti: presso quasi tutti i popoli si trova l'idea che lo specchio sveli in qualche modo l'anima di chi ci si riflette, o che in esso si possa scrutare il futuro.

L'erede è lo specchio del telescopio. Certo: raccogliendo raggi di luce partiti da sperdute galassie miliardi di anni fa, non mostra il futuro ma il lontano passato. L'interrogazione che l'uomo gli rivolge però è ancora quella: qual è il significato della nostra vita nell'immensità dell'universo?

La tecnologia di questi specialissimi specchi si presterebbe a racconti avvincenti: dal primo telescopio a specchio ideato da Newton (5 centimetri di diametro) fino al progetto di telescopio multispecchio da 30 metri al quale stanno lavorando gli astronomi dell'Osservatorio Australe Europeo, a ottica attiva e adattiva controllata da computer. Molto speciali sono anche gli specchietti catadiottrici che, incastonati su satelliti come LAGEOS e *Starlette*, riflettono raggi laser inviati da terra e permettono di misurare i minimi moti dei continenti alla deriva (qualche centimetro all'anno). Gli astronauti delle missioni Apollo hanno portato sulla Luna specchietti simili, e con essi gli scienziati continuano a giocare a ping-pong usando come pallina un raggio di luce per compiere precisissime misure di distanza. Si è verificato così che, come prevede la teoria della relatività generale di Einstein, la Luna si allontana dalla Terra al ritmo di 3 centimetri all'anno.

Lo specchio del bagno è qualcosa di molto più banale, eppure non sapremmo farne a meno. Tutti gli oggetti riflettono in qualche misura la luce che ricevono ma ne assorbono la maggior parte. Un vetro riflette solo l'8 per cento, il resto lo attraversa. Se su un lato di una lastra di vetro dalle facce perfettamente parallele mettiamo un sottile strato di argento, abbiamo fatto uno specchio in grado di riflettere fino al 95 per cento della luce che riceve. L'argento ben lucidato riflette la luce in tutti i suoi colori.

Ingrandita un migliaio di volte, la lamina di argento appare come una fitta compagine di microcristalli a facce piane, ognuna delle quali si comporta al pari di un minuscolo specchio. L'unico problema è che l'argento lasciato esposto all'aria si ossida. Il vetro provvede a isolarlo e a proteggerlo.

Se il supporto specchiante è concavo, lo specchio ingrandisce. In bagno talvolta si usano questi specchi per poter esaminare meglio pelle, labbra, naso, occhi, peli. Tutti gli specchi sono impietosi. Ma questi lo sono al limite della crudeltà.

Il rasoio a lama

Nella sua vita, un uomo passa davanti allo specchio cinque mesi per radersi i 20-25 mila peli che crescono sul suo viso. Chi porta barba e baffi (5-10 uomini su 100, la percentuale dipende dalla moda del momento) risparmia un po' di tempo, ma qualche cura a questo cespuglio deve pur concederla se vuole evitare che, crescendo di un centimetro al mese, in tarda età la barba raggiunga i 10 metri.

Non lamentiamoci: è il testosterone, l'ormone maschile, a stimolare la crescita dei peli su viso, pube, ascelle e altre parti del corpo. L'uomo ne produce da 5 a 7 milligrammi al giorno e credo che nessuno desideri farne a meno. Poiché questo ormone è la miccia del desiderio sessuale, anche le donne hanno la loro parte di testosterone, e infatti, sia pure in misura diversa, neppure loro sfuggono al problema peli, che affrontano con speciali rasoi, terribili cerette, creme depilatorie, e perfino con il laser.

Come dimostra un apposito museo fondato a Milano nel 1996 dal negoziante di coltelli Franco Lorenzi, la pratica della rasatura ha almeno cinquemila anni: risale all'epoca dei faraoni egizi, che usavano utensili di rame a forma di spatola. Si radevano anche gli etruschi, tremila anni fa, con rasoi di bronzo a forma di luna crescente. Alessandro Magno, nel IV secolo a.C., ordinava ai suoi soldati di non portare la barba per non offrire appigli al nemico negli scontri corpo a corpo. I latini per lo più si radevano con cura e ne facevano un segno di distinzione dai barbari, che ostentavano villosità incolte.

Nella rasatura per millenni le novità sono modeste, fino a quando, nel 1762, un fabbricante di coltelli francese, Jean-Jacques Perret, costruisce un rasoio a pialla, dotato di una protezione per la lama, in modo che ognuno possa radersi da solo evitando di affettarsi la faccia o la mano, o entrambe. È l'esordio dei moderni rasoi di sicurezza. Altro progresso nel 1847: l'inglese William Henson inventa il rasoio a T, o a zappa, con la lama perpendicolare all'impugnatura.

Nel 1901 l'imprenditore americano King Camp Gillette (1855-1932) con il meccanico William Emery Nickerson, suo socio in affari, lo perfeziona applicandovi lamette usa e getta appena sporgenti da una struttura di protezione. Nel 1903 Gillette vende solo 51 esemplari del suo rasoio e 168 lame. Già l'anno dopo però smerciava 91 mila rasoi e 124 mila lame. Nel 1915 le vendite superavano i 70 milioni di rasoi.

Gillette si radeva la barba ma esibiva un folto paio di baffi in linea con le sue idee di socialista utopista. Fece fortuna, ma con i proventi dei rasoi non mancò di finanziare il movimento operaio. Sapeva che la cura che dedichiamo al viso è anche un messaggio. Basta pensare alla barba molto naturale e avvolgente come una maschera di Darwin, Marx, Garibaldi e «Che» Guevara, ai baffi a manubrio e al libidinoso pizzo caprino di Vittorio Emanuele II, alla barba che incorniciava sottilmente il viso ovale di Cavour, ai baffi e al pizzo ossessivamente curato di Freud.

Nel 1930 il milanese Mino Pelizzola inventa il rasoio multilama che, facendo passare più lame in rapida successione, recide il pelo alla radice: D'Annunzio ne usava uno dorato a cinque lame. Dal 1950 in poi le lamette si fanno in speciale acciaio inossidabile. La Gillette, cresciuta fino a inglobare la Oral-B (spazzolini da denti) e la Tampax (assorbenti femminili), nel 2005 è passata alla Procter & Gamble per 57 miliardi di dollari.

Trionfo del consumismo, il rasoio interamente usa e getta viene lanciato nel 1971 da Marcel Bich, industriale francese di origine valdostana nato a Torino nel 1914 e morto nel 1994: di lui riparleremo a proposito della penna a sfera usa e getta. La lapide posta nel 1994 dal Comune di Torino sulla sua casa natale in corso re Umberto 60 ricorda ai posteri: «Semplificò la quotidianità della scrittura». Si potrebbe aggiungere: «e della rasatura».

Curiosi sono alcuni perfezionamenti recenti. Certe lamette hanno sul lato affilato un sottilissimo strato di materiale polimerico per ridurre l'attrito tra pelle e lama. Altre sono coperte da prodotti lenitivi – come l'aloe – che entrano in azione a contatto con l'acqua e il manico contiene un serbatoio che ricarica la lametta.

I peli della barba sono diversi da tutti gli altri: il diametro è quattro volte quello dei capelli, la sezione può essere rotonda, rettangolare e triangolare. Per questo serve una schiuma che li ammorbidisca e li sollevi. Anche i dopobarba si sono evoluti. Da semplici disinfettanti sono diventati balsami arricchiti con vitamine anti-invecchiamento e filtri ultravioletti.

Il rasoio elettrico

Gillette inventò anche il rasoio elettrico, che però inizialmente non ebbe fortuna perché troppo ingombrante. Dopo questo tentativo, a brevettare con successo nel 1928 il rasoio elettrico fu un colonnello in pensione, Jacob Schick (1878-1937). Particolare poco rassicurante: raccontava che a ispirargli l'invenzione era stato il meccanismo rotante delle mitragliatrici.

Nel rasoio elettrico le lame, o coltelli, scorrono o ruotano sotto una piastra bucherellata, mossi da un piccolo motore a corrente continua. L'apparecchio entra in commercio nel 1931 e si afferma lentamente, anche perché è piuttosto difficile realizzare lame e piastra bucherellata tali da non creare graffi e irritazione alla pelle. La testina, cilindrica o rotante, deve avere una forma tale da sollevare il pelo e farlo passare nei suoi piccoli forellini (parecchie centinaia), dove incontrerà il coltello che lo recide. I primi rasoi elettrici non assicuravano un taglio netto: visto al microscopio, il pelo sembrava più strappato che reciso. Inoltre con il tempo i peli finiscono con l'intaccare anche i materiali più duri (acciai speciali) utilizzati per fabbricare lamina e coltelli.

Il rasoio elettrico emana un campo magnetico piuttosto intenso che può raggiungere valori significativi in quanto l'apparecchio viene usato a contatto con la pelle. A tre centimetri dal motore elettrico del rasoio il campo può variare tra 15 e 1500 microtesla, a 30 centimetri tra 0,08 e 7, a un metro tra 0,01 e 0,3 microtesla. Cento microtesla è il valore massimo stabilito dalla normativa di sicurezza; 0,2 microtesla la soglia sotto la quale non è rilevabile alcun effetto biologico neppure a una esposizione permanente. In pratica, può accadere che per qualche minuto al giorno chi usa un rasoio elettrico sia esposto a un campo magnetico vicino al limite di cautela. Va però anche detto che si tratta appunto di valori prudenziali: nessun danno è mai stato oggettivamente osservato come conseguenza di campi magnetici emanati da elettrodomestici.

Rasoio a mano e rasoio elettrico hanno i loro tifosi irriducibili ma è difficile ottenere dati attendibili sul loro numero. Pare che in Italia 18 milioni di uomini usino ancora insaponarsi e radersi a mano. Quattro milioni sarebbero invece gli uomini che preferiscono il dispositivo escogitato dal colonnello Schick.

Gli astronauti in orbita non possono usare il rasoio elettrico: la finissima polverina dei peli mozzati si disperderebbe nell'astronave e, in assenza di peso, vagherebbe dappertutto. Oltre a essere inalata, finirebbe in delicati meccanismi e nei circuiti elettronici, con danni facilmente immaginabili.

L'asciugacapelli

In bagno non mancherà l'asciugacapelli. Lo inventò nel 1890 l'americano Alexandre Godefoy. Come molte invenzioni secondarie, nasce dal gioco combinatorio di dispositivi già esistenti. Nell'asciugacapelli una resistenza elettrica di nichel-cromo scalda l'aria per quell'effetto Joule che abbiamo già descritto parlando delle lampadine a incandescenza, un motore elettrico fa girare una ventola forzando l'aria a passare attraverso la resistenza e un tubo con ugello di forma variabile dirige il flusso caldo dove serve.

La resistenza elettrica rende l'asciugacapelli un apparecchio ad alto consumo di energia: assorbe una potenza di varie centinaia di watt. A 30 centimetri il suo campo elettrico è 40 V/m (volt per metro), da confrontare con i 2 V/m di una lampadina a incandescenza, i 30 di un televisore a colori e i 60 di un ferro da stiro.

Una evoluzione recente è l'asciugacapelli a ioni: evita che i capelli diventino troppo secchi e che si elettrizzino. Questi apparecchi, di solito riservati all'uso professionale, insieme con il getto di aria calda, emettono ioni negativi che scompongono le particelle di acqua in goccioline microscopiche. Una parte di queste viene assorbita dai capelli. Si ha così un'asciugatura più rapida e la reidratazione del capello.

Molti chiamano l'asciugacapelli « phon », con allusione al föhn, il vento caldo che, quando un sistema nuvoloso incontra una catena montuosa, si genera sul versante opposto. A sua volta *föhn*, parola tedesca, deriva da *Favonius*, il nome latino di questo vento.

Profumi e deodoranti

Sulla mensola dello specchio o dentro un apposito armadietto, in bagno di solito non mancano profumi e deodoranti. Eliminare emanazioni naturali che con l'avanzare della civiltà sono considerate sempre più imbarazzanti e sostituirle con aromi gradevoli è uno dei tratti distintivi del nostro tempo.

I profumi femminili sono ormai più di quattrocento, quelli maschili un centinaio, molti sono unisex. Ogni anno ne escono di nuovi. È un'industria miliardaria che ha la sua capitale a Grasse, nel Sud della Francia. Esiste una moda dei profumi parallela a quella del vestire. L'una e l'altra sono strumenti di espressione della personalità, ci identificano e nello stesso tempo ci omologano.

Ma nonostante i *grands nez* i «grandi nasi», siano insonni nell'escogitare novità, alcuni classici resistono al tempo. Chanel N° 5 risale al 1921: Marylin Monroe scandalizzò i benpensanti degli anni Cinquanta dichiarando che a letto indossava solo qualche goccia di questo profumo. Joy, creato da Henri Almeras per Jean Patou nel 1930, fu la fragranza di Jacky Kennedy. Femme è del 1945: ne fu ambasciatrice Mae West, forse perché Marcel Rochas volle confezionarlo in flaconi che riproducevano la linea dei suoi fianchi. Shalmar, concepito nel 1925 da Raymond Pierre Guerlain, si identificò con Marlene Dietrich. Miss Dior, 1947, era il profumo di Lady Diana. A L'air du temps, concepito da Francis Fabron per Nina Ricci, ha legato il suo nome a Claudia Cardinale.

In profumi e deodoranti si celebra il trionfo della chimica al servizio della vita sociale. I deodoranti sono relativamente semplici. Alcuni utilizzano polveri con forte capacità assorbente, come il talco e il gel di silice. Altri agiscono mediante scambiatori di ioni a base di polimeri sintetici o sostanze che sequestrano le molecole maleodoranti formando nuovi composti (clatrati): le molecole indesiderate vengono imprigionate negli spazi vuoti del reticolo cristallino di sostanze come il ricinoleato di zinco.

Questi deodoranti si basano in pratica su un'azione meccanica a posteriori. Un'altra categoria agisce affrontando il problema all'origine. Il sudore di per sé è inodore, essendo fatto essenzialmente di acqua. L'odore sgradevole deriva dai batteri che decompongono i grassi e altri componenti della pelle presenti nel sudore. Quest'ultimo, creando un ambiente umido e caldo, è una nicchia ideale per far prosperare colonie di microbi. Si può quindi intervenire con prodotti che operano un genocidio batterico. I deodoranti più raffinati sono batteriostatici: utilizzano sostanze come il

3,4,4′-triclorocarbanilide che bloccano la proliferazione dei microrganismi. È preferibile questa regolazione delle nascite piuttosto che uno sterminio radicale in stile nazista perché i numerosi microrganismi che abitano sulla pelle svolgono anche funzioni protettive.

I profumi, come vedremo tra poco, sono armoniche mescolanze di numerose essenze molto differenziate, ognuna delle quali deve svolgere un ruolo ben preciso. C'è chi li usa per coprire gli odori corporei, ma è sconsigliabile. Non sempre vale il detto « chiodo scaccia chiodo ».

La struttura di un profumo

In un flacone di profumo la componente odorosa è una parte minima: il 98 per cento è una miscela di alcol e acqua, l'1,99 per cento una sostanza oleosa e solo lo 0,01 per cento è costituito dalle molecole odorose. Queste a loro volta sono un complesso miscuglio di vari tipi di molecole aromatiche.

Un profumo di qualità dovrebbe durare a lungo e variare il meno possibile nel periodo di tempo durante il quale viene liberato. Questo risultato si ottiene mescolando varie essenze di natura diversa e di diversa volatilità. Tipicamente un profumo ha tre componenti, chiamate « note ». La nota alta (testa) è la parte più volatile, quella che avvertiamo per prima, con più forza e nitidezza. Ci sono poi le note medie (corpo), che si liberano un po' di tempo dopo e che solitamente derivano da fiori dotati di un aroma pesante, come il gelsomino, la rosa o l'ylang-ylang. Infine entrano in azione le note basse, che svolgono il ruolo di fissatore, e questa è la componente meno volatile ed è anche quella più potente nell'evocare emozioni forti, per esempio di carattere erotico e intimo. I diversi tempi di volatilità delle tre componenti contribuiscono a mantenere per quanto possibile la costanza del profumo nel suo insieme. Ciascuna delle tre note, peraltro, spesso è il risultato di un insieme complesso di fragranze.

Per esempio, nel caso di Chanel N° 5, il « pigiama » di Marylin Monroe, la ricetta è questa:

Note alte (testa):	– principali: aldeidi (2-metilundecanale) – secondarie: bergamotto, limone, neroli (olio dell'arancio amaro)
Note medie (corpo):	– principale: ylang-ylang – secondarie: gelsomino, rosa, giglio della valle, olio di Iris pallida
Note basse (fissatore):	– principale: vetiver (olio estratto da un'erba tropicale) – secondarie: legno di sandalo e di cedro, vaniglia, ambra, zibetto, muschio

I profumi in origine erano esclusivamente naturali e spesso avevano un costo altissimo a causa della difficoltà di estrazione: occorrono cinque tonnellate di petali di rosa per ottenere un chilogrammo di olio di rosa. Madame de Pompadour (1721-1764), amante di re Luigi XV, nella sua breve esistenza spese in profumi l'equivalente di circa mezzo milione di euro, e all'epoca esistevano soltanto 300 essenze. Oggi sono più di 25 mila. L'estratto naturale di gelsomino costa 6000 euro al chilogrammo, mentre un chilogrammo di quello sintetico si compra con 5 euro.

Il primo aroma naturale riprodotto in laboratorio fu la cannella, nel 1826, a opera del chimico italiano Luigi Chiozza, che sintetizzò l'aldeide cinnamica. Nel 1868 venne la cumarina, con cui Paul Parquet nel 1882 preparò Fougère Royale (felce reale).

La moderna tecnica della profumeria chimica si sviluppa solo a partire dall'inizio del Novecento. Non c'è aroma, oggi, che non possa essere perfettamente riprodotto con molecole di sintesi: dall'aglio al profumo di pane fresco, dall'afrore di stallatico al profumo di violetta.

Alcuni prodotti di profumeria rimangono come pietre miliari del gusto e del costume. Nel 1917 nasce Chypre, capostipite di una famiglia di fragranze ispirate al Mediterraneo orientale, con note alte di bergamotto, limone, neroli e arancia, note medie di rosa, gelsomino e garofano, e note basse di muschio di quercia, patchouli e zibetto. Negli anni Trenta i chimici scoprono le note «verdi», fresche: il cis-3-esenolo ne è un esempio; Ma Griffe, di Carven, un profumo lanciato nel 1944, si fonda su queste molecole. Gli anni Sessanta furono caratterizzati da fragranze che intendevano sottolineare la liberazione della donna. Spesso contenevano didrojasminato di metile, la versione artificiale della fragranza di gelsomino. Poi sono venuti i profumi simbolo di stili di vita: come Charlie di Revlon, Opium di Saint Laurent e Anaïs Anaïs di Cacharel, il sofisticato Cristobal di Balenciaga, il lussuoso J'adore di Dior.

Ma non dimentichiamo che non esistono due profumi uguali. Ciascuno interagisce con la pelle di chi lo usa e il risultato è unico e inimitabile come la personalità di ognuno di noi. Per questo il profumo diventa, tra tutti i modi di comunicare, il più intimo ed emotivamente coinvolgente.

Il linguaggio degli aromi

La comunicazione olfattiva è una delle più antiche che l'evoluzione biologica abbia sviluppato ed è tuttora fondamentale nel mondo degli animali e delle piante, che usano gli aromi per attrarre o respingere gli insetti. Ma l'evoluzione culturale all'olfatto e al gusto, i nostri due sensi chimici, ha riservato destini opposti: il gusto coltivato ed esibito con la complicità di gastronomi ed enologi, l'olfatto rimosso; il gusto vissuto come elegante strumento di piacere, l'olfatto come residuo animalesco, eredità quasi imbarazzante per un *Homo sapiens.*

Gusto e olfatto hanno in comune un meccanismo chimico che funziona come la chiave con la serratura: in entrambi la sensazione è dovuta a molecole provenienti dall'ambiente che vanno a legarsi con appositi recettori del nostro organismo. La chimica fa di gusto e olfatto parenti così stretti da risultare inseparabili nel loro funzionamento, sicché il destino divergente a essi imposto dal costume va contro la loro stessa natura.

Il gusto, anzi, preso a sé è un senso ben grossolano, visto che sulla lingua troviamo recettori soltanto per quattro sapori fondamentali: dolce, amaro, acido e salato. Più il controverso sapore del glutammato. La delizia di un sorso di buon barolo o di una plebea frittata di cipolle la dobbiamo al contributo del bistrattato olfatto, salvo poi dolerci se in casa ristagna un odore di soffritto. Si direbbe che gli odori, nel nostro tempo, esistono tutt'al più per essere cancellati. Kant considerava l'olfatto «il più superfluo e ingrato di tutti i sensi». Il floridissimo mercato dei deodoranti e degli antitraspiranti gli dà ragione.

Certo oggi il nostro senso dominante è la vista, un sistema di percezione basato sullo stimolo che le onde elettromagnetiche appartenenti alla finestra spettrale della luce, compresa tra l'infrarosso e l'ultravioletto, esercitano sulle cellule a cono e a bastoncello della retina. Quasi altrettanto importante è il senso dell'udito, abbinabile a quello del tatto in quanto in entrambi i casi il cervello risponde a sollecitazioni meccaniche, si tratti di onde sonore che comprimono a ritmo alterno il timpano dell'orecchio o pressioni che si esercitano sulle terminazioni nervose della pelle.

Ma forse ora si profila una inversione di tendenza. Studi recenti, su fronti diversi, rivalutano il senso dell'olfatto sottolineandone l'importanza psicologica, comunicativa e sessuale.

Laura Tonatto, «gran nez» torinese, ha lanciato una linea di profumi d'ambiente per il salotto, lo studio e la camera da letto in grado di rasserenare, favorire la concentrazione o predisporre al sonno o all'amore. Test scientifici hanno dimostrato che la clientela è più propensa all'acquisto se nel negozio o nel supermercato sono diffusi aromi gradevoli.

Nel 1999 si è scoperto che nel naso abbiamo una quantità rilevante di cellule staminali nervose, cioè cellule ancora «bambine» che possono essere indotte a formare tessuti diversi, anche non di natura nervosa: segno evidente che l'olfatto ha una forte centralità biologica. I recettori olfattivi, del resto, consistono in ciglia sottilissime appartenenti a cellule distribuite sulla mucosa nasale, e queste ciglia sono in realtà autentici terminali nervosi collegati direttamente al cervello. In sostanza, dunque, possiamo considerare l'olfatto come un affacciarsi all'esterno del cervello, un «guardar fuori» ancora più immediato dello sguardo, benché anche la retina possa essere intesa come una specializzazione delle cellule cerebrali.

A parte il contributo che dà al piacere della tavola, è facile accorgersi che l'olfatto è un fondamentale strumento di comunicazione, più efficace della vista e dell'udito nel trasmettere emozioni e sentimenti in quanto ha dirette connessioni con il sistema limbico e l'ipotalamo, le zone del cervello da cui dipende la nostra vita emotiva. Proust nella *Recherche* e Primo Levi in una delle sue *Storie naturali* avevano ben afferrato la potenza evocativa di un odore, anche a distanza di decenni dalla prima esperienza.

Ciò è ben comprensibile in quanto è nei mammiferi – in noi mammiferi – che la comunicazione olfattiva raggiunge la massima sofisticazione, al punto che l'odore del singolo individuo è strettamente collegato al suo sistema immunitario. Questioni decisive per la sopravvivenza come i rapporti madre-figlio, i legami familiari e di gruppo, l'attrattiva sessuale e le scelte alimentari sono pilotate dall'olfatto. Addirittura il paleontologo Wilfrid Le Gros Clark è giunto a parafrasare il *Cogito ergo sum* di Cartesio in *Olfacio ergo cogito* e il neurologo Adrian ha osservato che alla fin fine il cervello nel suo insieme, funzionando sotto l'azione delle molecole dei vari neurotrasmettitori, è un organo chemiorecettore, per cui il miglior modo per studiarlo consiste forse proprio nel partire dall'odorato.

La raffinatezza del nostro senso dell'olfatto rispetto al gusto si coglie anche in semplici dati. Mentre occorrono almeno 3 milligrammi di zucchero per ottenere una sensazione di dolce, al nostro naso bastano 0,00005 milligrammi di rosmarino in un litro di aria per avvertirne l'aroma, e nel caso del tartufo addirittura 0,00000001 milligrammi. Due parti di vanilina su 1000 miliardi sono già in grado di stimolare le nostre cellule olfattive. Queste cellule occupano una superficie di 4-5 centimetri quadrati e sono 8-10 milioni, una cifra paragonabile a quella delle cellule a forma di cono della retina che ci consentono di avere una visione a colori (7 milioni). Anche se non ce ne rendiamo conto, sono molte migliaia le sfumature odorose che possiamo percepire e distinguere. Possiamo tuttavia invidiare i cani, che hanno dieci volte più cellule olfattive di noi.

Da Chanel N° 5 in poi

Gli inventori di nuovi profumi, una pattuglia di apprendisti stregoni che lavora al confine tra chimica, biologia, psicologia e un raffinatissimo artigianato, sono oggi tra i pochi a essere pienamente consapevoli dell'importanza dell'olfatto nella nostra vita. Molta strada si è fatta da quando, nel 1921, Ernest Beaux creava Chanel N° 5 usando per la prima volta una molecola di sintesi, il 2-metilundecanale, appartenente alla famiglia delle aldeidi alifatiche (che, peraltro, se in alta concentrazione, hanno un odore sgradevole: come sempre, è questione di senso della misura). Oggi ogni molecola viene studiata atomo per atomo nella sua struttura tridimensionale; sofisticate tecniche di cromatografia e spettrometria di massa sono al servizio dell'industria profumiera e non c'è aroma naturale che non possa essere riprodotto alla perfezione in un laboratorio chimico.

Interessante è la classificazione dei profumi. I tecnici hanno un loro complicato vocabolario: floreale, cipriato, ambrato, aldeidico, verde, colonia, speziato, fruttato, legnoso e così via. Come con le 21 lettere dell'alfabeto si possono ottenere quasi infinite combinazioni che vanno dai *Promessi sposi* fino alla sciatta prosa di certi narratori contemporanei, così, partendo da pochi aromi fondamentali, si combina una incredibile varietà di profumi, dai più sofisticati ai più stucchevoli: fragranze che di volta in volta riflettono i nostri stati d'animo, i nostri umori e persino le nostre percezioni subliminali.

George Dodd e Steve Van Toller hanno tracciato una «mappa delle fragranze» che va da un estremo floreale/femminile all'estremo opposto non-floreale/maschile. In questa transizione si passa da un lato per le percezioni di naturale, fresco e sportivo, e dall'altro lato per inebriante, caldo, sontuoso. Entro queste coordinate si collocano le centinaia di profumi offerti dal mercato. Vale la pena di notare che i profumi classici occupano una zona centrale, lontana da ogni eccesso: è lì che troviamo, per esempio, Chanel N° 5.

Ma se per i produttori e i chimici che li assistono i profumi non hanno misteri, le cose vanno ben diversamente per il consumatore. Anche le donne e gli uomini più consapevoli, quando entrano in una profumeria diventano incerti: provano una essenza dopo l'altra, oscillano tra giudizi opposti, faticano a individuare il giusto cocktail tra l'odore naturale della loro pelle e la molecola da aggiungervi. In questo dissolversi anche delle personalità più spiccate di fronte alla scelta di un profumo si misurano due fattori in contrasto tra di loro: quanto, istintivamente, sentiamo ancora l'importanza dei messaggi odorosi, e quanto, tuttavia, ci siamo allontanati dal linguaggio di questi messaggi.

Considerando l'intreccio profondo e sottile tra percezioni olfattive e psicologia, gli esperti di marketing Mensing e Beck hanno elaborato un test basato su « rose di colori » tra le quali il cliente è invitato a scegliere. « Guardare le combinazioni di colori », spiegano Mensing e Beck, « suscita un certo tipo di sensazioni e lo stato emotivo individuale è decisivo ai fini della scelta di un profumo. Ne consegue la possibilità di determinare questa scelta avvalendosi del test dei colori, che aiuta a individuare sia i bisogni emozionali sia quelli razionali e indica anche le marche associate a ogni colore o alla categoria cui appartiene la personalità. »

Pare che con questo sistema sia possibile prevedere con una probabilità dell'80 per cento le fragranze preferite, mentre la probabilità di individuare in anticipo le fragranze da scartare sarebbe addirittura del 90 per cento. Il test, comunque, non conduce ancora direttamente alla marca: Mensing e Beck consigliano di offrire al cliente uno spettro di almeno tre profumi affini, in modo che ognuno possa sintonizzare ancora meglio la fragranza scelta con i propri connotati socio-biografici e le variabili del clima.

Insomma, il profumo tende a diventare sempre più qualcosa di strettamente individuale, proprio come quegli odori del corpo che la società moderna cerca di cancellare. Un po' perché è esclusivo il suo modo di reagire con ogni singola pelle, e un po' perché i progressi della chimica portano in questa direzione. Il profumo del futuro avrà una formula personalizzata. Non solo sarà perfettamente calibrato sulle nostre reazioni allergiche, ma nella sua unicità lancerà un messaggio inconfondibile: io sono io.

Pelle al Sole

Frontiera tra il nostro corpo e il mondo esterno, la pelle è un organo complesso e delicato. Esaminandone un quadratino al microscopio noteremo prima di tutto dei forellini. Sono gli sbocchi delle ghiandole sudoripare. Da esse escono goccioline di sudore: è un efficiente sistema di termoregolazione che mantiene la pelle sui 36 °C. Variazioni anche piccole sarebbero pericolose. Abbiamo 2 milioni di ghiandole sudoripare, più o meno fitte secondo le zone del corpo, e i loro condotti in totale sono lunghi 5 chilometri. In un giorno, un mietitore o un fuochista, attraverso quei 2 milioni di ghiandole, possono eliminare fino a 10 litri di acqua e 30 grammi di sale.

Con la pelle avvertiamo anche il caldo e il freddo, la pressione, sensazioni piacevoli e dolorose. Ognuna di queste funzioni è svolta da specifici punti sensibili, collegati a terminazioni nervose che portano i loro messaggi al cervello. In un centimetro quadrato di pelle umana esistono da 6 a 23 punti sensibili al freddo e da 1 a 3 sensibili al caldo. Nell'insieme, la natura sembra più preoccupata dal freddo che dalla canicola: per avvertire il gelo abbiamo 300 mila punti, soltanto 30 mila per il calore. I punti sensibili alla pressione sono in media 25 per centimetro quadrato. Quelli sensibili al dolore variano molto da zona a zona: sul dorso della mano ce ne sono da 100 a 200 per centimetro quadrato. La sensibilità in ogni caso dipende dall'area del cervello dedicata alle varie parti del corpo. La rappresentazione cerebrale di queste parti è fortemente asimmetrica: dita delle mani e labbra sono enormi, petto, schiena, gambe e braccia molto piccoli.

Organo esteso e fragile, la pelle richiede protezione. La luce stessa è una minaccia: benché oggi l'abbronzatura sia uno status symbol, il Sole non è affatto amico della pelle. La melanina, cioè la sostanza che conferisce alla pelle l'ambito colore bronzeo, non è altro che una difesa della pelle contro la luce solare più aggressiva, quella ultravioletta, non percepibile se non per i suoi effetti irritanti.

La radiazione solare ha tre componenti. Quella infrarossa, con lunghezza d'onda compresa tra un millimetro e 0,8 millesimi di millimetro, la percepiamo come calore. Alle lunghezze d'onda comprese tra 0,8 e 0,4 millesimi di millimetro, la luce solare diventa visibile e la percepiamo come una successione di colori dal rosso al giallo, al verde, al violetto. A lunghezze d'onda minori, la luce diventa fredda e invisibile: siamo nell'ultravioletto. Se ne distinguono tre bande: UV-A tra 0,4 e 0,315 millesimi di millimetro; UV-B tra 0,315 e 0,280; UV-C tra 0,280 e 0,200. Questi ultimi sono fermati dall'ozono della stratosfera. A radiazione di lunghezze d'onda minori corrispondono fotoni di energia più alta. Dall'ultravioletto B in poi, l'energia è sufficiente a causare mutazioni nel DNA delle cellule della pelle. Il più delle volte il DNA si autoripara, ma capita che non ci riesca, e allora può svilupparsi un melanoma, tumore maligno della pelle.

Per questo nell'armadietto del bagno accanto a profumi e deodoranti è bene tenere anche qualche crema antisolare da portare con sé quando si va in montagna o al mare.

La chimica dei filtri solari negli ultimi decenni ha fatto grandi progressi. Una volta ci si limitava a sostanze oleose, che riflettono la luce del Sole ed evitano che la pelle secchi. La loro efficacia è modesta: non dimentichiamo che l'olio serve anche per friggere. Poi sono arrivati filtri sempre più raffinati, basati su meccanismi molecolari studiati a livello fisico e chimico, in modo da poter offrire i vari livelli di protezione richiesti da pelli più o meno delicate.

Le molecole dei filtri antisolari assorbono la radiazione ultravioletta trasformandola in calore. La loro caratteristica comune è quella di avere elettroni che possano essere eccitati dalla radiazione a più piccola lunghezza d'onda. Così l'energia, anziché scaricarsi sulle nostre cellule, viene assorbita andando a spostare questi elettroni su orbite più alte. Ogni molecola assorbe un intervallo di energia, e quindi di lunghezza d'onda, ben preciso. Per fermare l'ultravioletto tra 0,32 e 0,28 millesimi di millimetro, per esempio, si usano derivati dell'acido p-amminobenzoico, dell'acido salicilico e dell'acido cinnamico, o ancora derivati del benzofenone e del benziliden canfora.

Una svolta nello studio di queste sostanze risale al 1993, quando i laboratori di ricerca della Vichy L'Oréal misero a punto una molecola battezzata Mexoryl SX. Punto di partenza fu appunto il benziliden canfora. Come in un gioco di Lego, i biochimici hanno aggiunto un atomo qua e un atomo là alla molecola preesistente e ne hanno ottenuta un'altra che, colpita da un fotone ultravioletto con lunghezza d'onda intorno a 0,32 millesimi di millimetro, ruota in parte su se stessa cambiando struttura e rilascia il fotone a un'energia più bassa, che non gli permette di penetrare in profondità nella pelle. La nuova molecola agisce sulla parte più energetica degli UV-A, che fino a pochi anni fa sembrava innocua e poi invece si è rivelata importante per l'invecchiamento della pelle.

Neppure la luce visibile è del tutto innocente. In un gruppo di coltivatrici dirette della provincia di Pavia con età superiore a 70 anni che avevano passato gran parte della loro vita al Sole si è misurata l'elasticità della pelle esposta e di quella protetta (zona sotto le ascelle). L'ecografia a ultrasuoni ha messo in evidenza la minore elasticità del derma nella zona esposta.

Mentre l'invecchiamento della pelle protetta procede al ritmo del 3 per cento ogni dieci anni, quello della pelle esposta è tre volte più veloce. Nel corso della vita, la pelle che prende sole invecchia trent'anni di più. Una delle cause principali dell'invecchiamento è costituita dai radicali liberi, cioè da molecole con un forte potere ossidante che, grazie alla loro attività chimica, possono modificare la struttura delle proteine cellulari e del DNA. Le vitamine A, E e C svolgono una funzione antiossidante, saturando i radicali liberi. Aggiunte a una crema solare o a una crema cosmetica possono quindi renderla più efficace nella protezione dall'invecchiamento dovuto all'esposizione al Sole.

La difesa naturale dalla luce solare varia molto da persona a persona. In genere i bruni sono ben protetti, i biondi meno e chi ha capelli rossi non lo è quasi per niente. Ognuno ha il suo fototipo epidermico, ed è bene conoscerlo per scegliere la crema solare giusta. Il pigmento protettivo, la melanina, viene emesso nello strato basale germinativo della pelle. Ci sono però due tipi di melanina, una buona e una cattiva: la eumelanina, quella buona, è efficace al 90 per cento contro gli ultravioletti B ma poco può fare contro gli A, i più colpevoli dell'invecchiamento; la feomelanina, quella cattiva, non solo non protegge, ma produce radicali liberi. Chi per motivi genetici è povero di eumelanina, deve quindi stare ancora più attento. Ormai una cosa è chiara: la salute della pelle è un capitale che inesorabilmente si consuma con il tempo e l'abbronzatura, e neppure gli UV-A sono innocenti. Ci pensino i maniaci delle lampade abbronzanti: la quantità di UV-A emessa da queste lampade è fino a mille volte quella del Sole.

E non dimentichiamo che, se è bene preoccuparsi della radiazione ultravioletta, quella infrarossa in fatto di invecchiamento precoce della pelle fa danni altrettanto gravi. Quindi non è che, spalmati di creme solari, si possa poi stare per ore a cuocere sulla sdraio in spiaggia o in montagna. La soluzione migliore è limitare l'esposizione. Ma se proprio non si può, esistono creme progettate proprio per difenderci dall'infrarosso: utilizzano particelle di ossido di titanio o polvere di alluminio che riflettono o disperdono l'intenso calore trasportato dalla radiazione solare con lunghezza d'onda maggiore di 0,8 millesimi di millimetro.

Creme, rossetti e altre frivolezze

In greco antico *cosmos* significava ordine, ma anche ornamento, eleganza. Ne sono derivate parole molto «lontane» tra loro: da cosmologia, la scienza che studia l'origine e l'evoluzione dell'universo, alle più frivole cosmesi e cosmetico, un insieme di espedienti e di prodotti al servizio della bellezza, soprattutto quella femminile. Eppure un legame c'è: la donna che cura il proprio fascino riflette in qualche modo l'ordine dell'universo.

Sempre più nell'armadietto del bagno i cosmetici contendono lo spazio ai prodotti per l'igiene. La pubblicità cerca di convincerci che diventare vecchi è bello, ma ovviamente solo a patto di sembrare giovani. E offre una quantità di soluzioni.

Per le rughe statiche, dovute a processi di invecchiamento superficiali, si ricorre alle creme antietà più tradizionali, che promettono di mantenere fresca la pelle idratandola e con sostanze come il collagene e le vitamine ad azione antiossidante (la A, E e C).

Le rughe gravitazionali, prodotte dal cedimento della struttura profonda della pelle – per esempio quelle che scendono lateralmente dal naso alla bocca – esigono rimedi più drastici, che possono spingersi fino a interventi di lifting.

Una terza categoria comprende le rughe dinamiche o «di espressione», indotte da contrazioni muscolari ripetute nel tempo. Basti pensare che il sorriso spontaneo mette in moto undici muscoli per contrarre la pelle del volto intorno alle labbra, sulle guance e intorno agli occhi; e non è nulla rispetto al sorriso simulato tipico di attori e certi uomini politici, che impegna una quarantina di muscoli.

Sulle rughe dinamiche si può agire per riempimento, con nanopolvere al biossido di titanio o, più drasticamente, iniettando acido ialuronico, molto usato anche per aumentare il volume delle labbra (spesso con risultati esteticamente disastrosi).

Una tecnica più recente utilizza la micidiale tossina paralizzante secreta dal batterio *Clostridium botulinum*: un 30 milionesimo di grammo uccide un topo, ne basterebbe un chilogrammo per sterminare l'intero genere umano. Questa tossina, chiamata botulino, agisce bloccando il rilascio dell'acetilcolina a livello delle giunzioni tra nervi e muscoli striati (le placche neuromuscolari). Poiché l'acetilcolina è la sostanza che il nervo motore rilascia per far contrarre il muscolo, si può ottenere il blocco del muscolo sul quale la tossina viene applicata. In pratica, con una siringa dall'ago sottilissimo si iniettano dosi minime della terribile tossina in punti ben mirati per paralizzare i nervi del viso in una espressione perennemente distesa. Si dice che l'azione sia particolarmente efficace sulle «zampe di gallina» intorno agli occhi, sulle pieghe alla radice del naso causate dai muscoli corrugatori e sulle rughe della fronte. Il trattamento costa da 150 a 500 euro e dura per sei mesi. Poi si deve ripetere. Ottimo affare per i centri di cure estetiche.

Un esame degli aspetti scientifici coinvolti in questo ampio ventaglio di prodotti richiederebbe molte pagine. Basterà ricordare che spesso le promesse della pubblicità sono eccessive se non proprio ingannevoli: non c'è cosmetico antietà che possa fermare l'orologio biologico.

Più onesti sono i cosmetici tradizionali, che non pretendono di fare miracoli ma danno qualche risultato sicuro. La pelle, per esempio, deve sempre contenere una discreta percentuale di umidità, non inferiore al 10 per cento: quindi le creme idratanti sono utili e in parte compensano anche la perdita di collagene – e quindi di elasticità – dovuta al passare degli anni.

Le labbra sono più delicate perché il loro strato corneo è sottile, hanno poche ghiandole sebacee e mancano del tutto di ghiandole sudoripare. Il fatto che siano povere di grasso e mantenute umide solo dalla saliva, le rende più sensibili al freddo, al vento e alla radiazione solare. I buoni rossetti, progettati per fini estetici, prevengono anche le aggressioni dell'ambiente, e possono contenere anche più di 25 componenti sapientemente miscelati. Le sostanze coloranti sono minoritarie – dal 3 al 10 per cento – e nei rossetti di colore pastello ritroviamo l'ossido di titanio, prezioso anche per stuccare le rughe e riflettere la radiazione infrarossa. Prevalgono gli additivi, soprattutto i grassi semisolidi spalmabili, come il burro di cacao, la lanolina e la cera d'api; alcanolammidi di acidi grassi e alcol cetilico per ammorbidire la pelle; miscele di esteri di acidi grassi isomeri con punto di fusione intorno a 28 °C per favorire la spalmabilità.

Chiudiamo con una curiosità. I rossetti di ultima generazione hanno un punto di fusione piuttosto alto ma diventano scorrevoli quando si spalmano poiché sono tissotropici. La tissotropia è la proprietà di alcuni fluidi pseudoplastici di variare bruscamente la loro viscosità quando vengono sottoposti a sollecitazioni di taglio o agitati. Perché si manifesti la tissotropia la sostanza deve avere una struttura a reticolo instabile, formata da numerosi punti di contatto tra particelle asimmetriche. Quando queste sostanze sono in quiete, la struttura rimane rigida e ha le caratteristiche di un gel. Quando la struttura subisce forze di taglio, il reticolo si frantuma, le particelle perdono punti di contatto e si allineano nella direzione del flusso, passando allo stato liquido. Con il ritorno alla quiete, lentamente si ricostituisce il reticolo.

La salsa ketchup è l'esempio più comune di sostanza tissotropica. Quando il contenitore è immobile, la salsa è quasi solida, ma basta agitare il tubetto o colpirlo seccamente da un lato perché la salsa diventi fluida ed esca dall'ugello.

Il chimico dell'Università di Pavia Luigi Garlaschelli, con i colleghi Franco Ramaccini e Sergio Della Sala, ha riprodotto il « miracolo di san Gennaro » sfruttando le proprietà tissotropiche di una sospensione colloidale di idrossido ferrico con ioni di sodio e cloro. L'articolo è comparso su *Nature* nel 1991. L'esperimento ha un po' smitizzato il popolare culto napoletano, riducendo il miracolo a un semplice fenomeno di tissotropia. Ma non sarà la tissotropia a togliere fascino al rossetto e all'effimero quadro che con esso sapientemente le donne sanno dipingere sulle proprie labbra.

4
IN SALOTTO

Il regno della multimedialità

Una volta il salotto era un luogo intimo. Ci si sedeva con gli amici su poltrone e sofà per bere una tazza di tè, fare quattro chiacchiere, rilassarsi dopo una giornata di lavoro. Oggi il salotto è un affollato crocevia del mondo. Il decoder satellitare e quello per la TV digitale terrestre portano in casa centinaia di canali con facce e notizie di ogni continente. Il sintonizzatore radio aggiunge altre voci e suoni multietnici. Il lettore di DVD o un computer collegato a una fibra ottica ti portano in casa il cinema. Il lettore di CD e l'impianto Hi-Fi trasformano il salotto in un teatro lirico, una discoteca o una sala da concerto. Ecco altre « scatole nere » al nostro servizio. Nascondono tecnologie ormai comunissime ma ancora misteriose per la maggioranza degli utenti: laser, cristalli liquidi, acceleratori di elettroni, microprocessori e immateriali algoritmi per trattare i segnali digitali.

Il lettore di CD: la musica in bit

Premi un tasto, si apre un cassetto, ci posi dentro un disco argentato, chiudi e premi un altro tasto. Subito la musica ti avvolge. Nitida, perfetta, tridimensionale come se avessi davanti l'orchestra. In realtà dietro questa magia c'è solo una interminabile serie di numeri, fatta di milioni di zeri e di uno. Ogni secondo di musica è costituito da 44.100 campioni sonori prelevati durante la registrazione e trasformati in codice binario. Ascoltare un CD significa avvolgersi in una nuvola di bit.

Annunciato nel 1978 e presentato nel 1981, il CD, *Compact Disc*, arrivò sul mercato giapponese e americano nel 1982, in Europa un anno dopo. Il nuovo standard nacque grazie a un accordo tra la giapponese Sony e l'europea Philips. Fu un parto tecnologico che cambiò il modo di ascoltare la musica: uscivamo dall'era della riproduzione analogica, entravamo nell'era digitale. A sviluppare il CD commerciale furono due ricercatori dell'azienda olandese, Joop Sinjou e Lou Ottens, quest'ultimo già ideatore della cassetta magnetica (o musicassetta) lanciata nel 1963. Il brevetto sull'hardware del CD è condiviso dalle due multinazionali, quello sul software appartiene alla Philips attraverso Polygram.

Indagando un po' si scopre tuttavia che il primo brevetto del disco digitale appartiene a James T. Russell, nato nel 1931 nello Stato di Washington sulla costa pacifica degli USA. Tecnico elettronico e appassionato di musica, Russell si applicò fin da giovanissimo al miglioramento della riproduzione sonora. All'epoca si usavano dischi di vinile i cui solchi venivano esplorati da una puntina metallica o di pietra dura (diamante artificiale). Il guaio stava proprio in questo contatto fisico, che logorava disco e puntina. A ogni riproduzione, la qualità del suono peggiorava lievemente ma inesorabilmente, e la polvere faceva altri danni. Russell provò nuove puntine di vari materiali, incluso un aculeo di cactus. Un sabato pomeriggio», racconta, «mentre ero da solo a casa mi venne l'idea: non si trattava di migliorare il contatto tra disco e puntina, si trattava di eliminarlo. E un raggio di luce laser poteva risolvere il problema.»

Da tempo nella colonna sonora dei film si utilizzava la luce per incidere e riprodurre suoni. Durante l'incisione dialoghi e musiche venivano trasformati in una luce variabile che impressionava sulla pellicola cinematografica una sottile banda di chiaroscuri accanto ai fotogrammi. Nella riproduzione una fotocellula ritrasformava in segnale elettrico e quindi in dialoghi e musica i chiaroscuri della colonna sonora. Il sistema era dunque di tipo analogico. Russell pensò di ricorrere al laser per eliminare l'attrito meccanico e passò al sistema digitale, che ormai si era affermato nei computer, ma fece ancora ricorso a una pellicola fotosensibile: i bit erano alternanze di buio (zero) e luce (uno), un po' come in un codice a barre.

Il brevetto di Russell è datato 1970. Il CD ne applica l'intuizione fondamentale ma adattandola a un dischetto di plastica dove l'alternanza buio-luce è data dal succedersi di forellini. L'essenza della novità è duplice: l'eliminazione del contatto fisico con l'oggetto che memorizza il suono e la trasformazione del suono da segnale analogico a segnale digitale (o numerico, come sarebbe meglio dire: digitale viene da *digit*, numero in inglese, a sua volta dal latino *digitus*, dito, poiché in mancanza di pallottolieri si contava sulle dita).

Il funzionamento dei giradischi classici è intuitivo: la puntina del pick-up, seguendo le sinuosità del solco su un disco di vinile, genera una corrispondente corrente elettrica, che amplificatore e altoparlanti traducono poi in segnale acustico. Possiamo quindi dire che le sinuosità del solco sono «analoghe» al suono che le ha impresse e che il vecchio giradischi applica una tecnica «analogica».

Più in generale, un segnale è «analogico» quando segue con continuità un fenomeno fisico qualsiasi. Per esempio la lancetta di un orologio a molla con il suo moto regolare segue il trascorrere del tempo in modo continuo: siamo di fronte a un indicatore di tempo analogico. In un orologio digitale, invece, a ogni secondo scatta una cifra: il tempo dunque non è rappresentato come qualcosa di uniforme e continuo ma come qualcosa di discontinuo, quantizzato. Possiamo anche immaginare un fenomeno analogico come un getto di acqua che fluisce, e un fenomeno quantizzato come un rubinetto che gocciola. Ogni goccia contiene la quantità minima di acqua che può sgorgare, e corrisponde a un bit, una informazione elementare.

Qualsiasi fenomeno può essere rappresentato smontandolo in «campioni» discreti e poi traducendoli in cifre binarie. Basta che le discontinuità tra un campione e l'altro siano abbastanza piccole da non distorcere il fenomeno per la nostra percezione. Un film, per esempio, riproduce i movimenti non con continuità (e cioè non in modo analogico) ma con 24 fotogrammi al secondo. Ogni fotogramma è un «campione» prelevato dalla scena che l'attore recita, ma grazie alla persistenza delle immagini sulla retina proiettando di seguito 24 campioni ogni secondo il movimento ci apparirà continuo e non a scatti.

Il problema è che per trasformare fedelmente il suono in segnali digitali occorre prelevare ben più di 24 campioni al secondo. I suoni, infatti, variano molto rapidamente in frequenza, intensità e timbro. Se si vuole una accettabile fedeltà di riproduzione, è necessario che i campioni prelevati (da tradurre in unità di informazione elementari, cioè in bit) siano almeno il doppio della frequenza più alta che si desidera registrare: lo dimostra un famoso teorema formulato nel 1928 dal fisico Harry Nyquist. Nel caso dei telefoni digitali, dato che la voce umana si colloca in frequenze fra 300 e 4000 hertz (oscillazioni al secondo), il campionamento avviene ottomila volte al secondo. Nel caso di un giradischi ad alta fedeltà è bene riprodurre suoni da 20 hertz (bassi) a 22 mila hertz (acuti). Questi ultimi non sono avvertiti dal nostro orecchio, ma concorrono ugualmente alla qualità complessiva dell'ascolto.

Ecco quindi che nel corso di una registrazione digitale ogni secondo vengono prelevati e tradotti in cifre binarie 44.100 campioni sonori. Durante l'incisione del disco master, un laser trasforma i bit di informazione in una serie di minuscole cavità profonde un millesimo di millimetro, larghe 5 millesimi e lunghe da 3 a 3,5. Quei forellini, chiamati «pit» e incisi sul CD dall'energia termica del laser del masterizzatore, rappresentano milioni di numeri in codice binario e a ogni numero corrisponde un suono di una certa altezza e intensità.

Il CD è spesso 1,2 millimetri e ha un diametro di 12 centimetri. Nel primo progetto era un po' più piccolo: 11,5 centimetri. I progettisti lo ingrandirono quando si accorsero che non ci sarebbe stata per intero la *Nona Sinfonia* di Beethoven. Su un CD i pit sono allineati in 20 mila file concentriche per una lunghezza totale di oltre 5 chilometri. Il CD può contenere 747 milioni di byte, corrispondenti a 74 minuti di musica stereofonica, e ogni byte è codificato in 8 bit. Un secondo di musica richiede 1.440.000 bit. A leggerli, partendo dal centro e procedendo verso l'esterno mentre il disco, grazie a un motorino elettrico, ruota a una velocità variabile tra 500 e 200 giri al minuto, provvede un altro raggio laser, ovviamente meno potente di quello che li ha incisi sul disco master.

I buchini sono scavati in un sottile foglio di alluminio (o d'argento, o d'oro) coperto da uno strato di plastica trasparente. Alluminio, argento e oro riflettono bene la luce. Il raggio laser, focalizzato con lenti da microscopio, esplora le file di pit. Se non trova il forellino, viene riflesso, se vi penetra dà un segnale. Si eliminano così eventuali disturbi e il logorio del disco dovuto al contatto con la puntina: il disco, che insieme con gli altoparlanti era l'anello più debole nella catena dell'alta fedeltà, diventa il punto più robusto e inattaccabile dell'impianto di riproduzione.

Non sappiamo però quanto durerà. La vita del CD è tutta da verificare. Mentre i dischi di vinile con un'età ormai superiore al mezzo secolo (risalgono al 1948, prima erano in gommalacca) funzionano bene ancora oggi, i CD delle migliori case discografiche sono garantiti al massimo per una trentina di anni. Poi sarà il tempo a dire la sua. Certo capita che i CD contraffatti e quelli masterizzati con il computer di casa svaniscano nel giro di due o tre anni. I primi CD commerciali furono *The Visitors* degli Abba per la musica leggera e la *Sinfonia alpina* di Richard Strauss diretta da Herbert von Karajan per la musica classica. Risalgono al 1982. Su di essi l'era digitale sta mettendo alla prova la sua longevità.

Nel lettore di CD i dati rilevati dal laser passano al vaglio di un microprocessore che è in sostanza un computer dedicato: trasforma i bit in byte, corregge gli errori di lettura (almeno entro certi limiti) applicando algoritmi più o meno raffinati e trasforma il segnale digitale in una corrente elettrica analogica che verrà poi amplificata e inviata agli altoparlanti. Il resto è musica.

Laser domestici

Che sia un raggio laser a leggere il dischetto di policarbonato è essenziale perché la luce, per identificare i pit sul CD, deve essere ben collimata e non disperdersi. La luce monocromatica e coerente del laser (da *Light Amplification by the Stimulated Emission of Radiation*, amplificazione di luce tramite emissione stimolata di radiazione) ha questo requisito, e in ogni caso l'elettronica provvede a correggere gli inevitabili errori di lettura dovuti a vibrazioni, superficie danneggiata o lievi irregolarità nella rotazione del disco.

Qual è la differenza tra luce comune e luce coerente?

Facciamo passare in un prisma la luce di una lampadina. Vedremo che si rifrange in vari colori. Ciò dimostra che la compongono fotoni con lunghezze d'onda diverse e che si sparpagliano in modo disordinato, come la folla che sciama da uno stadio. La luce del laser invece è caratterizzata da fotoni tutti della stessa energia, e quindi della stessa lunghezza d'onda, cioè dello stesso colore. Inoltre la loro emissione avviene in modo da farli viaggiare in modo coerente, come un esercito che segna il passo: nella luce laser tutte le onde sono in fase, cioè le loro creste e i loro avvallamenti si trovano in perfetta corrispondenza.

Questo risultato si raggiunge bersagliando con fotoni gli elettroni esterni di particolari molecole (rubidio, anidride carbonica, elio-neon...) in modo da far emettere un altro fotone a ciascun elettrone: l'emissione di luce coerente avviene quando tutti gli elettroni così stimolati ridiscendono al livello inferiore, pronti a riprendere il ciclo. È la cosiddetta «inversione di popolazione». Nella discesa, emettono un quanto di energia corrispondente al salto dall'orbita superiore a quella inferiore. Due specchi piani e tra loro paralleli formano la «cavità risonante» nella quale avvengono le «inversioni di popolazione». Uno specchio riflette tutta la luce, l'altro ne lascia passare una parte. Insieme, mantengono l'oscillazione degli elettroni tra i due livelli utili, dando continuità all'emissione stimolata di luce monocromatica e coerente. Molecole diverse hanno livelli energetici diversi. Scegliendo la molecola giusta si può quindi ricavare luce di vari colori: infrarossa, rossa, verde, ultravioletta.

L'emissione di radiazione coerente si è ottenuta prima nella banda delle microonde: è il maser (*Microwave Amplification by Stimulated Emission of Radiation*, amplificazione di microonde tramite emissione stimolata di radiazioni, concetto che risale a un'intuizione di Einstein datata 1917). A tradurre il maser in un oggetto reale fu il fisico Charles Townes nel dicembre 1951. L'ispirazione gli venne di prima mattina mentre aspettava l'apertura di un ristorante seduto su una panchina del Franklin Park a Washington D.C., dove si era recato per un congresso. Telefonò subito all'amico e collega Arthur Schawlow (1922-1999), per caso anche lui a Washington per una conferenza. «Molto interessante!» fu il commento di Schawlow. Tornato in California, Townes diede corpo alla sua intuizione con l'aiuto del suo studente James P. Gordon e del ricercatore H.L. Ziegler, mentre Schawlow seguiva i lavori da lontano.

Il laser ottico fu concepito ancora da Townes in collaborazione con Arthur Schawlow. Il primo a farlo funzionare il 16 maggio 1960 in un laboratorio della California usando il rubidio come materiale emittente fu Theodore Maiman. Due mesi dopo, quando il 7 luglio Maiman presentò in pubblico l'invenzione, ci fu chi liquidò la cosa come del tutto inutile dicendo che si trattava di

« una soluzione alla ricerca di un problema ». Oggi l'industria metalmeccanica usa il laser per tagliare lastre di acciaio, in sala operatoria il laser sostituisce il bisturi, nelle telecomunicazioni su fibra ottica trasporta miliardi di dati al secondo, un piccolo laser si usa come puntatore nelle conferenze al posto della vecchia bacchetta, i militari guardano al laser per progettare le loro « guerre stellari », un raggio laser rimbalza dalla Terra alla Luna permettendoci di misurare la distanza dal nostro satellite con la precisione di un centimetro. E nelle nostre case abbiamo almeno tre laser: uno nel lettore di CD, uno nel lettore di DVD e uno nel computer per leggere e registrare CD, CD-ROM e DVD. Diciotto premi Nobel sono stati assegnati dal 1964 al 2007 per gli sviluppi di questa invenzione.

Analogico o digitale?

Se si sta ai dati tecnici dichiarati, il salto di qualità dagli LP (*Long Playing*) ai CD è nettissimo: il rapporto segnale/disturbo supera i 90 dB, mentre nei vecchi giradischi raggiungeva a stento i 60; la dinamica di riproduzione è di 90 dB su tutta la banda invece di 70; la distorsione armonica dello 0,01 per cento contro l'1-2 per cento; il miagolio è quasi nullo anziché dello 0,03 per cento. Gli audiofili più esigenti però non sono affatto entusiasti della tecnologia digitale e sostengono che il sistema analogico affidato al vinile offre suoni più morbidi e naturali, in quanto il segnale originario è integralmente presente e non limitato dal campionamento.

D'altra parte la tecnologia dei dischetti è in ulteriore evoluzione: a competere per il mercato sono il DVD Audio e il SACD (*Super Audio Compact Disc*). Quest'ultimo, inizialmente ben piazzato negli Stati Uniti, sembrava favorito, ma finora non si è affermato né in Europa né in altri paesi. Il DVD Audio attualmente appare in vantaggio ma non si può parlare di un successo. Intanto nel settore video avanza il CD a laser blu, che ha una capacità cinquanta volte maggiore del CD in quanto utilizza un pennello di luce più sottile e quindi permette di compattare più pit nello spazio del dischetto. L'esperienza insegna che il successo è in ogni caso legato all'accordo su un solo standard da parte dei produttori: dopo il momento magico dell'alleanza Philips-Sony, si è andati avanti in ordine sparso e il consumatore è rimasto fermo in attesa di vedere come va a finire.

L'assalto dell'MP3

A far perdere terreno al CD – tralasciando la pirateria musicale su Internet e le copie di CD taroccate – è stato soprattutto il sistema di codifica e compressione MP3, uno standard audio che fa parte del più ampio standard di compressione delle immagini MPEG (*Moving Picture Experts Group*). La codifica MPEG nasce da un programma di ricerca finanziato dall'Unione Europea dal 1987 al 1995. Il gruppo di lavoro era condotto da Karlheinz Brandenburg e Jurgen Herre. Tra i padri dell'MP3 c'è Leonardo Chiariglione, nato in Piemonte ad Almese e laureatosi nel 1967 al Politecnico di Torino. Chiariglione ha contribuito ai lavori del Moving Picture Experts Group come rappresentante del centro di ricerca CSELT (ora della Telecom) e poi si è dedicato a escogitare una soluzione che garantisca la proprietà intellettuale delle opere dell'ingegno (diritto d'autore) nella nuova situazione creata dalla tecnologia digitale.

Lo standard audio MP3 offre diversi livelli di qualità a seconda della frequenza di campionamento e della maggiore o minore compressione: si va da 64 mila bit al secondo a 128, 256 e 384 mila bit, da confrontare con il milione e 440 mila bit al secondo del CD. La compressione del segnale può andare da quattro a dodici volte. La perdita di qualità è limitata grazie a un algoritmo che, sulla base di nozioni di psicoacustica, elimina le frequenze non udibili ed evita di codificare le sequenze sonore ripetute. Come modello di riferimento per verificare la qualità del risultato si usò il CD di Suzanne Vega *Tom's Diner*. L'ultima tendenza è accoppiare buoni lettori MP3 a impianti di qualità ma nessun impianto di riproduzione può migliorare la sorgente e l'alta fedeltà rimane un'altra cosa. Anche nel caso della più alta frequenza di campionamento, gli audiofili esperti sono in grado di distinguere l'MP3 dalla migliore qualità del CD.

Ciò non ha impedito all'MP3 di affermarsi in modo travolgente in quanto, essendo i suoi file relativamente «leggeri» (una canzone di 5 minuti compressa a 128 kbit/secondo occupa da 3 a 5 megabyte), possono essere scambiati con facilità via Internet e si prestano a essere stivati a migliaia nell'iPod della Apple e nelle comuni «chiavette», quelle memorie flash a stato solido che hanno sostituito i floppy disk, stanno nel taschino della giacca e racchiudono fino a 8 gigabyte.

Con il passaggio alle memorie flash e all'iPod (a fine 2007 erano 150 milioni gli apparecchi in circolazione) la musica completa il suo processo di smaterializzazione. Il supporto non solo non è più il vinile con le sue tracce analoghe ai suoni meccanicamente riconvertibili, né il CD, dove i suoni sono numeri binari ma pur sempre scritti sopra un oggetto materiale. Con le memorie più recenti, in pratica il supporto quasi scompare: decine di ore di musica stanno in una scheggia di silicio.

Si calcola che nel 2018 un singolo iPod potrà tenere in memoria tutta la nuova musica pubblicata nel mondo in un anno: una quantità corrispondente a 65 mila brani che, per essere ascoltati tutti almeno una volta, richiederebbero 11 anni di vita, a condizione che l'appassionato ascoltatore non faccia altro 24 ore su 24. Con una tale disponibilità di musica digitale, che valore può ancora avere una singola canzone? Avrà senso porre regole allo scambio gratuito di musica su Internet o al peer-to-peer (p2p) tra amici? È evidente che il castello del diritto d'autore inteso secondo la tradizione è destinato a sbriciolarsi.

Dal disco analogico al digitale

La storia della riproduzione musicale è affascinante. Le origini risalgono al tipografo francese Édovard-Léon Scott, che nel 1857 inventò il *phonoautograph*, apparecchio in grado di mostrare la natura ondulatoria dei suoni. Vent'anni dopo un altro francese, Charles Cros, progettò ma non costruì il «paleofono» (suono del passato). Il suo brevetto è datato 30 aprile 1877. Poeta e inventore dalla vita breve (1842-1888), Cros fu un personaggio curioso: tra l'altro propose di comunicare con i marziani – la cui esistenza all'epoca si dava per certa – tramite uno specchio orientato in modo da dirigere verso il pianeta un raggio di sole. Sarà l'americano Edison a realizzare concretamente un apparecchio simile a quello immaginato da Cros: il brevetto risale al 19 dicembre

1877. La prima incisione, su un cilindro di stagno, è quella della voce dello stesso Edison che recita la filastrocca infantile *Mary Had a Little Lamb*. Il 22 dicembre 1877 la rivista *Scientific American* descriveva la nuova « macchina parlante ». Ma l'ascolto musicale per il momento sembrava poco attraente, Edison pensava piuttosto a una macchina per dettare lettere di lavoro alle segretarie senza perdere tempo.

Il cilindro era poco pratico. L'ingegnere tedesco Emile Berliner il 16 maggio 1888 presentò ai membri del Franklin Institute di Philadelphia il primo disco facendo ascoltare la canzone *Yankee Doodle Dandy*. Il disco era di zinco e aveva un diametro di 12,5 centimetri. I primi grammofoni a manovella li vendette in scatola di montaggio una fabbrica di giocattoli. In Inghilterra costavano una ghinea e avevano un corredo di sei dischi.

Tornato in Europa, il 6 dicembre 1898 Berliner fondò la Deutsche Grammophon: nel 1900 quest'azienda sfornava già 5000 titoli.

Cresciuti fino a un diametro di 30 centimetri, i dischi all'inizio facevano 70 giri al minuto, poi passarono a 78,26. Quando il policloruro di vinile sostituì la gommalacca il rumore di fondo si ridusse a un sesto. Nel 1924 la Columbia introdusse la registrazione elettrica con microfono e amplificatore, e fu un notevole salto di qualità. Il long-playing a 33 giri, ideato dall'ingegnere magiaro Peter Goldmark, esordisce nel giugno 1948 all'Astoria di New York, mentre per le registrazioni di breve durata il 45 giri subentra al 78. Nel 1957 arriva il disco stereofonico.

Un percorso parallelo segue la registrazione magnetica. Il primo a pensarci e a costruire l'antenato del magnetofono fu l'inventore polacco Valdemar Poulsen: il prototipo è datato 1° dicembre 1898. La registrazione magnetica si sviluppa poi su un supporto a filo. Il nastro compare il 1° giugno del 1934. Lo realizzarono i tedeschi Eduard Schiller dell'AEG e il chimico Friedrich Mathias. Dopo avere sperimentato 15 materiali, la scelta finì sull'acetato di cellulosa rivestito di ferro carbonile.

Il nastro era però delicato e si aggrovigliava facilmente. Del 1944 è la cassetta magnetica, che però si afferma solo nel 1963 con il nome depositato di « musicassetta », un grande successo commerciale che trent'anni dopo la Philips non è riuscita a replicare con la DCC, *Digital Compact Cassette*, la cassetta magnetica digitale, così come la Sony non è riuscita a imporre la sua DAT,

Digital Audio Tape né il minidisk, altro formato digitale ma su dischetto magnetico. Sotto la guerra degli standard si nascondono guerre economiche miliardarie. Il CD ha avuto fortuna proprio perché evitò lo scontro tra Oriente e Occidente.

La catena dell'Hi-Fi

La sorgente del suono – si tratti di un CD, un DVD Audio, un SACD o un classico disco di vinile – è fondamentale per la qualità della riproduzione perché non potremo mai ascoltare qualcosa che non sia contenuto nella fonte primaria né correggere distorsioni del suono in essa già esistenti. Ma la sorgente è soltanto il primo anello di una lunga catena che termina con le nostre orecchie (che sono analogiche: il timpano vibra assecondando in modo continuo le variazioni di pressione dell'aria). In mezzo troviamo il lettore del supporto-sorgente (il giradischi o i suoi successori dell'era digitale), il pre-amplificatore e l'amplificatore di potenza (che devono essere il più possibile « lineari », cioè amplificare nella stessa misura tutte le frequenze almeno da 20 hertz a 20 mila) e infine le casse acustiche. Inoltre ognuno di questi elementi è collegato al precedente e/o al seguente da cavi, e il tutto è alimentato da corrente elettrica.

L'alimentazione è importante. La corrente deve essere perfettamente stabilizzata e largamente sufficiente a sostenere i picchi di potenza che la sorgente chiederà all'amplificatore. Ciò si ottiene con un filtro costituito da condensatori ad altissima capacità posto tra la presa elettrica e la catena Hi-Fi. Una volta carichi, questi condensatori forniranno una scorta di potenza costante e sempre disponibile con prontezza: tra le qualità essenziali di un buon impianto c'è la velocità con cui reagisce nell'amplificare improvvisi innalzamenti del livello sonoro.

Nel garantire l'immediatezza e la purezza della risposta sono determinanti anche i cavi che allacciano il lettore al pre-amplificatore, il pre-amplificatore all'amplificatore di potenza e l'amplificatore di potenza alle casse acustiche. Questi ultimi sono i più importanti. La loro conducibilità elettrica deve essere altissima, virtù tipica di metalli nobili come argento e oro. Per questo i contatti e gli spinotti migliori sono dorati e i cavi di potenza spesso sono formati da un intreccio di esili fili d'argento: dato che il segnale elettrico scorre in superficie (per il famoso effetto pelle), è opportuno che il conduttore non sia un singolo cavo, sia pure di grosso diametro, ma risulti da un gran numero di cavi più sottili in modo da aumentare la superficie disponibile.

Cruciale è il ruolo delle casse acustiche, nelle quali il segnale elettrico si trasforma di nuovo in suono, cioè in onde di pressione dell'aria. Un impianto di riproduzione avrà sempre il livello qualitativo del suo anello più debole: è inutile arrivare alle casse con un segnale fedele se poi queste non sono capaci di renderlo pienamente.

Poiché nessun altoparlante può vibrare con la stessa efficienza a frequenze molto diverse tra loro, le casse ospitano due o più altoparlanti, ognuno adatto a coprire una precisa banda di frequenze acustiche. La configurazione minima di una singola cassa comprende un altoparlante grande per i suoni bassi e medi (da 20 a qualche migliaio di vibrazioni al secondo) e un altoparlante piccolo, detto tweeter, per i suoni più acuti (da qualche migliaio a 20 mila vibrazioni al secondo). Un numero maggiore di altoparlanti (tre, quattro o anche di più) permette di coprire meglio specifiche bande di frequenza ma l'inevitabile sovrapposizione delle frequenze di confine tra altoparlanti gli pone problemi di soluzione tutt'altro che semplice.

L'altoparlante che riproduce i bassi (sub-woofer) deve spingere l'aria con notevole potenza e per questo ha grandi dimensioni. I suoni bassi, avendo una lunghezza d'onda di parecchi metri, maggiore della distanza di ascolto in una stanza di dimensioni normali, non sono direttivi. Per l'effetto stereo, quindi, la collocazione del sub-woofer non ha importanza. L'effetto stereo è affidato ai suoni medi e acuti in quanto le nostre orecchie possono percepire la direzione di provenienza delle loro onde, la cui lunghezza è comparabile con le dimensioni dell'ambiente di ascolto. La caratteristica più importante per l'altoparlante degli acuti è l'efficienza con cui vibra a frequenze molto elevate. Pochi materiali garantiscono questo risultato, e tutti incontrano difficoltà sopra le 15 mila oscillazioni al secondo, tanto che in tweeter ad altissima fedeltà il materiale solido è stato sostituito da una pallina di plasma alla temperatura di alcune migliaia di gradi.

Come in molti generi di lusso, anche nell'Hi-Fi la qualità non cresce linearmente con il prezzo. Oltre un certo limite, l'aumento del costo comporta miglioramenti quasi impercettibili. Come consolazione, ricordiamoci che neppure il più perfetto degli impianti di riproduzione potrà mai darci le emozioni che si provano ascoltando in diretta qualsiasi banda di paese.

Tra musica e rumore

La differenza tra musica e rumore talvolta è sottile. E non solo perché certe composizioni sono quasi frastuono allo stato puro: anche la musica più raffinata diventa rumore se ci viene imposta al ristorante, al supermercato, in ascensore. Ma poi c'è il rumore vero e proprio. Di giorno in strada ti assale da ogni parte. Di notte penetra nella tua casa come un ladro. Ti avvolge come l'aria, ti cala addosso dal cielo ogni volta che passa un aereo. Come ogni altro suono, il rumore viaggia a 340 metri al secondo, più veloce di un proiettile, e meglio di un proiettile attraversa muri e finestre, appena attenuato di un 30 per cento se hai i doppi vetri. Fa male alla salute, ma è invisibile. È l'inquinamento più invadente e sottovalutato. Così sottovalutato che, anche quando potremmo starne al riparo, andiamo a cercarcelo in discoteca, allo stadio, nelle sale di videogiochi, in mezzo agli ingorghi del traffico. Un rumore che combattiamo con altro rumore sparandoci musica nelle orecchie con l'iPod anche quando andiamo a spasso o facciamo ginnastica.

Già nel 1713 Bernardino Ramazzini, un medico dell'Università di Padova nato nel 1633 e morto nel 1714, scoprì che il rumore può danneggiare l'udito in modo permanente. Oggi sappiamo che causa anche malattie cardiache, fa salire la pressione del sangue, altera il funzionamento di alcune ghiandole, danneggia il sistema nervoso, disturba stomaco e intestino, distrae e rallenta i riflessi, esponendoci a incidenti. Dal 15 agosto 1991 una legge imposta dall'Unione Europea dovrebbe proteggerci. Ma sono in pochi ad applicarla. Ci vorrà ancora parecchio tempo perché la « cultura del silenzio » vinca sull'inciviltà del frastuono.

La misura del rumore e dei suoi danni è una faccenda complessa. Oltre all'intensità delle vibrazioni (che sono variazioni della pressione dell'aria), conta la loro frequenza, la loro continuità o discontinuità, la situazione in cui il rumore ci aggredisce. La scala è logaritmica in base 10 e si riferisce alla pressione dell'aria che percepiamo come suono. Zero decibel è la soglia dell'udito. L'unità di misura è il decibel, in ricordo di Bell, il discusso pioniere del telefono. La progressione logaritmica fa sì che un cambiamento aritmetico corrisponde a un cambiamento geometrico del valore di intensità del suono. Da zero a 180 decibel, la scala comporta 18 ordini di grandezza: ciò significa che il massimo rumore è un miliardo di miliardi di volte più forte del suono minimo udibile dall'orecchio umano. Semplificando molto, fino a 35 decibel un suono non dà alcun fastidio (è il rumore di fondo che c'è in una casa in aperta campagna); un suono da 36 a 65 decibel può già disturbare il sonno; tra i 66 e gli 85 decibel (traffico stradale intenso) il rumore incomincia a causare affaticamento e malesseri psichici e nervosi; da 86 a 115 decibel (colpi di martello su una lastra di metallo, aerei a bassa quota) si registrano i primi danni fisici all'apparato uditivo; tra i 116 decibel e i 130 (discoteche) i danni si fanno più gravi e possono essere permanenti; oltre i 120 decibel si supera la «soglia del dolore» e il frastuono diventa intollerabile. Sordità a parte, se non ci si difende, compaiono rapidamente sintomi come mal di testa, nausea, vertigini, vomito.

Ecco la scala in decibel dei suoni più comuni:

0	soglia dell'udito umano
10	respiro umano
20	stormire di fronde
30	sussurro
40	quartiere residenziale di notte
50	ristorante tranquillo, con tavoli distanziati
60	conversazione normale
70	traffico piuttosto intenso
80	aspirapolvere, sveglia, tram, festa da ballo
90	fabbrica rumorosa, clacson, traffico intenso
100	martello pneumatico, smerigliatrice
110	marmitta di motocicletta, armi da fuoco, sirene
120	clacson a 1 metro
130	concerto rock, cannone
140	colpo di fucile da 1 metro
150	motore a reazione
160	jet al decollo
170	canto subacqueo di una megattera
180	motore a razzo

Nelle città il rumore di fondo è quasi sempre sopra il livello di guardia. Secondo una indagine non recentissima ma ancora indicativa, Siracusa, Bologna, Pescara, Catania, Genova e Napoli sono le città più fracassone, con una media di 76 decibel di giorno e 72 di notte. Seguono Torino e Firenze. Ma il primato negativo è di Castelbolognese, in provincia di Ravenna, dove la media diurna si colloca a 77,5 decibel. La città che sta meglio è Iseo, in provincia di Brescia, con 55 decibel. Teramo si piazza a 72 decibel, come Sassari e Roma. La rumorosità media italiana al tempo dell'indagine era di 71 decibel di giorno e 64 di notte. Oggi è certamente peggiorata. Ciò equivale a dire che viviamo tutti in permanenza in un ambiente che mette a rischio quanto meno la nostra salute psichica.

L'orecchio è un organo dalla straordinaria complessità, in grado di percepire suoni molto gravi (appena 20 vibrazioni al secondo) e acutissimi (fino a 20 mila vibrazioni al secondo). Il timpano è il tessuto che, risuonando fedelmente, raccoglie le vibrazioni trasmesse dall'aria. Somiglia a un piccolo tamburo. Ma mentre i tamburi hanno un numero di vibrazioni fisso, il timpano può spaziare da qualche decina a molte migliaia di vibrazioni al secondo, registrando contemporaneamente il suono grave di un contrabbasso e quello acuto di un violino.

Al di là della membrana timpanica c'è una catena di tre ossicini chiamati per la loro forma martello, incudine e staffa. Il manico del martello è fissato alla membrana del timpano: quindi ne raccoglie le vibrazioni e le trasmette agli altri ossicini, l'ultimo dei quali è in contatto con un'altra membrana dalla quale si passa all'orecchio interno. Questo contiene la coclea, che somiglia al guscio di una lumaca. Nella coclea Alfonso Corti, verso il 1850, scoprì circa 15 mila cellule acustiche che portano su di sé un tappeto di ciglia rigide e sottili. Il tutto è immerso in un liquido simile a una linfa. Quando arriva un suono, le vibrazioni provocano tra le ciglia una piccola tempesta, e le ciglia vanno a solleticare le terminazioni del nervo acustico, dalle quali infine il suono raggiunge il cervello.

È in quelle 15 mila cellule e nelle terminazioni del nervo acustico che si producono le lesioni da eccessivo rumore, quando non è addirittura il timpano a «guastarsi». Per capire quanto delicato sia il meccanismo basta riflettere sull'incredibile ampiezza della scala di sensibilità del nostro orecchio. Il suono più debole che possiamo udire è molto vicino all'infinitesimo brusio che fanno le molecole dell'aria urtandosi tra di loro. Un bisbiglio è circa cento volte più forte, un fruscio mille volte, la voce di una persona che parli normalmente un milione di volte. La tromba di un'automobile è mille volte più potente di una voce, un colpo di cannone è 10 mila miliardi di volte più forte del rumore minimo percepibile dall'orecchio umano. I concerti rock sono tra gli eventi più rumorosi, ma anche il «pieno» di un'orchestra sinfonica non scherza: siamo vicini al livello sonoro di un jet che decolla.

Gli effetti del rumore sul sistema nervoso sono rilevabili anche con l'elettroencefalogramma: si ha un cattivo coordinamento dei movimenti, una minore prontezza di reazione, paralisi delle arterie, cefalea più o meno forte. Gli effetti sul sistema ghiandolare consistono in una produzione eccessiva di adrenalina, con conseguente stato di allarme, e un aumento di attività dell'ipofisi, della tiroide e delle ghiandole surrenali. Gli effetti psichici si traducono in un aumento di aggressività, sintomi di depressione, difficoltà nei rapporti con altre persone. Sono provati anche disturbi visivi e il calo del desiderio sessuale. Da notare, inoltre, che per il nostro organismo sono rumore anche quei suoni che non percepiamo, come gli infrasuoni e gli ultrasuoni.

Come ci si difende? In Italia con la legge del 31 luglio 1991 sulla «Tutela dell'ambiente dall'inquinamento acustico». Le sanzioni sono severe: fino a decine di migliaia di euro. Purtroppo le denunce sono rare e le trasgressioni restano impunite. Per la difesa dal rumore continuativo sul posto di lavoro rimane come punto di riferimento una sentenza della Cassazione del 1984 che stabilisce il tetto di 70 decibel. Anche l'Unione Europea nel 2008 ha approvato una legge che limita il livello sonoro nei luoghi di lavoro e di intrattenimento: a Londra l'esecuzione di un'opera sinfonica, *Stato d'assedio* di Dror Feiler, è stata sospesa perché l'orchestra superava i 97,4 decibel.

Meglio che con la legge ci si difende dal rumore con la prevenzione. La tecnologia può fare molto. Negli ultimi anni la rumorosità delle auto a benzina è diminuita da 84 a meno di 75 decibel e quella degli autocarri pesanti da 91 a 80. Peccato che una motoretta sia ancora oggi rumorosa come un autocarro (80 decibel, sempre che il motore non sia truccato e lo scappamento regolare).

Pneumatici con battistrada lineare sono più silenziosi di quelli con battistrada radiale. Molto si è fatto anche per ridurre la rumorosità degli aerei di linea. Il nuovo Dreamliner B787 della Boeing ha fatto della silenziosità una delle sue armi commerciali. Anche il gigantesco Airbus 380 realizzato dal consorzio europeo è ben più silenzioso del vecchio gigante americano, lo storico Boeing 747. Rimane il problema dei supersonici militari, il cui «bang» si estende su un'area di 50 chilometri di diametro se volano a 20 mila metri di quota, ma per fortuna questo problema si presenta in modo sporadico.

I muri possono diventare un buon isolante acustico grazie a nuovi materiali di costruzione. Il punto debole delle nostre case sono le finestre. I doppi vetri però riducono a un terzo il frastuono che sale dalle strade. Anche il fondo stradale e il modo di installare le rotaie dei tram sono fattori importanti ai quali finora in Italia si è dedicata poca attenzione. In odio all'asfalto, che è piuttosto silenzioso, i centri cittadini sono stati pavimentati di nuovo all'antica con lastre di pietra e cubetti di porfido, che avranno sì il vantaggio di richiedere una minor manutenzione, ma sono molto rumorosi, e dovrebbero quindi essere circoscritti ai centri storici chiusi al traffico. Nuovi tipi di asfalto fonoassorbente, rotaie ammortizzate e barriere antirumore potrebbero facilmente migliorare la qualità della vita metropolitana. Quanto ai tram, chissà perché in Italia sono incomparabilmente più rumorosi di quelli – felpatissimi – che troviamo, per esempio, nelle città francesi e tedesche.

Radio e TV, il mondo in casa

Fino a poco tempo fa tre apparecchi portavano il mondo nel nostro salotto: il televisore, il decoder che tratta i segnali digitali provenienti da antenne terrestri o da satelliti artificiali e il sintonizzatore radio. Con la convergenza tra computer, TV e radio resa possibile dal comune linguaggio digitale, le cose stanno cambiando: anche fibra ottica, computer e Internet hanno diritto di cittadinanza in un salotto ormai trasformato nel terminale domestico della comunicazione multimediale. La comunicazione finora è stata a senso unico, dall'emittente centrale al singolo utente, ma nei prossimi anni Internet e TV digitale la renderanno sempre più interattiva: una rivoluzione che – si spera – i cittadini dovrebbero saper utilizzare con vantaggio proprio e della vita democratica.

Nessun progresso umano sarebbe stato possibile senza la comunicazione. Dai falò ai piccioni viaggiatori, dai telegrafi ottici a quelli elettrici, dal telefono alla radio, dalla TV alla rete telematica che oggi avvolge il pianeta, le telecomunicazioni hanno caratterizzato l'immagine di ogni epoca storica: da un lato sono un indice del livello di sviluppo raggiunto, dall'altro, con la loro diffusione sempre più capillare, pongono le basi per lo sviluppo successivo.

Ancora intorno alla metà dell'Ottocento le agenzie di stampa ricorrevano a piccioni viaggiatori per inviare notizie da Londra a Bruxelles. Chi si stupisce oggi assistendo in diretta a una partita di calcio che si svolge a migliaia di chilometri di distanza? Chi pensa, telefonando da un continente all'altro, all'intricato itinerario della voce attraverso cavi, computer che la digitalizzano, ponti radio e satelliti artificiali in orbita a 36 mila chilometri dalla Terra, cioè a un decimo del tragitto che ci separa dalla Luna? Chi è consapevole dell'immensa ragnatela di Internet e dei milioni di computer che mettono a portata di mouse miliardi di pagine e di immagini?

Le telecomunicazioni sono diventate così facili e pervasive che quasi non ci accorgiamo più di quanto siano preziose e di quanta tecnologia richiedano.

Oggi una società senza giornali, telefono, radio, TV, Internet, ci sembra inconcepibile. Eppure sono conquiste relativamente recenti. La stampa nasce intorno al 1450. I primi quotidiani sono del Settecento. Il telegrafo non ha ancora due secoli ed è già estinto. Il telefono e la radio hanno poco più di cento anni, la TV poco più di cinquanta. I grandi satelliti per telecomunicazioni hanno trent'anni, Internet una quindicina.

Eppure l'idea di trasmettere notizie a grande distanza e il più rapidamente possibile è vecchia quanto l'uomo. Anzi, si può dire che l'*Homo sapiens*, rispetto agli altri animali, è caratterizzato proprio dalla sua capacità di comunicare attraverso simboli e segni astratti opportunamente codificati, proprietà che li rende anche facilmente trasmissibili a distanza sia nello spazio, sia, attraverso la stampa e i vari sistemi di memorizzazione (hard disk, CD, CD-ROM, DVD), nel tempo. È un codice il linguaggio che parliamo, sono codici l'alfabeto così come la scrittura telegrafica Morse o il sistema binario fatto di 0 e 1 che sta alla base dell'informatica e di tutta la comunicazione digitale.

La radio ieri e oggi

Ci sono corsi e ricorsi. La comunicazione a distanza nasce senza fili: tam tam, fuochi segnaletici, nuvolette di fumo. Poi arriva l'elettricità: con il telegrafo e il telefono le informazioni viaggiano su cavi. Ma la comunicazione diventa davvero globale solo quando le onde elettromagnetiche permettono l'eliminazione del cavo che collega fisicamente gli interlocutori, in modo da ottenere la trasmissione prima dei segnali Morse e poi anche della voce attraverso l'etere, da qualsiasi punto a qualsiasi punto. È la grande avventura di cui fu protagonista Guglielmo Marconi. Oggi assistiamo a una situazione mista: comunicazione con e senza fili sono sempre più integrate tra loro. Con la diffusione dei telefoni cellulari e dei sistemi Wi-Max, Wi-Fi e Bluetooth si affermano tecnologie senza fili anche su distanze medie, brevi e brevissime, da qualche decina di chilometri a pochi centimetri. Ma i cavi telefonici convenzionali e le potentissime fibre ottiche in molti casi coprono parti del percorso o sostituiscono del tutto le tecnologie senza fili.

Quasi tutti possiedono più di un apparecchio radio. C'è una radiosveglia in camera da letto, una radio nel lettore portatile di cassette e CD, un'altra radio può essere integrata nel telefonino, un'altra ancora l'abbiamo in auto. Ma l'apparecchio radio di miglior qualità è il sintonizzatore che si tiene in salotto e fa parte dell'impianto multimediale insieme con televisore, lettori di CD e DVD e catena Hi-Fi.

All'origine della radio c'è Michael Faraday. Sì, ancora lui. E la sua scoperta dell'induzione elettromagnetica compiuta nel 1831. In quell'anno il fisico inglese notò un fenomeno che aveva del paranormale: una corrente che scorre in un circuito può indurre un'altra corrente in un secondo circuito vicino ma del tutto separato dal primo. È ciò che succede nei motori elettrici, nelle dinamo, nelle centrali elettriche. E nella radio, dove onde elettromagnetiche diffuse nello spazio inducono deboli correnti sull'antenna.

Faraday non sapeva ancora nulla delle onde elettromagnetiche. Fu il fisico scozzese James Clerk Maxwell (1831-1879), che nel

1873 aveva dato una elegante sistemazione matematica ai fenomeni elettromagnetici, a prevederne l'esistenza: erano lì, implicite nelle sue formule dell'elettromagnetismo. E fu il tedesco Heinrich Hertz (1857-1894; una vita di appena 37 anni, ma spesi bene) a scoprirle in laboratorio: una grande scintilla prodotta tra due sfere metalliche produceva una scintilla più piccola in altre due sfere alla distanza di qualche metro. Evidentemente qualcosa viaggiava senza fili nell'aria o, come allora si credeva, nell'etere, ipotetica impalpabile sostanza che pervaderebbe l'universo.

Gli esperimenti di Hertz furono ripresi in Italia da Augusto Righi all'Istituto di fisica dell'Università di Bologna. Irregolare allievo di Righi, ma essenzialmente autodidatta e geniale « bricoleur », Guglielmo Marconi (1874-1937) riuscì a dimostrare la possibilità di trasmettere messaggi tramite le onde elettromagnetiche contro ogni previsione del suo maestro, secondo il quale mai le onde elettromagnetiche sarebbero arrivate a una distanza tale da renderle utili per le telecomunicazioni. L'esperimento con cui nasce la telegrafia senza fili è divenuto giustamente leggendario: verso la fine dell'estate 1895 tre impulsi di onde elettromagnetiche prodotti dal ventunenne Guglielmo con la scintilla elettrica generata da un rocchetto di Ruhmkorff nella soffitta di Villa Griffone a Pontecchio, vicino a Bologna, furono captati al di là di una collina, a un chilometro di distanza, da un apparecchio ricevente che usava limatura metallica come rivelatore delle onde. La tradizione racconta che un contadino-maggiordomo di casa Marconi, tale Mignani, di guardia al di là della collina, abbia sparato un colpo di fucile per avvertire che l'esperimento era riuscito: la lettera S, corrispondente in alfabeto Morse a tre puntini e quindi a tre impulsi radio, per la prima volta era arrivata a destinazione senza bisogno di cavi, quasi come in un fenomeno di telepatia.

Ultimi giorni di agosto? Primi di settembre? Il telegrafo senza fili, come allora fu chiamato, non ha un certificato anagrafico. Neanche Marconi annotò la data dello storico evento, e in una lettera sbagliò addirittura l'anno dei suoi primi esperimenti, creando parecchi guai agli storici.

Quanto ai giornalisti, se la presero con calma. Il primo annuncio della telegrafia senza fili compare su *Il Resto del Carlino*, quotidiano bolognese, il 22 dicembre 1896. Più di un anno dopo. La notizia è in prima pagina, ma a una sola colonna, in basso, piccola

piccola. Il titolino dice: L'IMPORTANTE INVENZIONE DI UN BOLOGNESE. Il bello è che le informazioni non vengono dall'Italia ma dall'Inghilterra. Perché nel frattempo Marconi aveva offerto la sua invenzione al ministro delle Poste italiane, ma qui il burocrate di turno aveva giudicato il telegrafo senza fili di scarso interesse. Nessuno è profeta in patria. Così Marconi, che era figlio di una irlandese, era andato a fare il profeta all'estero. Il testo dell'articoletto fa tenerezza. Si parla di un giornale tedesco che a sua volta riprende una notizia giunta da Londra «intorno alla nuova invenzione del telegrafo senza filo fatta colà da un giovane italiano, certo Marconi. In che consista questa nuova invenzione diremo più sotto, intanto ci affrettiamo a constatare, con la massima soddisfazione, che il Marconi è nostro con-provinciale, giacché appartiene a distinta famiglia di Pontecchio, in Comune di Sasso». Qui rispunta l'orgoglio nazionale – o meglio, provinciale – ma ormai è troppo tardi. Il telegrafo senza fili era diventato il brevetto numero 12.039 registrato presso l'Ufficio di Londra.

Ecco qualche altro particolare sulla vicenda che avrebbe cambiato per sempre le telecomunicazioni. A metà dell'ultimo decennio dell'Ottocento Guglielmo Marconi, un ragazzo di vent'anni, pallido, magrissimo, di poca cultura, e quel poco da autodidatta, trafficava con fili di rame, limatura di ferro e rocchetti di Ruhmkorff in una soffitta della sua casa di campagna, Villa Griffone, sulle colline a sud di Bologna. Guglielmo, che aveva passato l'estate del 1894 vicino a Oropa leggendo articoli di elettrotecnica, trascorse l'inverno del 1895 in esperimenti con una specie di parafulmine che a ogni folgore faceva suonare un campanello. Ma in realtà puntava a costruire un apparecchio per trasmettere via etere, come si usava dire, messaggi in alfabeto Morse (cioè con lettere formate da punti e da linee).

Dopo l'esperimento di Villa Griffone, il ragazzo allampanato provò con successo a superare distanze sempre maggiori: cinque, dieci, cinquanta chilometri. E dopo aver scavalcato la Manica mettendo in contatto Inghilterra e Francia, incominciò a sognare un collegamento tra le due sponde dell'oceano Atlantico. Il sogno si sarebbe realizzato presto, nel 1901. Soltanto sette anni dopo le prime prove tentate sulla collina bolognese.

L'officina del giovane Guglielmo

Come funzionava l'apparecchio di Marconi? Più o meno così. Il cuore della stazione trasmittente era un rocchetto fatto con due avvolgimenti di filo di rame: nel primo, costituito di poche spire, circolava la corrente elettrica di una batteria; nel secondo, con molte spire, si generava una corrente indotta. Esattamente come in un trasformatore, ma con finalità diversa. Il rocchetto, detto di Ruhmkorff dal nome del fisico tedesco che l'aveva inventato nel 1851, serviva a produrre potenti scintille e una corrente alternata ad alta tensione. Il circuito primario comprendeva un interruttore e, in serie, un sistema a martelletto che interrompeva il contatto ogni volta che il nucleo ferromagnetico si magnetizzava al passaggio della corrente. A ogni ciclo di apertura/chiusura del contatto, il nucleo ferromagnetico si magnetizzava e il martelletto tornava nella posizione iniziale chiudendo nuovamente il circuito. In questo modo nel secondario circolava corrente continua ora in un verso ora nell'altro e si producevano vistose scintille. Con la scintilla, come aveva scoperto Hertz, venivano emesse invisibili « onde » sotto forma di oscillazioni molto veloci (migliaia al secondo) del campo elettrico e magnetico. Queste onde, di solito confinate entro una decina di metri, possono propagarsi anche a grande distanza se vengono aiutate – e qui sta la scoperta più importante e originale di Marconi – con una antenna e una presa di terra.

Il ricevitore era costituito da un tubetto contenente limatura di nichel (95 per cento) e di argento (5 per cento) e da una pila, il tutto a sua volta collegato con una antenna e con il suolo. Quando l'antenna captava le onde elettromagnetiche, le convogliava nel tubetto e il loro passaggio faceva diminuire la resistenza elettrica della limatura metallica. Di conseguenza la corrente elettrica della pila poteva passare, e faceva scattare il martelletto di un normale telegrafo a elettrocalamita. La paternità del tubetto con limatura metallica, chiamato « coherer », è contesa. Un dispositivo analogo era stato studiato dall'italiano Temistocle Calzecchi-Onesti, dal francese Edouard Branly e dall'inglese Oliver Lodge. Marconi certamente lo perfezionò.

Ma il rocchetto emette onde in una larga banda di frequenze e il coherer non le discrimina. Un altro fondamentale progresso introdotto da Marconi sarà il circuito di sintonizzazione variabile, che permette di selezionare una frequenza per volta. Se anche l'emissione avviene su una sola frequenza, l'etere diventa uno spazio ideale in cui possono intrecciarsi senza interferire molti messaggi diversi. Il brevetto di Marconi per il sintonizzatore viene registrato con il numero 7777 nel 1900.

Oltre l'oceano Atlantico

All'alba del Novecento Marconi era già arrivato alla convinzione che la sua tecnologia, da poco perfezionata con il sistema di sintonizzazione, fosse ormai matura per tentare un collegamento intercontinentale. Sarebbe stato, questo, il colpo definitivo alla teoria dei suoi oppositori, secondo i quali le onde scoperte da Hertz il 13 novembre 1886 non avrebbero mai potuto superare la curvatura terrestre in quanto si propagano in linea retta.

L'impresa, finanziata con 50 mila sterline, fu avviata costruendo un grandioso impianto radiotelegrafico a Poldhu, in Cornovaglia. Il progetto era di John Ambrose Fleming (1849-1945), stretto collaboratore dell'inventore italiano e inventore della prima «valvola termoionica», il «diodo». La potenza prevista raggiungeva i 25 kW. L'antenna era costituita da una serie di cavi isolati appesi a 20 piloni di legno alti 60 metri e disposti in tondo lungo una circonferenza di 66 metri di diametro. Un impianto simile fu realizzato anche a Cape Cod, in America.

La sfortuna si accanì contro l'esperimento. Il 17 settembre 1901 un temporale abbatté buona parte dell'antenna di Poldhu e poche settimane dopo la stessa sorte toccò a quella di Cape Cod. Fleming e Marconi ripiegarono allora su un'antenna trasmittente più semplice, a forma di ventaglio: 60 cavi erano ancorati a 2 robusti piloni a 50 metri l'uno dall'altro. A Cape Cod si sarebbero invece serviti di un aquilone per portare in alto il cavo dell'antenna ricevente.

Marconi sbarcò a Terranova il 6 dicembre 1901. Tre giorni dopo, con un telegramma via cavo, ordinò alla stazione di Poldhu di incominciare a trasmettere, a partire dall'11 dicembre, i tre punti della lettera S dalle 11.40 alle 14.40, ora locale. Lasciamo la parola a lui stesso: «Era passato appena il mezzogiorno del 12 dicembre 1901, quando mi portai all'orecchio una metà della cuffia e mi misi ad ascoltare. Sul tavolo dinnanzi a me il ricevitore era assai rudimentale: poche spire di filo, qualche condensatore, un conduttore, niente valvole, niente amplificatore, niente galena. Stavo per mettere finalmente alla prova l'esattezza di tutte le mie convinzioni... All'improvviso, verso le 12.30, risuonò il secco clic del martelletto contro il conduttore, segno che qualcosa stava per succedere. Ascoltavo attentissimo. Evidenti mi suonarono all'orecchio i tre clic corrispondenti ai tre punti del Morse... La distanza era stata superata: adesso non restava che perfezionare l'apparato di ricezione e di trasmissione».

3500 chilometri di oceano e la curvatura della Terra non avevano fermato gli impulsi radio. Fu il *New York Times*, il 15 dicembre, a dare la notizia al mondo: «Guglielmo Marconi ha annunciato stasera la più straordinaria conquista scientifica dei tempi moderni».

La notte del Titanic

Presto la telegrafia senza fili divenne protagonista di vicende epiche. La più famosa è legata al naufragio del *Titanic*, 270 metri da prua a poppa, 46 mila tonnellate di stazza, 2340 posti a bordo, la più moderna, grande e veloce nave passeggeri dell'epoca, appena varata e ritenuta inaffondabile. La notte del 14 aprile 1912, il mitico transatlantico si trovava a metà del suo viaggio inaugurale sulla rotta nord-atlantica quando andò a scontrarsi con un iceberg. In poco più di un'ora colò a picco con 1503 persone, tra le quali il radiotelegrafista John G. Phillips. Nei primi dieci anni di applicazione pratica della telegrafia senza fili molti equipaggi erano già stati tratti in salvo grazie all'invenzione di Marconi. Anche nel caso del *Titanic* essa si dimostrò preziosa, ma fu la trascuratezza degli uomini a renderla parzialmente inefficace. Si seppe poi, infatti, che non lontano dal *Titanic*, forse ad appena una decina di miglia secondo la testimonianza di alcuni superstiti, incrociava una piccola nave passeggeri battezzata *California*. Avendo avvistato gli iceberg, il telegrafista del *California* si fece premura di avvertire il collega del *Titanic* ma si sentì rispondere di non disturbare la comunicazione che era in corso tra il transatlantico e la stazione di Cape Cod. I disperati appelli lanciati poche ore dopo dal *Tita-*

nic colpito a morte dall'iceberg furono poi captati dalla nave *Carpathia*, che accorse sul luogo del disastro, ma arrivò quando ormai la tragedia si era compiuta e il *Titanic* era stato inghiottito dalle gelide acque artiche. Riuscì tuttavia ancora a trarre in salvo 710 naufraghi, e forse non ci sarebbero state vittime se si fosse fatto un uso migliore del telegrafo senza fili.

L'originalità di Marconi

Qual è stata la reale importanza del contributo di Marconi alle comunicazioni senza fili? Ecco il giudizio di Francesco Carassa, nato a Napoli nel 1922, già professore al Politecnico di Milano e « padre » del satellite italiano *Sirio* lanciato nel 1977 per esperimenti di telecomunicazioni su altissime frequenze: « Si è accusato Marconi di aver soltanto messo insieme cose che altri avevano inventato. È vero, ma l'importante era appunto metterle insieme. I suoi rivali non avevano mai superato i 100 metri di distanza, lui ha attraversato l'Atlantico con segnali telegrafici. Alla radio in voce, hanno in effetti contribuito molti altri ricercatori. Ma di Marconi si deve dire che non era solo un grande sperimentatore: ha anche avuto la straordinaria intuizione di esplorare tre diverse bande di frequenza: prima le onde lunghe, poi le onde corte e le microonde. Navigando sulla nave laboratorio *Elettra*, con le sue ricerche ha dimostrato che il futuro era nelle alte frequenze. E infine, studiando le microonde, ha scoperto il fenomeno della loro diffusione nella parte bassa dell'atmosfera terrestre ».

L'intuizione più importante di Marconi rimane quella di applicare all'oscillatore che produceva le onde elettromagnetiche un'antenna e una presa di terra, facendo altrettanto per l'apparecchio ricevente. Così era come se il segnale radioelettrico si trasmettesse tra le armature di un gigantesco condensatore formato dal suolo e dalla ionosfera ed esteso dal punto di emissione a quello di ricezione. Questo progresso, insieme con il circuito di sintonizzazione, fu decisivo.

Rimaneva tuttavia da risolvere il problema di produrre grandi potenze di onde elettromagnetiche, di modularle con la voce umana, trasmetterle, amplificarle dopo averle captate nel luogo di ricezione e infine « rivelarle » con alta efficienza, traendone nuovamente il messaggio in fonia. Tutto questo non sarebbe mai diventato possibile senza l'invenzione della valvola termoionica.

La valvola più semplice è una lampadina. Edison, cercando di costruire lampadine sempre più durature, si era accorto di un « effetto » che ora giustamente porta il suo nome. Ecco come Ronald Clark, autore di una biografia dell'inventore, racconta la scoperta: « A Menlo Park, nei suoi tentativi ininterrotti per migliorare l'illuminazione a incandescenza, notò dei depositi neri dentro la lampadina con la quale faceva esperimenti e un alone blu intorno a uno dei gambi del filamento di carbone. Incuriosito, e pensando che il fenomeno potesse essere provocato da un bombardamento molecolare, coprì l'interno di una lampadina con carta stagnola, la collegò in serie con un galvanometro e con il polo positivo del filamento. Scoprì allora che una corrente passava nello spazio tra il filamento caldo e la carta stagnola. Inoltre, se si metteva dentro la lampadina una lamina di platino, fra i gambi del filamento, allora l''effetto Edison' aumentava di molto. Annotò il fatto nel suo diario, lo descrisse in una relazione tecnica e, nel 1883, l'inserì in un brevetto che riportava la scoperta ».

Il flusso di particelle emesso dal filamento è, per l'appunto, un flusso di elettroni, le particelle elementari con carica negativa, scoperte poi da J.J. Thompson nel 1897. Riprendendo l'esperimento di Edison, nel 1904 Fleming realizza il diodo, costituito da un filamento incandescente che emette elettroni e da una placca che li raccoglie: con il diodo era possibile « raddrizzare » le correnti alternate, incluse quelle ad altissima frequenza come le onde radio, trasformandole in corrente continua. Due anni dopo, Lee de Forest costruiva il primo triodo inserendo tra filamento e placca un terzo elettrodo, chiamato griglia, che consentiva di regolare e amplificare il flusso di elettroni.

Così decollava la radiotelefonia, e un sostanziale progresso otteneva anche la telefonia, perché ora diventava possibile amplificare i segnali e trasmettere molte comunicazioni in alta frequenza su uno stesso portante fisico (cavo coassiale). Più tardi un ulteriore impulso verrà dai « ponti radio » a uso telefonico su onde corte e cortissime: una linea di sviluppo che sfocia nei « cellulari » e che continua tuttora con la tecnologia UMTS.

Premiato con il Nobel per la fisica nel 1909 quando aveva appena 35 anni, Marconi non smise mai di fare ricerca. Ricco e famoso, in età avanzata ebbe ancora l'opportunità di mettere a profitto, sulla nave laboratorio *Elettra*, i vantaggi portati dagli sviluppi delle valvole termoioniche e dei componenti elettronici in grado di lavorare con le altissime frequenze. La morte lo sorprese il 20 luglio 1937 proprio mentre lavorava sulla frontiera avanzata delle microonde. L'invenzione del radar era a un passo. Quel passo gli fu negato dal destino. Moriva un grande inventore e nasceva un mito.

La radio nel Duemila

A poco più di un secolo dai primi esperimenti, le radiotrasmissioni hanno infinite sfaccettature. Le emittenti commerciali sono solo un aspetto. C'è l'ombra di Marconi dietro i ponti radio telefonici, i satelliti per telecomunicazioni, i telefoni cellulari, i sistemi Wi-Fi, Wi-Max e Bluetooth, i radiotelescopi, i dati trasmessi da sonde spaziali che hanno ormai varcato i confini del sistema solare.

Lo spettro delle onde elettromagnetiche è oggi sfruttato dalle frequenze bassissime (corrispondenti a onde lunghe migliaia di chilometri) alle frequenze più elevate, al confine con le radiazioni infrarosse (corrispondenti a onde lunghe qualche millimetro). Essenzialmente, una radio è un apparecchio sensibile alle oscillazioni elettromagnetiche concepito in modo da selezionare nettamente onde di lunghezza diversa per poi amplificarle milioni di volte ed estrarne voci e suoni, cioè il segnale di bassa frequenza. Alla selezione provvede in parte anche l'antenna, che a seconda delle sue dimensioni e della sua struttura è più adatta a captare onde di lunghezza diversa, e poi dal circuito di sintonizzazione. Questo è costituito da una coppia di bobine e da un condensatore ad aria dalla capacità variabile. Regolando con una manopola la capacità del condensatore, si seleziona la stazione da ascoltare. Questo, almeno, fino a qualche tempo fa. Le radio più recenti fanno una scansione automatica dello spettro elettromagnetico e possiedono memorie elettroniche nelle quali le frequenze delle varie emittenti vengono depositate: basta premere un tasto per passare all'ascolto.

Lo spettro delle radioonde si estende da poche oscillazioni al secondo a 300 miliardi. Ecco la corrispondenza tra frequenza e lunghezza dell'onda:

Frequenza	Lunghezza d'onda	Nome/sigla
30 Hz	oltre 10 mila km	ELF usate dai sommergibili
300 Hz	1000 km	ULF usate dai sommergibili
3 kHz	100 km	VLF, onde chilometriche
30-300 kHz	10-1 km	LF, onde lunghe
3 MHz	1 km-100 metri	MF, onde medie
30 MHz	100-10 metri	HF, onde corte
300 MHz	1 metro	VHF, usate per la TV
1-3 GHz	30-10 cm	UHF (TV, cellulari, forni)
30 GHz	1 cm	SHF
300 GHz	1 mm	EHF

Le onde lunghe si usano per comunicazioni a grande distanza perché superano bene la rotondità della Terra. Le onde medie ospitano numerose emittenti nazionali e commerciali ma di giorno sono molto disturbate. Le onde corte risentono dello stesso problema, sia pure in misura minore. In ogni caso per collegamenti a grande distanza è necessario che la ionosfera rifletta le onde, e ciò accade prevalentemente nelle ore notturne.

Le emissioni in onde lunghe, medie e corte applicano la modulazione in ampiezza (AM). I suoni sono cioè «impressi» sull'onda portante come variazioni della sua ampiezza: un po' come quando, emettendo un suono con la bocca, ne regoliamo l'intensità avvicinando e allontanando le mani dalle labbra. Su brevi distanze (fino ad alcune decine di chilometri tra un ripetitore e l'altro) oggi si usa però la modulazione di frequenza, che spazia su frequenze tra 87 e 108 MHz. In questo caso i suoni (ma anche le immagini nel caso della TV) sono «impressi» sulle onde elettromagnetiche come lievi variazioni della loro frequenza (FM), la banda disponibile può accogliere molte emittenti e le interferenze vengono eliminate.

Fu l'ingegnere americano Edwin Armstrong a inventare e a brevettare nel 1933 la modulazione di frequenza. Ma non ebbe fortuna: ignorato fino al 1945, il brevetto gli fu contestato da giganti delle telecomunicazioni come RCA e AT&T, gli avvocati gli divorarono il patrimonio e finì suicida il 31 gennaio 1954, una decina di anni prima che si affermasse la tecnologia che aveva ideato. Le trasmissioni più comuni oggi sono proprio quelle in FM perché consentono una qualità molto migliore, esente da disturbi e in stereofonia. Il sintonizzatore del nostro salotto dispone di varie bande (onde lunghe, medie, corte, FM), ma in pratica si usa sempre per captare la modulazione di frequenza, le cui onde hanno una lunghezza dell'ordine di qualche metro. La rivoluzione digitale ha coinvolto anche la radio segnandone un grande salto di qualità. Pioniera è stata l'inglese BBC, che fin dal settembre 1995 ha incominciato a trasmettere i suoi cinque canali radiofonici anche in modo digitale. Ciò ha dato alla radio la stessa nitidezza di suono dei compact disc (il servizio è noto con la sigla DAB, *Digital Audio Broadcasting*).

Radio web, seconda giovinezza

Dopo il periodo di fulgore tra gli anni Trenta e gli anni Sessanta, con l'arrivo della televisione, la radio commerciale ha subito una eclisse solo in parte compensata dalla nascita di migliaia di piccole radio locali in modulazione di frequenza. Dal 1960 in poi molti hanno considerato la radio un po' come un televisore con il video rotto, un elettrodomestico superato. Adesso invece si profila una seconda giovinezza. Non solo grazie alla tecnologia digitale e alle centinaia di canali radio diffusi via satellite, ma anche grazie a Internet. La prima radio online risale al 1993 e all'americano Carl Malamud. Un anno dopo la stazione locale WXYC di Chapel Hill, North Carolina, che trasmetteva in modulazione di frequenza, passò sulla grande rete. Voice of America, l'emittente ufficiale degli Stati Uniti per l'estero, con programmi in 45 lingue, è stata la prima emittente di informazione nazionale a offrire trasmissioni su Internet.

Oggi il numero delle radio web è incalcolabile, anche perché nascono e muoiono con impressionante rapidità. Sono la nuova avanguardia della comunicazione di massa, dove è massa non solo chi ascolta ma anche, quasi nella stessa misura, chi trasmette. La forza delle radio web consiste nell'essere alla portata di tutti: i costi delle attrezzature sono minimi, chiunque può permettersi di lanciare nel mondo la propria radio web. Il problema come al solito è nei contenuti. Non c'è praticamente limite al numero delle radio web. Il limite sta nell'intelligenza e nella creatività di chi le usa.

Alla ricerca di E.T.

Una frontiera quasi fantascientifica delle telecomunicazioni è quella della radioastronomia – cioè lo studio di stelle e galassie attraverso le onde radio che emettono – e della ricerca di segnali intelligenti provenienti dallo spazio. Già Marconi aveva pensato a possibili sorgenti extraterrestri, senza poi approfondire la questione.

La radioastronomia nasce nel 1931, quando Karl Jansky (1905-1950), ingegnere statunitense, facendo ricerche alla Bell Telephone sui disturbi elettromagnetici, notò segnali provenienti dal Sole che rendevano difficoltose le comunicazioni su onde corte. Ben presto ci si accorse che anche dal centro della Via Lattea arrivano onde radio. Da allora si è scoperto che molti corpi celesti emettono buona parte della loro energia sotto questa forma: stelle, vortici di materia calda intorno a buchi neri, galassie, quasar. Non solo; il cosmo intero è permeato da una radiazione di microonde con un picco alla lunghezza d'onda di qualche centimetro, che altro non è se non la radiazione fossile lasciata dal Big Bang: il «grande scoppio» che 15 miliardi di anni fa ha dato origine all'universo.

Oggi una rete mondiale di radiotelescopi fornisce informazioni preziose su un gran numero di fenomeni celesti: tra gli strumenti più importanti, il radiotelescopio di Arecibo (Puerto Rico) con un diametro di ben 305 metri, il VLA, *Very Large Array* nel New Mexico (USA) con le sue 27 antenne da 25 metri sparse su 20 chilometri di deserto e analoghi strumenti, anche se più piccoli, in Australia, Francia, Russia, Italia.

Il sogno più suggestivo rimane quello di captare prima o poi qualche messaggio artificiale trasmesso da una civiltà extraterrestre: cosa non assurda se si pensa che già oggi il nostro pianeta, con tutte le sue trasmissioni radiotelevisive, emette segnali elettromagnetici che, in quanto a potenza, sarebbero captabili dalle stelle più vicine a noi.

Fin dal 1960, sotto la guida dell'astronomo Frank Drake, si sono tentati programmi di ascolto di segnali intelligenti, ma finora senza successo. In alcuni casi, più per gioco che con intenzioni serie, sono anche stati trasmessi messaggi verso lo spazio: per esempio, con il radiotelescopio di Arecibo, in direzione dell'ammasso globulare di stelle M13 nella costellazione di Ercole. SETI, *Search for Extra Terrestrial Intelligence*, è la sigla con cui si indicano i programmi di ascolto. Una parte della comunità scientifica oppone resistenza all'impiego dei grandi radiotelescopi in questo filone di ricerca perché teme che sia tempo inutilmente sottratto a studi astronomici meno suggestivi ma più realistici. Per questo negli ultimi anni si è cercato di conciliare le due esigenze: i dati raccolti per ricerche radioastronomiche convenzionali vengono messi a disposizione anche di chi si dedica ai programmi SETI nell'eventualità che contengano informazioni utili. Poiché la massa di dati da analizzare è enorme, alcuni ricercatori SETI hanno messo a punto un programma per personal computer che consente a tutti di procedere automaticamente all'esame dei dati – prelevati da Internet – utilizzando il proprio computer nei tempi morti. In pratica il programma, che è liberamente scaricabile da Internet, funziona come un salvaschermo, ma filtra le informazioni SETI cercando eventuali segnali « intelligenti ». Il progetto si chiama SETI@home.

Purtroppo anche con SETI@home le probabilità di scoprire una civiltà aliena rimangono minime. Ma se un giorno il contatto venisse stabilito, sarebbe davvero una svolta fondamentale per la storia dell'umanità e le telecomunicazioni celebrerebbero il loro trionfo non solo su scala planetaria ma anche su scala cosmica.

Arriva la TV

Negli anni Venti del secolo scorso alla completezza delle telecomunicazioni non mancava che la possibilità di trasmettere a distanza in tempo reale anche le immagini. Ci aveva già pensato Paul G. Nipkow nel 1884 servendosi di due dischi rotanti in modo sincrono e cosparsi di fori secondo un percorso a spirale, uno per scomporre la scena da trasmettere e uno per ricomporla, ma i tempi erano prematuri. Nel 1926, quando ormai erano disponibili vari tipi di valvole termoioniche per amplificare il segnale, John Logie Baird riuscì a trasmettere – via cavo, non ancora con onde radio – una piccola immagine scomposta in 28 linee (da confrontare con le 625 dei nostri televisori e con le 1250 dell'alta definizione) tramite un sistema che riprendeva l'idea di Nipkow. Il passo successivo fu quello di sostituire il cavo con le onde elettromagnetiche e di utilizzare il tubo a raggi catodici (inventato sotto forma di oscilloscopio da Karl Ferdinand Braun già nel 1897 e applicato alla TV dall'americano Philo Farnsworth), per formare una immagine elettronica disegnata da un sottile pennello di elettroni focalizzati per mezzo di un forte campo magnetico su uno schermo reso luminescente da uno strato di fosforo.

L'immagine, ripresa da un sistema ottico e proiettata su di un sensore fotoelettrico, veniva scomposta in linee e punti dando origine ad altrettanti segnali elettrici, che a loro volta modulavano l'onda elettromagnetica portante e, captati da un'antenna, ricomponevano l'immagine originaria nel tubo catodico. Non entreremo in particolari tecnici che sarebbero troppo complessi. Basta ricordare che, dopo inizi incerti, a partire dal 1940 la TV incominciò a diffondersi negli Stati Uniti e poi, dopo la fine della seconda guerra mondiale, in Europa: è del 1953 il primo servizio trasmesso in eurovisione, quando negli Stati Uniti già da tre anni era nata la televisione a colori commerciale.

In Italia, dopo un periodo di emissioni sperimentali dagli studi RAI di Torino, le trasmissioni regolari iniziarono il 3 gennaio 1954 alle 20.45. Fulvia Colombo passò alla storia come la prima annunciatrice del teleschermo italiano. L'esordio del nuovo mezzo di comunicazione di massa fu autoreferenziale, difetto che si è tramandato fino alla TV attuale. Il primo telegiornale annunciava: « La televisione italiana ha iniziato oggi il regolare servizio con l'inaugurazione ufficiale degli studi e delle attrezzature di Milano, Torino e Roma, trasmessa in telecronaca diretta ». Gli speaker non erano giornalisti ma attori: Furio Caccia e Riccardo Paladini. Le orecchie a sventola di Paladini rimangono un'icona della giovane TV. Direttore era Vittorio Veltroni, che un anno dopo diventerà padre di Walter. In quei giorni il presidente del Consiglio Giuseppe Pella era sull'orlo delle dimissioni: le darà il 12 gennaio dopo 148 giorni di governo. Ma il primo telegiornale ignorò la crisi incombente. Pochi mesi dopo, nel 1955, il poeta T.S. Eliot scriverà sul *New York Post*: « La televisione è un mezzo di intrattenimento che permette a milioni di persone di ascoltare contemporaneamente la stessa barzelletta e rimanere ugualmente sole ».

La TV *sul telefonino*

Dall'unico canale televisivo della TV italiana degli anni Cinquanta siamo giunti a una possibilità di scelta eccessiva, che non passa solo per l'etere (satelliti e TV digitale terrestre) ma anche via Internet attraverso le linee telefoniche ADSL e le fibre ottiche. All'inizio del 2008 l'offerta si aggirava sui 1600 canali, tra i quali c'erano 500 web TV, 150 canali IPTV, 150 hand TV da guardare sul telefonino. Un'offerta travolgente anche per chi soffre di bulimia da piccolo schermo e zapping compulsivo. Diventa così necessario orientarsi tra una mezza dozzina di nuove sigle.

IPTV (*Internet Protocol Television*). Le immagini non arrivano più a un'antenna attraverso onde radio ma dalla rete telefonica a banda larga. Si paga un canone a seconda di ciò che si vuole vedere e occorre un set-top-box per decodificare il segnale. Telecom, Infostrada, Tiscali e Fastweb sono gli operatori che agiscono sul mercato italiano.

Web TV. Per vederla non si usa il televisore ma il computer. È possibile scaricare i contenuti o vederli in diretta, e di solito il servizio è gratuito; la qualità però è assai inferiore alla IPTV.

HDTV. È la sigla della televisione ad alta definizione. Dalla normale immagine televisiva formata da circa 400 mila pixel si passa a 921 mila e anche 2 milioni.

Digitale terrestre. Entro il 2012 sostituirà il sistema analogico. Permette un migliore sfruttamento delle frequenze e quindi un aumento dell'offerta di canali. Non cambiano antenna e televisore ma occorre un decodificatore del segnale. Uno speciale telecomando permette di interagire con i programmi.

Mobile TV. È la TV sul telefonino. In Italia i primi a sperimentarla sono stati la Tim e la 3. Due i sistemi: con la rete UMTS e con il DVB-H, la tecnologia di trasmissione digitale. Con il sistema di compressione MPEG-4 nella banda radio occupata da un canale televisivo si riesce a farne stare 40. Certo, lo schermo del cellulare è piccolo: non va bene per un film come *Via col vento*, ma per un tg o un evento sportivo i 100 mila pixel (288 righe per 352 colonne) sono più che sufficienti, e sotto scorre pure l'informazione scritta tipo televideo. L'apparecchio ha un'antennina di pochi centimetri: il ricevitore provvede ad amplificare il segnale, che tra il tetto e il vostro alloggio si attenua di 20 decibel, la differenza tra il rumore di un aspirapolvere e un sussurro. Il problema più arduo è la batteria. Per diminuirne il consumo la trasmissione avviene in pacchetti di dati spediti ogni 100-200 millesimi di secondo: il ricevitore sta acceso solo il tempo necessario per captare il pacchetto, dal quale l'apparecchio apprende anche quando dovrà riaccendersi. La conseguenza è curiosa: rispetto al televisore di casa noterete un ritardo di 10-20 secondi: con la TV mobile, anche la diretta è differita. Ci si domanda se questo ritardo sia tollerabile quando la notizia è importante, per esempio un gol di Totti, o lo spettacolo è di quelli a forte presa emotiva, come certi talk show a base di insulti. La risposta al mercato.

Il videoregistratore: dal VHS *al* DVD

Lo strumento che ci ha liberato dalla schiavitù degli orari e ha reso meno effimeri i programmi televisivi è il videoregistratore. Le sue origini sono alla Ampex, azienda elettronica fondata nel 1944 da Alexander M. Poniatoff, un personaggio dall'ego piuttosto forte, considerando che Ampex è l'acronimo formato dalle sue iniziali e dalle prime due lettere della parola *excellence*. Il primo rudimentale videoregistratore, risultato di quattro anni di lavoro, funzionò nell'ottobre del 1952. L'équipe che lo costruì era guidata da Charles Paulson Ginsburg e ne faceva parte anche il giovane ingegnere Ray Dolby, che avrebbe poi legato il suo nome al sistema per la riduzione del fruscio adottato dal cinema e da molti riproduttori sonori. Non era destinato all'uso delle famiglie ma alle reti televisive: il primo esemplare commerciale l'acquistò la CBS per 50 mila dollari nel 1956 e lo installò nei suoi studi di Hollywood. Aveva le dimensioni di un grosso armadio. Soltanto vent'anni dopo, nel 1971, la Sony mise sul mercato il videoregistratore domestico, con tecnologia U-matic. La sua affermazione fu rallentata dalla guerra degli standard di registrazione. All'U-matic e poi al Betamax della multinazionale giapponese, in Europa la Philips contrappose lo standard Video2000. Negli Stati Uniti si sviluppò il VHS. Il Betamax era molto buono, e il Video2000 aveva all'incirca la stessa qualità. Alla fine vinse il peggiore, cioè il VHS, lasciando sul campo milioni di « tecnosauri » estintisi senza colpa, con danni pesanti per molte aziende e soprattutto per l'esercito di utenti che avevano puntato sullo standard perdente.

Il dominio VHS è durato vent'anni. Poi un po' per volta ha dovuto lasciare il posto alla registrazione digitale su DVD (*Digital Versatile Disc*, ora in evoluzione verso l'alta definizione con l'HD DVD e il Blu Ray). A questo punto centinaia di migliaia di film su cassette VHS hanno cominciato a trasformarsi in dischetti. Brillante gestore di questo enorme affare è stato Warren Lieberfarb, presidente della divisione Home Video della Warner Bros. Vi era entrato nel 1975 ma dopo 27 anni, nel dicembre 2002, è stato licenziato e sostituito dai suoi diretti collaboratori Ed Burns, Marcia King e Jim Cardwell. Non si avvicendano solo gli standard.

La crescita della capacità di memoria dei vari supporti che si sono succeduti negli anni è impressionante. Nel campo della tecnologia analogica, l'audiocassetta (1963) poteva contenere una quantità di dati equivalente a 60 Mb (milioni di byte). La videocassetta (1976) raggiungeva i 5 Gb (miliardi di byte): una capacità ottanta volte maggiore. Il sistema digitale parte alla rincorsa dell'analogico nel 1984 con dischetti da 1,4 Mb. Il DVD raggiunge una capacità tra 4,7 e 8,5 Gb nel 1997. Il Blu Ray attuale, standard imposto dalla Sony, contiene 25 o 50 Gb a seconda che l'incisione sia su uno o su due strati e permette di memorizzare un intero film in alta definizione, cioè con una qualità paragonabile a quella di una pellicola cinematografica. La tecnologia multistrato nei prototipi ha già raggiunto i 200 Gb.

All'orizzonte si profilano i dischi HVD, *Holographic Versatile Disc*, con una capacità di 4 terabyte, cioè quattromila miliardi di byte, ottocento volte superiore a quella di un DVD.

Il segreto della maggiore capacità sta innanzi tutto nell'uso, per scrivere e leggere i dati, di un raggio laser di minore lunghezza d'onda, tale da permettere di avvicinare tra loro i pit, e quindi farne stare di più nello stesso dischetto dal diametro di 12 centimetri. Nel CD e nel CD-ROM la luce laser usata ha una lunghezza d'onda di 780 nanometri (millesimi di millimetro) che la colloca nel vicino infrarosso; la distanza tra le tracce di registrazione è di 1,6 millesimi di millimetro. Il DVD utilizza un laser rosso con lunghezza d'onda di 650 nanometri che permette di avvicinare le tracce a 0,74 millesimi di millimetro; inoltre le tracce possono occupare due livelli di profondità nel dischetto anziché uno solo come nel CD e nel CD-ROM. Il Blu Ray sfrutta una luce che cade nella parte blu dello spettro, a 405 nanometri, e ciò permette di ridurre la distanza tra le tracce a 0,3 millesimi di millimetro. La tecnica multistrato consente di usare un dischetto come se fossero due o più.

Nei dischi olografici HVD entra in gioco un principio di funzionamento nuovo: i raggi laser sono due, uno verticale e uno orizzontale. A generare il bit di informazione sono le coordinate del punto di incontro dei due raggi sotto la superficie del disco. Rimangono però ancora da risolvere alcuni problemi tecnologici nel processo di lettura dei dati.

Schermi TV: tubo catodico, cristalli liquidi, plasma

Lo schermo dei vecchi televisori è il tubo catodico, in cui un pennello di elettroni (particelle con carica elettrica negativa) spazza il lato più esteso del tubo eccitando su di esso uno strato di fosforo che, colpito dagli elettroni, diventa più o meno luminoso e riproduce i colori. Gli elettroni vengono accelerati e deflessi da un potente campo magnetico creato intorno al collo del tubo da una bobina percorsa da corrente ad alta tensione. In sostanza il tubo catodico è un piccolo acceleratore di particelle, una miniatura delle macchine usate dai fisici per indagare sulla struttura profonda della materia. La differenza è nelle energie in gioco: qualche centinaio di migliaia di elettronvolt nel caso del tubo catodico, migliaia di miliardi di elettronvolt nelle gigantesche macchine del CERN di Ginevra o del Fermilab di Chicago. Se volete la prova che sullo schermo vanno a spiaccicarsi degli elettroni non avete che da avvicinare al video una calamita. Constaterete subito che il campo magnetico distorce l'immagine.

Il tubo catodico è stato l'unico schermo possibile per i televisori fino agli anni Novanta del secolo scorso. Ciò rendeva i televisori ingombranti e pesanti, e lo schermo non era mai del tutto piatto. Poi hanno incominciato a diffondersi gli schermi a cristalli liquidi e quelli al plasma.

Lo schermo a cristalli liquidi fu inventato nel 1965 da George Heilmeier, un tecnico della RCA nato nel 1936 a Philadelphia, ma i cristalli liquidi erano già noti fin dal 1888 al botanico austriaco

Friedrich Reinitzer (1857-1927), anche se a battezzarli così fu il fisico Otto Lehmann (1855-1922).

I cristalli liquidi sono uno speciale stato di aggregazione ordinata della materia con la proprietà di modificare l'orientamento della struttura cristallina sotto l'azione di una corrente elettrica. Le loro caratteristiche sono intermedie tra quelle dei materiali solidi e quelle dei materiali liquidi. Nei solidi le molecole sono fisse al loro posto, nei liquidi si muovono liberamente. Nel caso dei cristalli liquidi mantengono la loro posizione ma quando vengono percorse da una corrente elettrica si storcono. A seconda dell'orientamento delle loro molecole, i cristalli liquidi polarizzano diversamente la radiazione luminosa e quindi diventano più o meno visibili. Heilmeier sfruttò questa proprietà costruendo uno schermo composto da due strati di cristalli liquidi attraversati da una rete di sottilissimi conduttori. Dietro il fitto reticolo di cristalli c'è una sorgente di luce bianca e uniforme. Il passaggio della corrente modifica la polarizzazione dei cristalli: quando i cristalli dei due schermi corrispondenti allo stesso punto vengono polarizzati nello stesso modo, la luce li attraversa e forma un punto bianco; se invece i piani di polarizzazione sono diversi in quanto uno è ruotato rispetto all'altro di 90 gradi, la luce viene fermata e si vede un punto nero.

I primi schermi a cristalli liquidi erano minuscoli e potevano servire solo come display di orologi e calcolatrici da tasca. La RCA ignorò l'invenzione di Heilmeier (che fece poi una brillante carriera nell'amministrazione degli Stati Uniti). Cosa comprensibile, perché all'epoca era possibile solo ottenere schermi di pochi centimetri, poco efficienti e molto costosi. La teoria dei cristalli liquidi fu poi sviluppata dal francese Gilles de Gennes (1932-2007), premio Nobel per la fisica nel 1991. Intanto la tecnologia sviluppava schermi a cristalli liquidi anche a colori (introducendo filtri rossi, verdi e blu), sempre più grandi, meno costosi e più veloci nel reagire alla corrente elettrica. Oggi i televisori che adottano questi schermi sono economici e nelle immagini in rapido movimento non mostrano più lo sgradevole « effetto cometa » perché si è riusciti a rendere molto più pronta la reazione dei cristalli liquidi alla corrente elettrica.

Il primato della qualità e delle grandi dimensioni (purtroppo anche del prezzo) è stato a lungo degli schermi al plasma. A inventarli furono nel 1964 Donald Bitzer (University of Illinois) e lo studente Robert Wilson. In essi molte piccole celle poste tra due pannelli di vetro racchiudono una mistura inerte di due gas nobili, neon e xeno. L'elettricità trasforma questo gas in un plasma, che a sua volta eccita i fosfori a emettere luce. Questo meccanismo fa sì che lo schermo al plasma consumi parecchia energia, mentre i cristalli liquidi sono molto parsimoniosi.

Nella darwiniana lotta per la sopravvivenza, lo schermo al plasma appare soccombente. I cristalli liquidi copriranno il mercato delle piccole e medie dimensioni. Per il grande formato sembrano favoriti i proiettori: minimo ingombro, costo ragionevole. Ma all'orizzonte si profilano schermi di oled sottilissimi e giganteschi. La loro pellicola potrebbe coprire un'intera parete, e allora davvero il salotto sarà come una terrazza che si affaccia sul mondo.

Transistor e satelliti geostazionari

Nella seconda metà del Novecento la storia dei mezzi di telecomunicazione si intreccia con quella dei transistor, dei satelliti artificiali e dell'informatica. A queste tre tecnologie dobbiamo la trasformazione dell'intero pianeta nel «villaggio della comunicazione globale», secondo la fortunata definizione del sociologo Marshall McLuhan.

L'astronautica, a partire dal 1957, anno del lancio del primo satellite artificiale, lo *Sputnik*, da parte dell'Unione Sovietica, permette di avere stazioni ripetitrici in orbita, e quindi di raggiungere con il segnale radio-televisivo qualsiasi luogo del mondo. L'orbita più preziosa per le telecomunicazioni globali è quella geosincrona, a 36 mila chilometri sopra l'equatore. Fedeli alla legge di Newton, i satelliti posti a questa distanza compiono un giro completo in 23 ore, 56 minuti e 4 secondi, cioè il tempo impiegato dalla Terra a ruotare su se stessa, e quindi rimangono sempre fermi sopra lo stesso punto dell'equatore. Con tre satelliti geosincroni disposti a 120 gradi l'uno dall'altro si riesce a coprire l'intera superficie terrestre abitata.

L'orbita di Clarke

A suggerire l'utilizzo dell'orbita geosincrona (o geostazionaria) fu Arthur C. Clarke. Quando telefoniamo da un continente all'altro o vediamo in diretta una gara di Formula 1 che si svolge al di là dell'oceano, dovremmo ricordarci di lui. Invece lo conosciamo soprattutto per un romanzo che nel 1968 il regista Stanley Kubrick trasformò nel più celebrato film di fantascienza: *2001: Odissea nello spazio*. Arthur Charles Clarke ha concluso la sua avventura di scienziato e scrittore a 90 anni, il 19 marzo 2008 in una villa dello Sri Lanka, dove si era trasferito fin dal 1956. L'ombra della pedofilia non ha mai oscurato la sua fama di futurologo visionario. L'idea più brillante, quella dell'orbita geosincrona, ora chiamata anche «orbita di Clarke», gli balenò nell'ottobre 1945. La propose sulla rivista *Wireless World* e non pensò mai a brevettarla. Il primo satellite geosincrono sarà *Syncom 3*, lanciato il 14 febbraio 1963 dagli Stati Uniti. Poco dopo, il 6 aprile 1965, arriverà *INTELSAT-1*, detto Early Bird, primo satellite per telecomunicazioni commerciale. Aveva una capacità di 240 canali telefonici. Oggi l'orbita geosincrona è affollata di satelliti per telecomunicazioni, previsioni meteorologiche, sorveglianza dell'ambiente a grande scala.

Clarke era nato a Minehead nel Regno Unito il 16 dicembre 1917. Prima di scriverla, da ragazzo aveva letto tanta fantascienza. Forse troppa per essere anche un bravo studente. Abbandonata la scuola senza approdare all'università, fu prima revisore contabile e poi istruttore radar nella RAF. I radar, allora sotto segreto militare, furono decisivi per la difesa dell'Inghilterra dagli attacchi aerei dei nazisti. Solo dopo la seconda guerra mondiale si laureò in matematica e fisica. Per qualche anno si dedicò alla ricerca in aeronautica, astronautica e biologia marina. Poi, dal 1951, passò alla fantascienza a tempo pieno. *2001: Odissea nello spazio* gli diede fama e ricchezza, il seguito della saga non ebbe la stessa fortuna. Certo i colori psichedelici, i trucchi cinematografici e l'intuizione di Hal, il computer parlante che si ribella agli astronauti, furono decisivi nel decretarne il successo. Ma molte previsioni di quel film risultarono sbagliate. La Luna fu raggiunta con 32 anni di anticipo, l'ibernazione degli astronauti rimane un sogno.

Miliardi di transistor

Forse la più importante conquista tecnologica della seconda metà del Novecento è il transistor, un pezzetto di silicio che, sostituendo le valvole, ha aperto la strada alla miniaturizzazione e alla mobilità degli apparati elettronici. In casa, tra televisori, radio, impianto Hi-Fi, lettori di CD e DVD, macchine fotografiche, ma anche lavatrici, frigoriferi e altri elettrodomestici, ne abbiamo alcuni miliardi...

La data storica è il 22 giugno 1948. In quel giorno, negli Stati Uniti, fu presentato ufficialmente a giornalisti e scienziati di tutto il mondo il primo transistor, nato nei Bell Telephone Laboratories. Lì per lì pochi si resero conto dell'importanza dell'evento. Eppure quell'invenzione inaugura l'era della portabilità degli apparecchi elettronici, rende possibile la diffusione dell'informatica e lancia la tecnologia digitale: prima le radio, poi i televisori, le telecamere, i computer, i telefonini cellulari... Dal transistor, in origine grande come un fagiolo, deriveranno i circuiti integrati (che nello stesso spazio contengono un centinaio di transistor e altri componenti elettronici), e dai circuiti integrati si svilupperanno i microprocessori, ognuno dei quali può contenere centinaia di milioni di transistor in un centimetro quadrato.

Il transistor ha tre padri. William Shockley, ucciso nel 1989 da un tumore, era il più estroso: si deve a lui l'idea di costruire un amplificatore elettronico allo stato solido, fatto di germanio o di silicio, capace di sostituire le ingombranti valvole inventate da Lee De Forest nel 1906. Gli altri due sono Walter Brattain, nato nel 1902 e morto nel 1987, un topo di laboratorio dalla rara abilità manuale, e John Bardeen, il teorico del gruppo, nato nel 1908 e morto nel 1991. Insieme divisero il premio Nobel per la fisica nel 1956. Bardeen, poi, se ne è guadagnato un altro con la teoria che spiega la superconduttività, un fenomeno fisico che annulla la resistenza elettrica in certi materiali raffreddati fino a temperature molto basse.

Dei tre ideatori del transistor, Shockley fu anche il più discusso per le sue convinzioni politiche e sociali: sostenitore del razzismo, si batté per una selezione genetica degli uomini più intelligenti, idea che fa orrore soltanto a pensarci.

Shockley era nato a Londra il 13 febbraio 1910, aveva studiato al California Institute of Technology e aveva ottenuto il dottorato di ricerca a Harvard nel 1936. Entrato ai Bell Telephone Laboratories, come scienziato ebbe il suo periodo magico negli anni Quaranta, quando con i suoi colleghi fece funzionare il primo transistor a punta di contatto, e poi il transistor a giunzione, nel quale il cristallo è « drogato » con piccole quantità di altri elementi chimici, in modo da inserire in esso cariche positive (silicio p) e cariche negative (silicio n). Ma anche dopo, fondati nel 1954 gli Shockley Semiconductor Laboratories, « prima pietra » di quella che sarebbe poi divenuta la Silicon Valley, contribuì alla nascita dei circuiti integrati e dei microprocessori, altre storiche tappe della rivoluzione elettronica.

In vecchiaia, prima di spegnersi nella sua casa di Stanford in California, Shockley fu al centro di molte polemiche per aver teorizzato la superiorità intellettuale dei bianchi sui neri, secondo lui dovuta a precisi fattori genetici. Proprio perché mentalmente inferiori, i neri, per Shockley, sarebbero stati più dotati dal punto di vista atletico. Nel tentativo di dimostrare queste tesi, lo scienziato mise anche in discussione quei test d'intelligenza che sembravano smentire le sue affermazioni. Essere un brillante scienziato non mette al sicuro da gravi errori quando si esce dal proprio campo di competenza.

La parola transistor deriva dalla fusione dei termini *TRANSmit reSISTOR*, cioè « trasmissione di corrente attraverso un resistore ». Un transistor è formato da tre strati di silicio cristallino, uno dei quali semiconduttore, cioè con proprietà intermedie tra i materiali isolanti e quelli che lasciano passare l'elettricità. Dai tre strati escono altrettanti fili: uno corrisponde alla « base », uno al « collettore » e uno all'« emettitore » omologhi, nella valvola termoionica a triodo, al filamento, alla griglia e alla placca. Una piccola variazione della corrente elettrica applicata alla base produce una forte corrente in uscita dal collettore: cioè, in pratica, una amplificazione del segnale. L'amplificazione può andare da una trentina a qualche centinaio di volte. Il transistor funziona anche come un interruttore, con tempi di un centomillesimo di secondo: per questa sua velocità di reazione fu presto utilizzato nei computer al posto delle valvole, rispetto alle quali è almeno cento volte più piccolo, consuma mille volte meno corrente elettrica e ha una vita mille volte più lunga, tre vantaggi di enorme importanza.

All'inizio pochi diedero credito all'invenzione di Shockley, Bardeen e Brattain: il transistor sembrò lì per lì un giochino da scienziati con la testa tra le nuvole. In effetti i primi transistor costavano molto più delle valvole che si proponevano di sostituire, offrendo in cambio un rendimento molto più basso. Inoltre per varie applicazioni le valvole rimanevano insostituibili: all'inizio i transistor non riuscivano a fornire forti amplificazioni né potevano lavorare ad altissima frequenza. Come se non bastasse, erano capricciosi, le loro prestazioni cambiavano in modo imprevedibile. Qualcuno propose addirittura di chiamarli «persistor», alludendo al fatto che per farli funzionare occorreva una massiccia dose di perseveranza.

Il resto della storia lo conosciamo. In pochi anni tutti gli inconvenienti furono eliminati, le valvole sono quasi scomparse dalla circolazione, e oggi dentro un microprocessore grande come una moneta e dal costo di pochi euro c'è un miliardo di transistor.

La radiolina a transistor

Il grande pubblico scopre i transistor quando vengono usati per mettere in commercio la prima radio veramente portatile. È il 18 ottobre 1954, siamo negli Stati Uniti. L'apparecchio si chiama Regency TR-1 e pesa quasi tre etti e mezzo, in buona parte dovuti alla batteria. Lo produce la Texas Instruments. La prima radio a transistor europea sarà la Pam-710, prodotta dall'azienda inglese Pye. Poi arriverà l'olandese Philips. In Italia la diffusione della radio a transistor, subito ribattezzata «radiolina», avviene all'inizio degli anni Sessanta del secolo scorso. La conseguenza più vistosa si vide negli stadi: per il tifoso tutte le partite del campionato di calcio erano diventate davvero contemporanee.

L'era dei chip

Il passaggio dal transistor al microprocessore è rappresentato dai circuiti integrati. La loro nascita si deve all'ingegnere americano Clair Kilby, nato nel 1923. Kilby li ideò nell'estate del 1958, mentre tutti i suoi colleghi della Texas Instruments di Dallas erano in vacanza. Una fatica premiata nel 2000 (42 anni dopo!) con il premio Nobel.

Il primo microprocessore arriva nel 1971. Finalmente qui troviamo anche il contributo di un ricercatore italiano, Federico Faggin. Affiancato dagli americani Marcian Hoff e Stan Mazer, Faggin, che è nato in Veneto nel 1941, riuscì a concentrare su una piastrina di silicio di 4 per 3 centimetri 2250 transistor che nel loro insieme costituivano l'intera «unità logica», cioè il cuore, di un computer. Da allora i microprocessori, detti familiarmente chip, sono diventati sempre più potenti. Ancora Faggin, nel 1991, è riuscito a creare il primo «microprocessore neurale», cioè con uno schema di funzionamento molto simile a quello del nostro cervello.

Nel 1965 la rivista *Electronics* chiese al direttore di una azienda di circuiti integrati, Gordon Moore, di fare una previsione sullo sviluppo di quella tecnologia. Il settore muoveva allora i primi passi a livello industriale, solo tre anni dopo sarebbe nata la Intel, fondata dallo stesso Moore e destinata a diventare la prima industria mondiale di microprocessori. Benché i tempi fossero ancora così prematuri, Moore previde che il numero dei componenti dei circuiti integrati sarebbe raddoppiato ogni 18-24 mesi, mentre il prezzo si sarebbe dimezzato. La profezia finora si è dimostrata incredibilmente precisa: il ritmo del raddoppio è stato mantenuto con minime oscillazioni, tanto che da anni, a proposito dei progressi nella microelettronica, si parla della «legge di Moore». Ormai però siamo arrivati quasi al limite fisico: le singole funzioni immesse nei chip impegnano poche centinaia di atomi ed è evidente che non si può andare molto più in là, a meno che maturino nuove tecnologie basate sulla meccanica quantistica.

Il telecomando

Il potere sul centro multimediale del salotto si concentra nel grande feticcio conteso in ogni famiglia: il telecomando. O meglio, nei telecomandi. In media la famiglia italiana ne ha quattro. Ma talvolta non bastano, ne servono sette: per il televisore, il videoregistratore, l'impianto Hi-Fi, i lettori di CD e DVD, il decoder satellitare e quello della TV digitale terrestre. È comprensibile che negli ultimi anni abbia avuto un discreto successo il telecomando unico: offre meno funzioni ma semplifica la vita.

La storia del telecomando incomincia nel 1950, quando la Zenith Radio Corporation, un'azienda dell'Illinois (USA), lancia il *Lazy Bones*, letteralmente «ossa pigre». Nome azzeccato. Ma il pubblico non gli riserva una buona accoglienza. È un aggeggio primitivo, collegato al televisore con un cavo che sembra un guinzaglio, e la sua funzione principale consiste nel togliere l'audio durante gli spot pubblicitari. L'idea era venuta all'amministratore delegato della Zenith, Eugene McDonald: non sopportava quelli che poi un eufemismo definirà «consigli per gli acquisti».

Fu Eugene Polley a liberare il telecomando dal guinzaglio. Nato nel 1916, alla Zenith l'avevano assunto come magazziniere ma era un mago dell'elettronica. Il suo telecomando si chiamava Flashmatic, somigliava a una piccola torcia e manovrava il televisore con un raggio di luce ben focalizzato. In un anno se ne vendono 30 mila e Polley si guadagna una gratifica di 1000 dollari. Il successo però non è completo: il Flashmatic non funziona quando nella stanza c'è troppa luce.

Risolve il problema un ingegnere viennese, Robert Adler, sostituendo il raggio di luce con ultrasuoni. Il suo apparecchio si chiama Space Command e viene presentato l'8 giugno 1956. Questa volta è un trionfo. In pochi mesi Adler diventa vicepresidente della Zenith. Nella prima versione lo Space Command non aveva batterie: l'utente produceva gli ultrasuoni facendo vibrare barrette di alluminio. In un secondo tempo Adler introdusse l'alimentazione a batterie. Prima di morire a 93 anni il 16 febbraio 2007 accumulerà 180 brevetti.

Polley non digerì il successo del rivale, prese il vizio di giocare al biliardo e di bere un po' troppi gintonic, finché la Zenith lo liquidò. I compagni di biliardo lo chiamavano Zapper, riconoscendogli di essere stato il precursore dello zapping tra i canali televisivi. Un'altra rivincita l'ebbe nel 1982, quando tramontò il telecomando a ultrasuoni e arrivò quello a raggi infrarossi: luce invisibile ma pur sempre luce, come nel suo Flashmatic.

La frequenza di lavoro dei telecomandi dipende dalla distanza a cui devono funzionare. Fino a venti metri, se non ci sono ostacoli, i raggi infrarossi sono la soluzione più comune. La loro sorgente è un led che emette nel vicino infrarosso alla lunghezza d'onda di

950 nanometri (il colore rosso corrisponde a una radiazione di circa 6500 nanometri). Il segnale è modulato a impulsi tra 20 e 70 cicli al secondo. Su distanze maggiori e con ostacoli intermedi si ricorre alle onde radio. È il caso dei radiocomandi per portoni, cancelli, antifurto, portiere delle auto.

Nato per gente dalle « ossa pigre », oggi il telecomando non merita più censure moralistiche. Centinaia di canali, una valanga di pubblicità e programmi sempre più insopportabili esigono continui tentativi alla ricerca di qualcosa che valga la pena di essere guardato. Non è pensabile alzarsi dalla poltrona ogni trenta secondi, anche se c'è chi ha calcolato che l'uso del telecomando fa accumulare mezzo chilogrammo di grasso all'anno.

L'evoluzione dell'apparecchio di Polley e Adler continua. Philips, Thomson, Logitech, Meliconi, Db-Line e molte altre aziende hanno sviluppato il telecomando universale. I migliori sono quelli con poche funzioni. I più sofisticati richiedono la programmazione dei vari tasti, faccenda piuttosto complicata. In essi sono memorizzati i codici dei segnali di più telecomandi. Oltre al telecomando universale c'è quello globale: è il Philips Rc9800i. Funziona con la tecnologia Wi-Fi. Non pilota soltanto il centro multimediale in salotto. Comanda a distanza stampanti, frigorifero e altri elettrodomestici, riconoscendo 1100 marchi di elettronica di consumo. Lo schermo è sensibile al tatto, il software si aggiorna via Internet. L'ultima frontiera è il telefonino-telecomando. Al prezzo di un SMS ti accende la caldaia della casa in montagna.

5
NELLO STUDIO

Il regno delle comunicazioni

Se il salotto è il centro multimediale dell'intrattenimento, in un'abitazione moderna lo studio è il centro multimediale del lavoro. Telefono e computer sono i suoi totem, e il loro connubio vale molto di più che la somma delle parti. Messi insieme, rete telefonica e PC danno Internet, che significa avere a disposizione 10 miliardi di pagine di informazione, ricevere e inviare all'istante messaggi da e per tutto il mondo, disporre di un servizio di comunicazione in voce e in video a costo zero, fare acquisti e pagamenti senza uscire di casa.

Ma il centro multimediale del lavoro si identifica sempre meno con la stanza del nostro studio o del nostro ufficio. Il telefono cellulare ormai concentra in sé quasi tutte le prestazioni di una stazione di lavoro fissa. Con i cellulari dell'ultima generazione, e-mail e risorse web ci accompagnano dappertutto, nella stessa scatolina troviamo anche la TV, la radio, una discoteca, un registratore digitale, una macchina fotografica, un terminale bancario e altro ancora.

Mezzo miliardo di transistor al secondo

Dietro tutto ciò c'è l'intelligenza al silicio. Oggi un processore Dual Core Intel contiene l'equivalente di un miliardo di transistor. Visti al microscopio, i suoi circuiti hanno la stessa complessità della mappa stradale del mondo compressa in un centimetro quadrato. In un telefonino si concentrano cinque milioni di funzioni elementari. La memoria di un computer contiene più dati di una gigantesca biblioteca.

Intorno a noi sta crescendo una intelligenza artificiale parallela che si propone come una protesi, una estensione dell'intelligenza naturale. Nel 2007 la produzione delle industrie elettroniche è stata di mezzo miliardo di transistor al secondo: in 3 minuti sono tanti quanti i neuroni del cervello umano, in 7 secondi tanti quanti gli abitanti del pianeta. A un prezzo irrisorio: il costo di un singolo transistor (cioè di una funzione di un microprocessore) è un centomilionesimo di euro.

È interessante un confronto fatto nel 2008 da Nicholas Carr sul mensile *The Atlantic*. Il cervello umano ha 100 miliardi di neuroni e il «computer globale» formato da tutti i calcolatori del mondo ha 13 milioni di miliardi di transistor. Noi abbiamo 100 mila miliardi di sinapsi e il computer globale 57 mila miliardi di hyperlink. L'uomo ha una memoria da 100 milioni di megabyte, il computer mondiale da 85 mila miliardi. Ma il cervello umano consuma 20 watt contro i 377 miliardi di watt del computer globale. E solo nel 2040 la totalità dei computer avrà la capacità di calcolo di 7 miliardi di cervelli umani (oggi siamo 6,7 miliardi, nel 2040 saremo 9 miliardi).

Satelliti e fibre ottiche per la tela digitale

Abbiamo appena detto che il cervello umano ha 100 miliardi di neuroni, più o meno il numero di stelle di una galassia. È importante che siano tanti, c'è un rapporto – benché non lineare – tra il numero dei neuroni e l'intelligenza di una specie: la lumaca di mare *Aplysia californica*, sulla quale Erik Kandel ha studiato i meccanismi molecolari della memoria di neuroni, ne ha solo 20 mila. Ancora più importante è però come i nostri 100 miliardi di neuroni sono connessi attraverso le circa 10 mila sinapsi di cui ognuno è dotato. In modo analogo, l'intelligenza dei chip rimarrebbe ben limitata se non fosse connessa da una fittissima rete di vecchi cavi di rame e moderne fibre ottiche, ponti radio terrestri e ponti radio tra satelliti in orbita geostazionaria sopra l'equatore

Le bisnonne delle fibre ottiche, fili di vetro o di polimeri sottili come un capello nei quali i dati viaggiano sotto forma di impulsi luminosi, nascono già nell'Inghilterra vittoriana per illuminare le fontane pubbliche e vengono poi applicate nel gastroscopio, strumento che i medici usano per esplorare la cavità dello stomaco. Nel 1955 le reinventa Narinder Kapany, ricercatore di origine indiana che lavorava all'Imperial College di Londra. All'inizio furono una stravaganza tecnologica: ne approfittarono architetti e designer per proporre nuovi lampadari nei quali la luce sgorgava dalla punta dei fili di vetro. L'invenzione del laser e fibre sempre più efficienti nel trasferire a grande distanza gli impulsi di luce hanno spalancato la porta all'applicazione delle fibre ottiche nelle telecomunicazioni. Il primo esperimento avvenne nel 1966 nei laboratori della compagnia telefonica americana ITT.

Le moderne fibre ottiche sono così trasparenti che se gli oceani non fossero fatti di acqua ma con il loro vetro, scorgeremmo nitidamente il fondo della Fossa delle Filippine. L'indice di rifrazione dentro la fibra varia dal centro verso la periferia, in modo da deflettere la luce a zig zag nel cavo ottico, mantenendola intrappolata così come gli elettroni corrono in un filo di rame. La quantità di informazione che può passare nelle fibre oggi in uso è dell'ordine di 50 miliardi di bit al secondo: all'incirca il contenuto di 50 mila libri.

Parlare con razzi e falò

Lungo e curioso è il cammino delle telecomunicazioni prima dell'arrivo dei satelliti e delle fibre ottiche. Furono probabilmente i cinesi e gli ebrei a inventare i primi sistemi di comunicazione rapida a distanze rilevanti. I cinesi usavano segnalare i movimenti delle orde tartare lungo i loro confini con razzi lanciati dai posti di guardia dislocati lungo i duemila chilometri della Grande Muraglia. Le tribù di Israele ricorsero a fuochi e fumate, come del resto facevano ancora nell'Ottocento gli indiani d'America. Le fumate degli indiani, modellate in varia maniera, rappresentano un esempio primitivo di « modulazione » del segnale secondo un codice convenuto.

I greci perfezionarono la tecnica dei falò con i loro « fuochi frasici » accesi su torri e montagne. In questo modo, rispettando un vocabolario visivo convenuto, riuscivano a scambiarsi messaggi abbastanza complessi. Secondo una tradizione riferita da Eschilo nell'*Agamennone*, fu così che la notizia della caduta di Troia arrivò in Grecia a Clitennestra. Con lo stesso sistema i cartaginesi riuscirono a collegare l'Africa alla Sicilia ricorrendo a una specie di « stazione ripetitrice» (cioè a un falò intermedio) nell'isola di Pantelleria. I romani dell'epoca imperiale giunsero a realizzare una rete di torri segnaletiche che partiva dalla capitale, attraversava la Gallia e la Spagna, da Gibilterra passava in Africa, costeggiava il Mediterraneo fino all'Egitto e di qui, dopo aver toccato l'Asia Minore, tornava verso Roma attraverso la valle del Danubio.

Fuochi nel mar Egeo

La notizia della caduta di Troia trasmessa con una serie di falò attraverso il mar Egeo fino ad Argo, nel Peloponneso, è un caso particolarmente interessante dell'antica comunicazione a distanza. Troia e Argo in linea d'aria sono separate da circa 400 chilometri. Studiosi moderni si sono divertiti a ricostruire il percorso del messaggio visivo. Il primo falò fu acceso sul monte Ida, alto 1766 metri, non lontano dalla città espugnata. Il segnale fu raccolto dall'isola di Lemnos, che emerge di 430 metri dal mare, e rilanciato con un altro falò al monte Athos, che supera i 2000 metri. Di qui il messaggio venne rimbalzato al monte Tirfis, sull'isola Eubea, alto 1740 metri, e poi ancora, attraverso altre «stazioni ripetitrici» sistemate su altrettante montagne, fino al monte Aracne, non lontano da Argo. È importante osservare che accendendo i falò sulla cima delle montagne non solo si sono evitati gli ostacoli terrestri, ma si è anche potuta superare la difficoltà costituita dalla rotondità della Terra. La tratta più lunga fu quella tra il monte Athos nella penisola calcidica e il monte Tirfis sull'isola Eubea: 180 chilometri, una distanza sulla quale la sfericità terrestre si fa già sentire.

Il fatto curioso è che, se oggi dovessimo coprire il percorso da Troia ad Argo con ponti radio, sceglieremmo gli stessi punti individuati dai greci antichi per accendere i falò ripetitori. La differenza consisterebbe soltanto nell'affidabilità del collegamento e nella quantità di informazioni che potremmo trasmettere. Non saremmo infatti vincolati alle condizioni di trasparenza dell'atmosfera né costretti a trasmettere una sola unità di informazione per notte (oggi diremmo un bit, la più semplice ed elementare informazione possibile, equivalente a un sì o un no, uno zero o un uno).

Modernità degli antichi

Per quanto ingenuo possa sembrare, il telegrafo ottico degli antichi funzionante con falò, razzi o fumate contiene già tutti gli elementi essenziali di un sistema di comunicazione e talvolta le analogie con i sistemi più moderni sono davvero sorprendenti. Intanto, perché due persone possano trasmettersi dei messaggi occorre un « mezzo » che in qualche modo le unisca facendo da tramite al messaggio. Quando parliamo, per esempio, produciamo con le corde vocali delle onde sonore che altro non sono che oscillazioni meccaniche dell'aria, compressioni e decompressioni. Queste oscillazioni raggiungono, attenuandosi con la distanza, l'orecchio di chi ci ascolta e qui imprimono al timpano vibrazioni analoghe a quelle emesse dalle corde vocali. L'aria è dunque il « mezzo trasmissivo » che permette di veicolare il messaggio.

Nel caso delle onde sonore ci troviamo di fronte a oscillazioni di tipo meccanico, un po' come nel caso delle onde del mare o delle onde a cerchio prodotte da un sasso gettato in uno stagno. A meno di spendere enormi quantità di energia meccanica, non è dunque possibile creare onde sonore in grado di propagarsi a distanze superiori a qualche centinaio di metri.

Le onde utilizzate oggi nelle telecomunicazioni non sono meccaniche ma elettromagnetiche, cioè rapide variazioni del campo magnetico indotte da correnti elettriche. Le onde elettromagnetiche hanno tra l'altro il grande vantaggio di essere circa 100 mila volte più veloci del suono. Non c'è differenza qualitativa né di velocità tra le onde radio, il calore emanato da un termosifone, la luce del Sole o di una lampadina, i raggi ultravioletti che ci abbronzano, i raggi X usati per le radiografie e i raggi gamma: si tratta sempre di onde elettromagnetiche. Ciò che varia è solo la lunghezza d'onda, che possiamo per analogia paragonare alla distanza tra due creste di onde marine. Così, come abbiamo già visto, le onde radio vanno dalla lunghezza di parecchi chilometri fino a un millimetro; da un millimetro a circa un millesimo di millimetro si estendono le onde infrarosse, che percepiamo sotto forma di calore; da un millesimo di millimetro a circa 3500 Angstrom (un Angstrom equivale a un decimilionesimo di millimetro) abbiamo la luce visibile in tutti i suoi colori che vanno dal rosso al violetto; oltre ancora abbiamo l'ultravioletto, poi i raggi X e infine i raggi gamma, che sono così energetici da comportarsi ormai come particelle.

I falò accesi dai greci fra Troia e Argo, utilizzavano evidentemente le frequenze elettromagnetiche della luce visibile, e i problemi che queste onde incontrano nel propagarsi sono molto simili a quelli posti dalle frequenze molto alte impiegate nelle trasmissioni televisive e nei ponti radio dei telefoni cellulari, sia terrestri sia satellitari. In entrambi i casi l'onda viaggia in linea retta, viene fermata o riflessa da ostacoli massicci e attenuata in varia misura dagli agenti atmosferici. Curiosamente, la banda delle onde elettromagnetiche sfruttate dagli antichi con i loro falò, è tornata di attualità nelle telecomunicazioni moderne grazie al laser e alle fibre ottiche.

Il telegrafo Chappe

Con i falò – a un bit per volta – evidentemente era difficile comunicare messaggi complessi e i tempi necessari erano lunghi. D'altra parte i messaggeri a cavallo raggiungevano al massimo una velocità di 15 chilometri all'ora: occorrevano giorni per far arrivare una notizia dalla Gallia a Roma, sempre che qualche incidente non eliminasse lungo la strada messaggero e messaggio.

Un perfezionamento dei « telegrafi a vista » basati su falò, fumate e razzi si ebbe solo verso la fine del Settecento, quando l'ingegnere francese Claude Chappe (1763-1805) riprese un'idea che era già stata esposta dall'astronomo e fisico inglese Robert Hooke in una conferenza tenuta nel 1684 alla Royal Society. Chappe ideò una sorta di « semaforo » costituito da aste mobili incernierate su di un palo fisso. Ogni posizione delle aste corrispondeva a una lettera. I semafori erano posti a distanza di vari chilometri ma l'uno in vista dell'altro: con un cannocchiale i telegrafisti leggevano il messaggio e lo rilanciavano alla stazione successiva.

Aiutato dai suoi fratelli, Chappe mise a punto questo sistema nel 1790. Era un'epoca favorevole per indurre i politici ad attuare il suo progetto perché, scoppiata la rivoluzione, la Francia aveva più bisogno che mai di comunicazioni rapide, sia per motivi di sicurezza interna sia per fronteggiare all'esterno l'accerchiamento delle forze alleate contro Parigi (Inghilterra, Paesi Bassi, Prussia,

Austria, Spagna). La prima linea telegrafica di Chappe collegò Parigi a Lilla, una distanza di 230 chilometri. Poi la rete si infittì, partendo a raggiera dalla capitale fino a raggiungere i confini, da Brest in Normandia a Marsiglia sul Mediterraneo, da Strasburgo alla costa atlantica.

I tralicci di Chappe erano macchinosi, costosi per via del personale che richiedevano, piuttosto lenti e poco affidabili. Bastava il buio o un velo di nebbia per impedire qualsiasi comunicazione. Eppure ebbero un successo formidabile. Quando nel 1844 il primo telegrafo elettrico collegò Parigi a Rouen, la rete Chappe aveva raggiunto in Francia i 5000 chilometri, garantiva un servizio abbastanza celere tra 29 città e disponeva di 534 stazioni distribuite a circa 9 chilometri l'una dall'altra. Un singolo segnale poteva essere trasmesso da Parigi a Lione, attraverso 116 stazioni, in 20 minuti. Molti altri paesi, intanto, avevano adottato soluzioni analoghe: l'Italia (Piemonte e Lombardo-Veneto), la Prussia, gli Stati Uniti. Il primato di velocità di trasmissione fu di 170 miglia al minuto, cioè 3 miglia al secondo per ogni informazione elementare (bit). Il telegrafo Chappe funzionò fino alla guerra di Crimea, nel 1855. Ma ancora oggi tra navi vicine si comunica con luci e sbandieramenti, ultima traccia della « telegrafia visiva ».

Comunicazione su filo: il telegrafo elettrico

Fu l'elettricità a liquidare definitivamente falò, torri di osservazione, cannocchiali e semafori. Gli esperimenti di Luigi Galvani sono del 1792, la pila di Alessandro Volta è del 1800, ma già prima si erano tentati esperimenti con elettricità statica fornita da « bottiglie di Leyda », le bisnonne dei condensatori. Nel 1808 il fisico, biologo e inventore Samuel Thomas von Sommering costruì addirittura un apparecchio che possiamo considerare l'antenato delle telescriventi, macchine che hanno tenuto la scena, nei giornali, dagli anni Quaranta agli anni Novanta del secolo scorso: il collegamento era costituito da 25 fili elettrici, a ogni filo corrispondeva una pila alla stazione di partenza e una cella elettrolitica in quella di arrivo, e ogni cella era abbinata a una lettera dell'alfabeto; chiudendo il circuito della trasmittente si segnalava all'apparecchio ricevente la lettera desiderata.

I progressi del telegrafo elettrico furono abbastanza rapidi. Si incominciò con apparecchi che, tramite un campo elettromagnetico, deviavano, al passaggio della corrente, un ago di ferro. Il 24 luglio 1837 il fisico e inventore inglese Charles Wheatstone presentò un telegrafo di questo tipo che utilizzava cinque aghi di ferro in posizione verticale: il campo magnetico di una corrente elettrica comandata dalla stazione trasmittente li orientava, indicando le diverse lettere dell'alfabeto (ma non le lettere C, J, Q, U, X e Z, il che talvolta creava difficoltà di interpretazione). La dimostrazione avvenne sulla distanza di 2,4 chilometri tra le stazioni ferroviarie di Euston e Camden. Gauss e Weber a Gottinga nel 1838 usarono un telegrafo Wheatstone per collegare il laboratorio di fisica dell'università all'Osservatorio astronomico, che distava circa un chilometro. Come succederà poi con Internet, fu dunque il mondo della scienza a sviluppare per il proprio uso una tecnologia che sarebbe poi diventata di dominio comune.

Gli aghi magnetici furono però una soluzione perdente, destinata ad affollare il cimitero dei tecnosauri. Sempre nel 1837, lo stesso anno in cui Wheatstone realizzò il suo telegrafo ad aghi, un ingegnere e pittore americano, Samuel Finley Breese Morse, brevettava un modello di telegrafo capace di scrivere a punti e linee, archetipo del telegrafo in uso fino a pochi anni fa, quando questo glorioso apparecchio è stato sostituito da mezzi più moderni come il telex (già praticamente estinto) e il fax (attualmente anch'esso quasi in estinzione), incalzato dall'e-mail.

L'era breve della telegrafia

Il telegrafo Morse è molto semplice: nella postazione trasmittente un tasto comodamente manipolabile chiude e apre un circuito elettrico in corrente continua che arriva fino alla postazione ricevente; qui una elettrocalamita, quando è percorsa dalla corrente perché il tasto è stato abbassato da chi trasmette, attira una sbarretta di ferro che porta alla sua estremità un pennino inchiostrato, il quale scende a toccare una striscia di carta in lento srotolamento, sulla quale traccia una riga o un punto a seconda della durata dell'impulso elettrico trasmesso.

L'utilità pratica del telegrafo elettrico crebbe in modo decisivo quando, grazie a questi perfezionamenti introdotti da Morse, divenne possibile conservare una traccia scritta dei messaggi trasmessi. Professore di storia dell'arte e di disegno alla New University di New York, Morse aveva anche uno spiccato senso degli affari. Realizzato nel 1837 il suo telegrafo scrivente con l'aiuto del meccanico Alfred Vail, dopo aver cercato invano di ottenere dei fondi dal Congresso americano e di brevettare la sua idea in Europa, riuscì infine, nel 1843, a strappare un finanziamento di 30 mila dollari per la costruzione di una linea telegrafica tra Washington e Baltimora.

L'inaugurazione avvenne il 24 maggio 1844. Il primo messaggio fu: «Così ha permesso Iddio!» Il 23 agosto 1963 ripeterà la stessa esclamazione il presidente americano John Kennedy concludendo la prima conversazione telefonica intercontinentale, resa possibile dal satellite *SYMCOM*: si indirizzava al primo ministro della Nigeria, e la voce dei due interlocutori percorreva, tra andata e ritorno dal satellite, 72 mila chilometri.

Il «villaggio globale» incomincia con Morse e le sue arcaiche combinazioni di linee e punti, oggi ridotte al rango di geroglifici. Il tamburellare della penna sul nastro telegrafico mise allo scoperto i nervi del mondo, nel bene e nel male. Da allora, qualsiasi evento, dovunque si verificasse, è stato in grado di scatenare immediate reazioni a migliaia di chilometri di distanza: attentati, crolli in borsa, sollevazioni di piazza, ma anche spedizioni di soccorso. La notizia della morte dello zar Nicola (1855) si seppe a Londra 4 ore dopo. Nel 1801 per lo zar Paolo I erano stati necessari 21 giorni. Nasceva anche l'inviato speciale. Il giornalista William Russell seguì la guerra di Crimea per conto del *Times* trasmettendo dispacci telegrafici, e il quotidiano londinese balzò a 60 mila copie.

L'archiviazione dell'alfabeto Morse ci può apparire inevitabile e persino tardiva, ora che sono in orbita costellazioni di satelliti per telecomunicazioni e, con il GPS, *Global Positioning System*, si fa il punto-nave con la precisione di un metro. Per non parlare della povertà dei messaggi Morse. Da Internet – la rete delle reti, centinaia di milioni di computer allacciati in tutto il mondo – possiamo in pochi secondi estrarre tante informazioni quante ne contiene una enciclopedia. In alfabeto Morse i messaggi viaggiano a pochi bit al secondo. Nel tempo necessario per battere un S.O.S., un clic del mouse ti pesca da Internet una foto dell'ultimo numero di *Playboy* e te la mette a colori sul computer. Dietro il sorriso della ragazza, le informazioni elementari sono tante che un buon telegrafista in un anno non riuscirebbe a trasmetterle. Eppure anche da questo punto di vista l'alfabeto Morse è qualcosa di glorioso: il linguaggio dei computer è binario, 0 e 1, due soli segni, come l'antico linguaggio Morse (un linguaggio binario impuro, per la verità, perché tra punto e linea c'è anche lo spazio bianco, o il silenzio, tra un segno e l'altro).

Il telegrafo elettrico ha molti padri: l'americano Joseph Henry, che non brevettò la sua idea perché era un gran signore e voleva che i progressi della scienza fossero a disposizione di tutta l'umanità; il ginevrino Le Sage, Cooke e il già citato Wheatstone. Tutti fallimenti. Ci voleva qualcosa di più semplice. Samuel Morse arrivò alla soluzione nel 1832 mentre tornava dall'Europa negli Stati Uniti a bordo della nave *Sully*. Lo aiutò il suo meccanico Alfred Vail, e anzi pare che sia stato proprio lui a suggerire il codice a linee e punti. Fu Miss Ellsworth, figlia del direttore dell'Ufficio brevetti, a far ottenere a Morse i primi finanziamenti. Nel 1852 c'erano già 66 mila chilometri di cavi. Nel 1901 Marconi trasmetteva via radio i tre puntini della S attraverso l'Atlantico, e non ci fu più bisogno neppure di cavi. Ma l'alfabeto Morse resisteva.

L'ultimo messaggio in alfabeto Morse partì dalla Guardia Costiera americana il 1° maggio 1995. Da quel giorno linee e punti sono andati ufficialmente in pensione, sostituiti dai messaggi in fonia. «Ma un S.O.S. – ha detto un nostalgico della Guardia Costiera USA nel giorno dell'addio – non conosce barriere linguistiche e rimane il segnale più chiaro in difficili condizioni di trasmissione e di propagazione del segnale.»

Il telegrafo è stato decisivo nella transizione al mondo moderno perché ha favorito la circolazione delle notizie, l'incremento degli scambi commerciali, i contatti culturali tra le nazioni, consentendo anche ai governi un controllo più diretto e centralizzato sulle regioni periferiche. I primi utenti ad avvantaggiarsene furono i gestori delle ferrovie e gli editori di giornali. Nella loro veste moderna, i giornali nascono proprio come conseguenza del telegrafo, tanto che presto comparvero agenzie di stampa che si avvalevano della nuova invenzione mettendo notizie fresche a disposizione dei giornali ad esse abbonati.

Pioniere di questa attività fu, insieme con il francese Charles-Louis Havas, il tedesco Paul Julius Reuter. In proposito, c'è un aneddoto curioso. Nel 1850 c'era ancora un buco di 150 chilometri tra la linea telegrafica Parigi-Bruxelles e la linea Berlino-Aix-la-Chapelle. Reuter, per stabilire un contatto il più rapido possibile tra Parigi e Berlino, non esitò a creare un raccordo tra le due linee telegrafiche per mezzo di piccioni viaggiatori. Il servizio funzionò con discreti risultati fino a poco dopo il Natale del 1850, quando finalmente l'interruzione di 150 chilometri fu coperta da un cavo telegrafico. Reuter si trasferì allora in Inghilterra, dove continuò la sua attività fondando una agenzia di stampa che porta ancora il suo nome.

Cavi sul fondo dell'oceano

I mari rimanevano un grosso ostacolo alla diffusione del telegrafo. Non era facile isolare bene i cavi elettrici di rame proteggendoli anche dalla corrosione salina. Altre gravi difficoltà si incontravano nel posare il cavo senza che si spezzasse. Trovò una soluzione Werner Siemens nel 1847 ideando una macchina capace di ricoprire il filo con uno strato di guttaperca. Il primo cavo sottomarino d'alto mare fu posato tre anni dopo, il 28 agosto 1850, tra Capo Gris-Nez in Francia e Capo Southerland in Inghilterra dai fratelli John e Jacob Brett, imbarcati sul rimorchiatore *Goliath*. Purtroppo quel ponte telegrafico sulla Manica durò poco. Un pescatore prese nella sua rete il cavo, lo tagliò e ne portò a riva un frammento: aveva creduto che si trattasse di uno strano tipo di alga con l'«anima» piena d'oro. L'anno successivo il cavo fu di nuovo posato, ma questa volta era molto più robusto e rivestito di tela catramata.

L'impresa che rimane leggendaria nella storia delle telecomunicazioni è la posa del primo cavo transatlantico. Ci provò l'americano Cyrus Field, partendo da Valentia, in Irlanda, il 7 agosto 1857 a bordo della nave *Agamennon*, sulla quale aveva caricato 3200 chilometri di un cavo assai più grosso e robusto di quello già posato attraverso la Manica. Ma non era ancora abbastanza robusto: il 17 agosto si spezzò a una profondità di 3700 metri e per un anno si dovette rinunciare. Era chiaro, ormai, che una sola nave non sarebbe riuscita nell'impresa. Field pensò di provare con due navi che convenissero in mezzo all'oceano Atlantico, qui saldassero i loro due spezzoni di cavo e poi si allontanassero in direzioni opposte, rispettivamente fino alla costa americana e a quella irlandese. Il primo tentativo fallì quasi subito per lo spezzarsi del cavo posato dall'*Agamennon*. Il secondo andò bene. Partite dal centro dell'oceano a mezzanotte del 28 luglio 1858, le due navi toccarono terra il 5 agosto e alle ore 2.45 di quel giorno fu possibile trasmettere il primo messaggio telegrafico transatlantico attraverso 3240 chilometri di cavo tra Valentia in Irlanda e la baia di Trinità a Terranova.

Come quello della Manica, anche questo cavo durò poco. Trasmise in tutto circa 400 messaggi. Meno di un mese dopo la posa, il 3 settembre 1858, un telegrafista inesperto collegava al cavo una batteria da 500 elementi sottoponendolo per errore a una tensione di oltre mille volt. Il cavo « bruciò » come il filamento di una lampadina. Solo nel 1865 la linea telegrafica fu ripristinata, questa volta definitivamente.

Il nonno del fax

Una evoluzione del telegrafo fu il pantatelegrafo, che a tutti gli effetti può essere considerato l'antenato del fax, anche se non ebbe fortuna perché troppo in anticipo sui tempi. L'idea originale della scansione di una immagine e della trasmissione via telegrafo dei punti in cui veniva scomposta fu dello scozzese Alexander Bain (1818-1877), che la brevettò il 27 maggio 1843. La realizzazione del pantatelegrafo è merito dell'abate Giovanni Caselli, nato a Siena nel 1815 e morto nel 1891 a Firenze.

Allievo del fisico Leopoldo Nobili, nel 1836 Caselli vestì l'abito talare e si dedicò all'insegnamento delle lettere e della storia, pur continuando a coltivare interessi scientifici. Per l'editore Le Monnier nel 1854 diresse, e in gran parte scrisse, una delle prime riviste di divulgazione scientifica, intitolata *La ricreazione. Giornale di scienze fisiche e di arti ad uso dei giovinetti* (nel frontespizio apparivano quattro bambine che guardavano una locomotiva a vapore, una scelta, per quei tempi, singolarmente avanzata).

Nel 1856 Caselli mise a punto un apparecchio in grado di riprodurre a distanza, tramite il telegrafo, un messaggio o un disegno tracciati con inchiostro grasso su un foglio di stagnola buon conduttore di elettricità. Un pendolo d'acciaio alto due metri esplorava con una punta metallica il foglio di stagnola disegnato, posto su una piastra di rame. Quando la punta incontra la parte scritta, l'inchiostro funzionava da isolante. La corrente elettrica che passava dove non c'era inchiostro andava alla linea telegrafica e i segnali giungevano a un analogo pendolo, ma scrivente, nella stazione d'arrivo. Questo pendolo, sincronizzato con il primo tramite elettromagneti, riproduceva il documento.

Poiché il Granduca di Toscana non volle finanziare l'invenzione, Caselli portò il pantatelegrafo all'esposizione di Parigi e lo mostrò al famoso fisico Léon Foucault. L'abate poté così perfezionare l'apparecchio nelle officine dello scienziato francese. Nel 1860 Napoleone III visitò le officine e assistette alla trasmissione di un suo ritratto. Seguirono esperimenti sulla linea telegrafica Parigi-Amiens: anche Gioacchino Rossini, il 22 gennaio 1860, usò questo apparecchio per trasmettere da Parigi un suo spartito.

Adottato dalla società telegrafica francese, il pantatelegrafo funzionò tra Parigi e Lione trasmettendo fogli di varie dimensioni: nel 1866 furono inviati 4860 messaggi, in gran parte ordini autografi per operazioni di borsa.

Fax e segreteria telefonica

Abbandonato alla fine dell'Ottocento, l'apparecchio di Caselli è risorto su basi tecnologiche del tutto diverse intorno al 1980 come servizio telefonico. È il telefax, o più semplicemente fax, da « fac simile », presente in tutti gli uffici e anche in molte abitazioni, dove è integrato nella segreteria telefonica o « risponditore automatico » (*answering machine* in inglese). La segreteria telefonica ha più di un secolo, risalendo al 1904, e fino a non molti anni fa utilizzava cassette di nastro magnetico sia per rispondere sia per registrare i messaggi di chiamata. Nel 1983 Kazuo Hashimoto brevettà la prima segreteria telefonica digitale che usi una memoria a stato solido (brevetto USA 4.616.110 intitolato *Automatic Digital Telephone Answering Device*). Molte segreterie sono consultabili a distanza dal proprietario tramite un numero di codice o riconoscimento vocale.

L'evoluzione del fax si intreccia con quella della telefoto: vi contribuirono il francese Edouard Belin (1876-1963), l'orologiaio americano Ernest Hummel e il tedesco August Korn (1870-1945). Uno scanner trasforma in informazioni elementari la pagina da trasmettere, i segnali viaggiano sul doppino in rame come una normale conversazione e nella postazione di arrivo una stampante riproduce il documento originale. Nella scansione a definizione più bassa le linee sono 100 per pollice (1 pollice = 2,52 cm) sia in verticale sia in orizzontale. I fax a più alta definizione arrivano a 400 linee. La velocità di trasmissione è passata da 4800 bit per secondo nel 1988 a 24 mila nel 1998.

Il fax ha avuto una diffusione fulminea tra il 1985 e il 2000 ma all'inizio del terzo millennio è entrato in crisi, sostituito dalla posta elettronica. Sopravvive, appunto, nelle segreterie telefoniche. Un modem provvede a trasformare i segnali analogici in digitali.

Il telefono meccanico di Hooke

Con la sola telegrafia non avremmo le telecomunicazioni di massa. Anche quando divenne una tecnologia notevolmente diffusa, il telegrafo rimase uno strumento a disposizione di pochi, destinato più alle comunicazioni di interesse pubblico che a quelle private. Il grande sogno rimaneva trasmettere direttamente la voce.

L'astronomo Robert Hooke, che già nel 1684 aveva immaginato un sistema di telegrafia ottica, fece anche i primi esperimenti di trasmissione della voce umana. Non potendo ancora servirsi dell'elettricità, della quale al suo tempo non si sapeva quasi nulla, Hooke ricorse alle vibrazioni meccaniche di un filo teso tra due membrane che funzionavano sia da microfono sia da auricolare. « È possibile, come io stesso ho constatato », scrisse Hooke dopo i suoi esperimenti, « cogliere un mormorio alla distanza di 200 metri, e forse ciò può verificarsi anche su una distanza maggiore. » Con telefoni basati sul principio di Hooke giocano ancora oggi molti bambini. Ma, appunto, parliamo di giocattoli.

Il telefono elettrico

Quando si incominciò a conoscere l'elettricità, fu subito chiaro che avrebbe potuto trasmettere messaggi sonori ma non altrettanto semplice fu escogitare la tecnologia adatta a raggiungere lo scopo. Charles Graffon Page, un ricercatore vissuto negli Stati Uniti dal 1812 al 1868, scoprì nel 1837 che con brusche variazioni del campo magnetico era possibile far vibrare una lamina di ferro traendone un suono la cui altezza dipendeva dalla frequenza delle variazioni del campo elettromagnetico.

Anche Antonio Meucci (1808-1889), un toscano emigrato in America, dove aveva fondato una piccola fabbrica di candele, pensò che, come nel caso del telegrafo, la soluzione poteva venire dai fenomeni elettromagnetici. Nel 1849 collocò una lamina davanti a una calamita su cui era avvolto del filo conduttore collegato a un analogo apparecchio ricevente. Parlando, la lamina vibrava e induceva correnti elettriche modulate dalla voce nella bobina trasmittente. Viaggiando lungo il filo, queste correnti riproducevano il suono facendo vibrare la lamina al posto di ascolto. Microfono e auricolare erano reversibili, cioè potevano essere usati sia per parlare sia per ascoltare, e non c'era bisogno di pile.

Meucci era stato costretto all'esilio all'Avana per avere svolto attività patriottica. Anche nel Nuovo Mondo manteneva collegamenti con i compagni di lotta che si battevano per unire l'Italia sotto una sola bandiera. Giuseppe Garibaldi, ospite di Meucci tra il 1850 e il 1853, fu tra i primi spettatori di quegli esperimenti di telefonia e di altre invenzioni del toscano, tra le quali una carta ricavata dalle alghe, uno strumento per misurare l'umidità e una polverina per rendere effervescente l'acqua. Meucci non aveva fatto studi regolari e per molto tempo i suoi denigratori cercarono di sostenere che egli non avesse nessuna consapevolezza tecnologica di ciò che stava facendo. Ciò è smentito, tra l'altro, da un suo scritto del 1857 nel quale si legge: « L'invenzione consiste in un diaframma vibrante e in un magnete elettrizzato da un filo a spirale che lo avvolge. Il diaframma vibrante altera la corrente del magnete. Queste alterazioni di corrente, trasmettendosi da un capo all'altro del filo, imprimono analoghe vibrazioni al diaframma ricevente, riproducendo la parola ». In queste frasi è già chiaramente definito il concetto di telefono elettrico. Ma per mettere al sicuro l'invenzione sarebbero stati necessari 200 dollari, il prezzo del brevetto, ed era proprio ciò che mancava a Meucci.

Molti, in quegli anni, lavoravano per trasmettere a distanza la voce. L'insegnante tedesco Philipp Reis (1834-1874) ebbe l'intuizione di un apparecchio non molto diverso da quello di Meucci e lo chiamò telefono, parola destinata a diventare un simbolo della civiltà moderna. Il 14 febbraio 1876 Graham Bell ed Elisha Gray brevettarono indipendentemente, a poche ore l'uno dall'altro, un ricetrasmettitore in cui il segnale era amplificato da una pila. Le telecomunicazioni potevano così avviarsi a diventare un fatto commerciale, perché aumentava di molto la distanza a cui la voce poteva essere trasmessa. Intanto nel 1871 Meucci aveva registrato la sua invenzione con il nome di «telegrafo sonoro» o «telettrofono». Non era però un brevetto definitivo ma un «caveat» da rinnovare ogni anno al costo di 10 dollari. Meucci poté tutelare la sua invenzione solo fino al 1873. Morì in miseria 16 anni dopo, quando ormai si annunciava la rivoluzione telefonica. Il suo nome all'estero è stato a lungo oscurato. Soltanto l'11 giugno 2002 il Congresso degli Stati Uniti con la risoluzione 269 ha riconosciuto ufficialmente la priorità di Meucci nell'invenzione del telefono, citando i suoi primi esperimenti del 1849, quando si occupava di elettroterapia, e i perfezionamenti del suo apparecchio introdotti nel 1854 e nel 1859, fino alla dimostrazione pubblica del 1860.

Secondo un aneddoto al confine tra storia e leggenda, soltanto il 2 giugno 1875 Bell, insieme con il suo assistente Thomas A. Watson, aveva scoperto casualmente che la voce umana poteva modulare il campo elettromagnetico facendo vibrare una membrana di ferro in modo da riprodurre il suono delle parole. La prima telefonata fatta applicando questo sistema avvenne il 10 marzo 1876 tra due stanze del laboratorio di Bell. La frase pronunciata in quell'occasione non ha nulla di solenne. Bell si limitò a dire: «Signor Watson, venite per cortesia nel mio ufficio». Il signor Watson ci andò, e nacque la telefonia. Oggi nei Bell Laboratories sono impiegati più di 20 mila ricercatori.

In Italia la prima telefonata interurbana avvenne nel 1878 tra l'ufficio telegrafico del Quirinale a Roma e l'ufficio telegrafico di Tivoli, a una trentina di chilometri. Il filo era quello usato anche per il telegrafo e l'apparecchio era del tipo Bell semplificato, cioè senza microfono e pila. Si trattava di un semplice «canale sperimentale», predisposto per integrare le comunicazioni telegrafiche.

Il 1° aprile 1881 in Italia il telefono esordisce come servizio pubblico: in quel giorno il ministro dei Lavori pubblici Baccarini approva il «Capitolato per le concessioni del servizio telefonico all'interno delle città e loro sobborghi». Nove mesi dopo c'erano in tutta la penisola novecento abbonati al telefono, che diventarono 1900 un anno dopo, 6500 nel 1883 e oltre 12 mila nel 1887, serviti da ben 72 società concessionarie: la telefonia italiana nacque dunque all'insegna della libera concorrenza: non c'è niente di nuovo nel fatto che a partire dal 2001 ci stiamo ritornando.

Il perfezionamento del telefono passa attraverso molti progressi tecnologici piccoli ma essenziali. Un primo problema fu quello di evitare l'attenuazione dei segnali elettrici sulle grandi distanze e di impedire il fenomeno della diafonia. Questo fenomeno, dovuto ad accoppiamenti induttivi e capacitativi fra conduttori contigui nel cavo, provoca il passaggio (sia pure con un livello sonoro attenuato) di una comunicazione in corso su una coppia del cavo, su un'altra coppia contenuta nello stesso cavo. Altre difficoltà pratiche si incontravano quando cresceva oltre un certo numero la quantità di coppie di fili riunite in un solo cavo.

Poco per volta si trovò soluzione a tutti questi problemi. La diafonia fu vinta nei cavi telefonici impiegando accorgimenti sviluppati alla Western Electric nel 1891. La trasmissione a distanza senza troppa attenuazione si ottenne prima con il sistema escogitato dallo scienziato serbo Mihajlo Pupin, consistente nel collocare lungo la linea speciali bobine a distanza regolare in modo da aumentare l'induttanza; e poi, più tardi, con l'avvento delle valvole, tramite l'amplificazione del segnale lungo il percorso, l'aumento dei circuiti detti «virtuali», e infine, in modo decisivo, con la trasmissione in alta frequenza, anche questa resa possibile dall'invenzione della valvola termoionica.

Ma la telefonia non avrebbe avuto grande sviluppo se non si fosse risolto il problema della selezione automatica da utente a utente. Nei primi tempi ogni utente era collegato a un centralino, e qui il centralinista, inserendo opportunamente delle spine, realizzava il collegamento con l'utente desiderato. Si deve ad Almon B. Strowger il primo apparecchio per la commutazione automatica, e si dice che a spingere Strowger a realizzarlo sia stato il fatto che spesso comunicazioni di affari a lui destinate (era un impresario di pompe funebri) venivano per errore inoltrate ai suoi concorrenti, sottraendogli così la clientela. La commutazione automatica fu perfezionata da Strowger nel 1902 con l'invenzione del selettore a sollevamento e rotazione, il cui principio è identico a quello « passo a passo » rimasto in uso fino all'avvento, a partire dal 1980, della commutazione elettronica.

Il telefono cellulare

Negli ultimi anni radiofonia, informatica, satelliti artificiali, commutazione elettronica e fibre ottiche hanno rivoluzionato la tecnologia del telefono. Una conseguenza del confluire di queste novità è stata l'enorme e imprevista diffusione della telefonia mobile. Nel mondo sono in funzione 3,3 miliardi di telefonini (2007) e l'80 per cento della popolazione può disporre del servizio; si arriverà al 90% nel 2010. L'Africa, nonostante la sua povertà, è in crescita vertiginosa: i paesi sottosviluppati saltano a piè pari l'era della rete fissa ricorrendo a satelliti e cellulari. Cina, India e America Latina sono altri mercati immensi. In Europa il Lussemburgo vantava nel 2001 il più alto tasso di penetrazione del cellulare (164 per cento). Quanto all'Italia, secondo uno studio dell'Autorità inglese per le telecomunicazioni, nel 2007 i cellulari erano 1,4 per abitante (circa 100 milioni di carte SIM in circolazione; SIM è la sigla di *Subscriber Identification Module*, in sostanza la SIM è la carta di identità dell'utente di un telefono cellulare).

Il telefono fisso è in rapida recessione e c'è chi prevede la sua prossima scomparsa dalle abitazioni. Quattro italiani su dieci usano solo il mobile (ma in media in un mese parliamo per 130 minuti sul fisso e 105 sul mobile, che rimane più caro). Spagna e Polonia ci seguono da vicino. Francia, Regno Unito, Germania e Svezia sono i paesi europei meno attratti dal cellulare. Il passaggio dalla tecnologia analogica a quella digitale è stato decisivo per questa evoluzione, approdata alla multimedialità mobile con i cellulari UMTS.

Nel 1876 Graham Bell pronosticò che grazie al telefono si sarebbe potuto ascoltare un concerto restando tranquilli a casa propria. Aveva contribuito a ideare il telefono, ma ragionava come se avesse inventato la radio. Marconi, subito dopo i suoi storici esperimenti di telegrafia senza fili, si rammaricò del fatto che le onde hertziane fossero intercettabili da tutti, e quindi non garantissero la segretezza dei messaggi. Aveva inventato la radio, ma avrebbe voluto inventare il telefono.

Il primo a studiare l'unione delle due invenzioni fu Nathan B. Stubblefield, un americano di Murray, Kentucky, che nel 1908 ottenne il brevetto USA 887.357 per un *wireless telephone*. In realtà Stubblefield non pensava a una comunicazione radiotelefonica da utente a utente ma a sostituire con ponti radio i cavi tra le grandi centrali telefoniche.

Un telefono cellulare è una piccola radio ricetrasmittente con potenza inferiore a mezzo watt e 8-15 chilometri di portata che si collega con una rete di stazioni ricetrasmittenti a loro volta connesse da un centro di controllo con la rete di cavi fissa. Le stazioni – in sigla BTS, stazioni radio base – sono disposte ai vertici di « cellette » che ricordano un alveare. Questa struttura deve essere tanto più fitta quanto maggiore è il traffico telefonico previsto. In città, dove si è in tanti a parlare contemporaneamente, le cellule misurano poche centinaia di metri; in aperta campagna si estendono fino a 35 chilometri. Numero e disposizione delle stazioni radio base dipendono anche dalla presenza di eventuali ostacoli che impediscano la diffusione del segnale.

La struttura a cellule permette di sfruttare a fondo quel bene prezioso e limitato che è la banda radio disponibile. Questa è suddivisa in sette ambiti di frequenza diversi, ognuno dei quali può ospitare un migliaio di utenti. Le celle hanno sei lati e ogni vertice ha una stazione radio base con una frequenza diversa. Le celle vicine usano frequenze diverse per non interferire tra loro, celle lontane possono usare le stesse frequenze perché la distanza, affievolendo il segnale, impedisce l'interferenza. L'utente in movimento passa da una cellula all'altra e altrettanto può fare il suo corrispondente. Ci pensano i computer delle stazioni radio base a inoltrare la comunicazione alla cella di destinazione sulla rete di terra.

Dopo l'uso nella seconda guerra mondiale di massicci radiotelefoni concepiti da Reginald Fessenden, ingegneri dei Bell Laboratories e della AT&T svilupparono nel 1947 la prima telefonia mobile per uso civile. Valvole e batterie rendevano questi apparecchi scomodissimi. L'unica applicazione pensabile era a bordo di automobili. Poi l'arrivo dei transistor aprì la strada a soluzioni più pratiche.

Il telefono cellulare ha molti padri ma tutti concordano nel riconoscere che il principale è Martin Cooper, un manager della Motorola nato a Chicago nel 1926. Un suo prototipo mobile si collegò a un telefono fisso per la prima volta il 3 aprile 1973, unendo due strade di New York. Il brevetto USA fu registrato il 16 settembre 1975 con il numero 3.906.166. La Motorola attese ancora otto anni prima di avviare la produzione. Il primo modello pesava quasi due chilogrammi e costava 4000 dollari. La prima rete di cellulari fu però lanciata in Giappone dalla NTT nel 1979. Nello stesso anno a Chicago iniziò un esperimento su un'area di 7000 chilometri quadrati divisi in 10 celle: il servizio si limitava però a duemila automobili dotate di radiotelefono. La prima rete del tutto automatizzata fu quella della Nordic Mobile Telephone nel 1981 funzionante nel Nord Europa.

Il servizio di cellulare satellitare raggiunge direttamente qualsiasi punto della Terra. La costellazione del consorzio Iridium, basata su 77 satelliti, 66 dei quali sono stati effettivamente lanciati, si è però rivelata un fallimento clamoroso: a parte giornalisti, naviganti e scienziati, non c'è ancora un mercato per la telefonia satellitare. Il dipartimento della Difesa degli USA ha rilevato Iridium per 25 milioni di dollari. Era costato 6 miliardi, in gran parte investiti dalla Motorola.

Dal TACS all'UMTS

Quattro generazioni principali di cellulari si sono susseguite, più varie intermedie. Si incomincia con il TACS, *Total Access Communication System*: sono cellulari analogici che operano sulla frequenza di 900 MHz. Segue il GSM, *Global System for Mobile Communications*, che segna il passaggio al digitale e raddoppia la frequenza: 1,8 GHz. Una sua evoluzione è il GPRS, *General Packet Radio System*, caratterizzato da velocità superiore. Attualmente si sta affermando l'UMTS, *Universal Mobile Telephone System*, che ha introdotto la videotelefonata, la TV mobile e la connessione veloce a Internet. La prossima generazione sarà la VSF, *Variable Steading Factor*.

La vita media di un telefonino è di un paio di anni, la ricarica della batteria al litio sopporta circa 300 cicli. L'incalzare della tecnologia e il rapido rinnovarsi del design portano a un ricambio rapido, ulteriormente accelerato dal desiderio di possedere un telefonino personalizzato. Per sfuggire alla massificazione il sistema più semplice è scegliere una suoneria insolita. Ci sono migliaia di brani musicali ma anche cinguettii, miagolii, ululati, fino al gorgoglio di una bottiglia che versa champagne. L'industria discografica guadagna più dalle suonerie che dalle vendite di CD. La suoneria più celebre è della Nokia ed è tratta dal *Gran Vals* di Francisco Tárrega. In Germania certe suonerie si sentono così spesso che alcune specie di uccelli hanno imparato a imitarle, aumentando la confusione in questa nostra società della comunicazione. Crazy Frog, «ranocchio pazzo», è nato come suoneria per cellulari ma poi è diventato un personaggio autonomo, con dischi venduti in tutto il mondo e video in computer grafica. La miglior suoneria dovrebbe però essere quella che disturba di meno: consigliamo dunque la vibrazione.

Con il tempo molte altre funzioni si sono aggiunte alla comunicazione in voce: trasmissione di messaggi scritti e multimediali, registrazione sonora, ricevitore radio, sveglia, calendario, agenda, macchina fotografica, ripresa di videoclip, collegamento a Internet, e-mail, TV mobile, GPS, sigla di *Global Positioning System*, una famiglia di 24 satelliti i cui segnali permettono di conoscere la propria posizione con l'approssimazione di pochi metri e di orientarsi su ogni strada e in ogni città.

La camera fotografica è tra gli accessori di maggiore successo: compare nel marzo 1994 e oggi ne sono dotati nove cellulari su dieci. L'idea è contesa tra David M. Britz della AT&T Research e Phillipe Kahn. Si calcola che nel 2007 le immagini digitali scattate nel mondo siano state 250 miliardi, cioè in media 100 a testa, considerando che la foto digitale è privilegio della popolazione dei paesi più sviluppati, pari a 2 miliardi e mezzo di persone: due scatti su tre sono stati fatti con il telefonino.

È un aspetto del trionfo delle camere digitali, che ormai hanno soppiantato le macchine fotografiche a pellicola. Raggiunti i 12 milioni di pixel, la definizione dell'immagine elettronica eguaglia la fotografia classica. In più, l'immagine digitale elimina la noiosa trafila dello sviluppo e della stampa e permette di realizzare anche immagini molto private. Lo sviluppo immediato, con la conseguente riservatezza, era stato il motivo del successo della Polaroid, creatura di Edwin Land (1909-1991), geniale scienziato-imprenditore americano. La sua prima macchina a sviluppo istantaneo entrò in commercio il 26 novembre 1948. Sessant'anni dopo, nel febbraio 2008, la Polaroid ha annunciato che alla fine del 2009 smetterà di produrre le sue pellicole.

Tra le novità in arrivo nei prossimi anni c'è un picoproiettore a led che permetterà di proiettare lo schermo del cellulare fino al formato di una pagina di giornale. Le immagini saranno a fuoco anche se proiettate su superfici curve o irregolari. A questo punto Internet, TV, foto e filmati personali nel telefonino non soffriranno più di claustrofobia. Bisognerà soltanto fare attenzione al consumo della batteria.

Il telefonino fa la spia

Perché la rete cellulare funzioni, la stazione radio base deve sapere in ogni istante quali telefonini si trovino nella sua cella. Per questo, anche quando non stiamo comunicando, il nostro apparecchio ogni qualche decina di secondi invia alla stazione radio base più vicina un segnale che in sostanza dice: « sono qui ». A maggior ragione ciò è necessario quando stiamo parlando e muovendoci da una cella all'altra. In questo caso ne abbiamo anche un vantaggio diretto: il telefonino invia il suo messaggio a tutte le antenne alla sua portata e stabilisce il contatto con la cella più favorevole commisurando la potenza di trasmissione sulla distanza minima per risparmiare energia e far durare di più la carica della batteria.

Quando il cellulare è acceso, il gestore telefonico conosce dunque tutti i nostri movimenti in tempo reale. Quando lo spegniamo sa dove eravamo nell'istante in cui abbiamo interrotto il contatto e ovviamente saprà in quale cella lo riprenderemo per poterci ridare il servizio e scaricare gli eventuali messaggini che nel frattempo sono rimasti parcheggiati presso di lui.

In prima approssimazione l'incertezza della localizzazione ha le dimensioni della cella in cui ci troviamo e va da alcune centinaia di metri a qualche chilometro. Ma si può fare meglio misurando i tempi di ritardo del segnale nel tragitto tra telefonino e stazione radio base. In questo modo la localizzazione si restringe a una corona circolare intorno alla stazione base. Una precisione ancora migliore si ottiene con una triangolazione tra più celle che misurano il ritardo del segnale, un po' come avviene con il GPS. Si raggiunge così una approssimazione di circa cento metri, e la procedura richiede soltanto da 2 a 8 secondi.

Che il nostro cellulare sia localizzato in tempo reale limita la privacy, ma è il prezzo che dobbiamo pagare se vogliamo comunicare e muoverci nello stesso tempo. Molte indagini di polizia sono arrivate a individuare il colpevole seguendo le tracce lasciate dal suo cellulare. Talvolta l'indagine avviene anche parecchi giorni dopo il delitto. A questo punto la domanda è: d'accordo, il gestore deve sapere dove sono per darmi il suo servizio, ma perché tiene memoria dei miei spostamenti?

La risposta è che ciò avviene in parte a mia tutela: se il cellulare si spegne in Piemonte e si riaccende mezz'ora dopo in Sicilia è evidente che la mia carta SIM è stata clonata e qualcuno sta telefonando e forse commettendo reati a mio nome. Inoltre norme già in vigore per il telefono fisso impongono al gestore di identificare i suoi utenti proprio perché si possa intervenire in caso di violazione della legge.

L'algoritmo di Viterbi

Un telefonino racchiude, oltre alla sezione radio di trasmissione e ricezione, una sezione informatica che ha il compito di trasformare la voce in segnali digitali prima di trasmetterla e di riportare alla forma analogica, e quindi in forma vocale, il segnale digitale ricevuto. In queste operazioni intervengono software di campionamento della voce (per tradurla in linguaggio binario), software di compressione per limitare il più possibile la quantità di bit da trasmettere e software per eliminare le interferenze e ricostruire il messaggio anche quando la ricezione è lacunosa. Quest'ultimo è un aspetto cruciale per il buon funzionamento dei cellulari.

L'eliminazione delle interferenze è un regalo di Andrea Viterbi, ingegnere elettronico e imprenditore nato a Bergamo il 9 marzo 1935, sfuggito alla persecuzione antisemita e divenuto cittadino americano inserendo una w doppia nel nome di battesimo. Regalo è la parola giusta, perché Andrew Viterbi non ha voluto brevettare l'idea che sta alla base del funzionamento di tutti i cellulari in giro per il mondo. Il che non gli ha impedito di entrare nella graduatoria dei 400 uomini più ricchi degli Stati Uniti grazie ai profitti delle aziende informatiche che ha fondato: la Linkabit e poi la Qualcomm, marchio legato al software di posta elettronica Eudora e al CDMA (*Code Division Multiple Access*, accesso multiplo a divisione di codice), base dell'ultima generazione di telefonini.

Achille Viterbi, padre di Andrew, era un oculista cugino da parte materna dello scrittore Primo Levi e aveva conosciuto il giovane Angelo Roncalli, allora segretario del vescovo di Bergamo, destinato a diventare papa Giovanni XXIII. Quando il fascismo promulgò le leggi razziali, Roncalli gli offrì rifugio a Costantinopoli ma Achille Viterbi preferì emigrare negli Stati Uniti, dove sbarcò il 27 agosto 1939. Andrew aveva 4 anni. Dopo gli studi medi alla Boston Latin School, si iscrisse al Massachusetts Institute of Technology. Qui ebbe la fortuna di seguire le lezioni di Claude Elwood Shannon, un fondatore della teoria dell'informazione, di Norman Wiener, padre della cibernetica, e del fisico Bruno Rossi, pioniere delle ricerche sui raggi cosmici e collaboratore di Fermi a Los Alamos durante la costruzione della bomba atomica.

Diventato professore all'Università della California, nel 1967 Viterbi escogitò l'algoritmo che ora porta il suo nome per codificare trasmissioni digitali. All'epoca sembrò qualcosa di molto lontano da ogni applicazione: i computer del tempo erano troppo lenti per utilizzarlo e per gestire telecomunicazioni digitali. Ma ben presto le cose cambiarono e l'algoritmo di Viterbi si rivelò prezioso per i sistemi di telemetria che hanno permesso di lanciare i satelliti della serie Explorer della NASA e poi per il funzionamento dei cellulari GSM.

Senza entrare in particolari troppo tecnici, possiamo immaginare l'algoritmo di Viterbi come un setaccio che separa i bit utili, cioè il messaggio, dal rumore di fondo, cioè da disturbi e interferenze. Questa esigenza si pone sia nei cellulari GSM sia in quelli UMTS dell'ultima generazione. L'utilizzazione dello spettro radio disponibile può essere di due tipi: a divisione di frequenza (FDMA, *Frequency Division Multiple Access*) o a divisione di tempo (TDMA, *Time Division Multiple Access*). In altre parole, o a ogni utente assegno una specifica frequenza, o più utenti usano la stessa frequenza ma in tempi diversi. Ma c'è una terza via: il CDMA, *Code Division Multiple Access*, introdotto da Viterbi, consente l'uso dell'intero spettro radio disponibile per tutti gli utenti e moltiplica per 10 gli utenti potenziali dello spettro. In questo caso il problema interferenza è particolarmente grave perché ogni utente è percepito da tutti gli altri come un disturbo, un rumore di fondo. Ma lo *spread spectrum*, lo spettro largo del CDMA, permette il passaggio di una valanga di bit che non passerebbe mai nel collo di bottiglia dei sistemi a divisione di frequenza e a divisione di tempo. Internet e TV sul cellulare possiamo averli solo così.

La batteria del futuro

Lo sappiamo benissimo: la batteria del cellulare ti abbandona regolarmente nel momento cruciale di una telefonata importante: mentre lei ti dice l'ora dell'appuntamento, o l'azienda ti comunica l'indirizzo di un cliente dal quale dipende la tua carriera. E regolarmente non c'è nei dintorni una presa elettrica per la ricarica.

La batteria rimane il grande problema da risolvere: è il pezzo più ingombrante, pesante, effimero e inquinante del cellulare e di ogni apparecchio elettronico portatile.

In molti laboratori si lavora per uscire dalla strettoia. L'idrogeno è un vettore energetico ancora lontano per la sua applicazione all'auto. Presto però potrebbe alimentare il telefonino e gli altri aggeggi elettronici. Intorno al 2010 le nuove batterie a idrogeno dovrebbero diventare un prodotto tecnologicamente maturo. Il vantaggio dell'idrogeno è che possiede una «densità di energia» da cinque a dieci volte maggiore rispetto alle batterie attuali. Con i prototipi che stanno sperimentando aziende giapponesi ed europee si ottengono 10 ore consecutive di telefonate o di lavoro sul computer portatile e 60 ore di musica con un lettore MP3. Oppure 4 ore di TV sul cellulare UMTS.

Purtroppo l'idrogeno allo stato libero sulla Terra non esiste. Per estrarre e accumulare l'idrogeno si stanno esplorando varie strade. Lo si può ricavare, per esempio, dall'etanolo, o dall'idrossido di potassio. Ogni millilitro di etanolo assicura 10 ore di musica MP3.

L'acido formico, elaborato in una speciale sostanza chiamata formira, è invece il materiale su cui punta Motorola: l'acido viene decomposto in anidride carbonica e una molecola di idrogeno; questa, spezzata nei due atomi che la costituiscono, fornisce l'energia cedendo gli elettroni in un materiale polimerico. All'uscita troveremo un po' di acqua e un po' di anidride carbonica. Chissà che qualcuno non pensi a metterle insieme per fare acqua frizzante. I verdi apprezzerebbero, e comunque non potrebbero dire che queste batterie contribuiscono all'effetto serra. Chi ha visto le celle a combustibile che le aziende automobilistiche stanno sperimentando sa che sono grandi e massicce. Quelle per cellulari, computer portatili e lettori MP3 sono già abbastanza miniaturizzate. Toshiba ne ha pronta una che misura 22 per 56 per 4,5 millimetri e pesa 8,5 grammi: è progettata per i lettori di musica, che consumano poco. Per il cellulare le dimensioni sono un po' maggiori.

Girano anche idee più avveniristiche, che superano l'idrogeno. La più suggestiva è quella di sfruttare l'energia meccanica del rumore diffuso nell'ambiente, trasformando le vibrazioni di una lamina in corrente elettrica. Per ricaricare il telefonino basterebbe passeggiare in mezzo al traffico o passare mezz'ora in discoteca.

Un'orgia di SMS

Come il computer con le e-mail, così il cellulare ha inopinatamente rilanciato la scrittura con i «messaggini». La sigla è SMS, da *Short Message Service*: un testo di non più di 160 caratteri trasmesso a costo (in apparenza) molto basso. Il primo SMS parte il 3 dicembre 1992 da un computer e raggiunge un cellulare GSM della Vodaphone inglese: con 22 giorni di anticipo, augura «Merry Christmas», buon Natale. Il primo messaggino tra cellulari è del gennaio 1993.

Attualmente (2008) il prezzo di un messaggino va da 9 a 15 centesimi di euro, una cifra cento volte maggiore del suo costo reale, che è inferiore a 0,1 euro (si pensi che il messaggino occupa al massimo 140 byte e un secondo di conversazione almeno 8000). Ciò che costa è semmai il conteggio, il prelievo dal credito telefonico dell'utente, ma si tratta pur sempre di cifre irrisorie, e in più gli SMS viaggiano come dati di servizio normalmente associati a ogni telefonata. Risultato: il giro d'affari per le aziende telefoniche è di 3 miliardi di euro all'anno.

Gli SMS furono 17 miliardi nel 2000 e 500 miliardi nel 2004. Ormai siamo oltre i mille miliardi l'anno. Nel 2007 solo tra Natale e Capodanno gli italiani si sono scambiati un miliardo di SMS, in media 18 a testa. Il successo, specie tra i giovani, si deve al costo esiguo, alla riservatezza (il messaggino passa inosservato sotto gli occhi di genitori e insegnanti) e al fatto che lo si riceve anche a telefono spento e diventa leggibile appena si riaccende il cellulare.

Ogni giorno nel mondo gira un miliardo e mezzo di SMS, 70 milioni è il traffico in Italia (2007). Con il diffondersi degli SMS le e-mail, nate nel 1972 e diventate di uso comune dopo il 1995, sono già invecchiate. I ragazzi le usano quasi soltanto per comunicazioni di lavoro dirette agli adulti, trovano gli SMS più pratici e veloci. Un sondaggio Microsoft-MTV su 18 mila ragazzi tra gli 8 e i 24 anni dice che nel 2007 il 46% dei giovani associa l'e-mail allo studio e solo il 28% al divertimento, prerogativa che invece il 63% dei ragazzi indica come tipica del messaggino.

I 140 byte degli SMS rendono possibili 160 caratteri, ciascuno individuato da 7 bit. Per rendere più veloce la scrittura molti telefonini offrono il T9, un software che indovina la parola che si vuole scrivere fin dalle prime lettere scegliendo il primo vocabolo inserito nel suo dizionario secondo un indice di frequenza nella lingua italiana. L'ha inventato Tegic Communications, ma se il vostro modo di scrivere è un po' personale è meglio farne a meno, vi farebbe scrivere un sacco di sciocchezze. Sulla scia del T9 (Text on 9 keys), Motorola ha elaborato il sistema iTAP e Eatoni il software LetterWise. Le lingue disponibili in tutti questi software sono una quarantina. Il risparmio di digitazione è circa 1 a 2: per scrivere «ciao» normalmente occorre premere i tasti dieci volte, usando il T9 si scende a quattro.

I ragazzi a loro volta hanno elaborato una specie di stenografia: amete per amore eterno, aminfi per amore infinito, -male per meno male, la x sostituisce per, si tratti dell'avverbio o della sillaba interna a una parola (axitivo per aperitivo), comunque si abbrevia in cmq, c6? significa ci sei?, cvd ci vediamo dopo, ntm non ti merito.

Poiché a ogni tasto sono collegate più lettere, succede anche che si scrive scusa ed esce paura, siamo ed esce piano, puoi ed esce suoi. Gli utenti più giovani di solito non correggono questi fraintendimenti (e quelli del T9) lasciando al destinatario l'onere di decriptare il messaggio. Sembra impossibile, ma da messaggini scritti in questo modo barbaro sono nati diari e romanzi, e i linguisti non escludono che prima o poi la x intesa non come lettera ma come simbolo della moltiplicazione e il 6 come voce del verbo essere diventeranno nuovi simboli alfabetici.

L'MMS, *Multimedia Messaging Service*, è uno sviluppo degli SMS: è l'invio non solo di testo ma di fotografie o brevi filmati. Il successo è però meno travolgente perché più ristretta è la cerchia degli interessati: colleghi di lavoro e corrispondenti con cui non si ha confidenza rimangono tagliati fuori.

iPhone, l'evoluzione della specie

I cellulari seguono due tendenze evolutive divergenti: o l'estrema semplificazione e il basso costo o l'accumulo di funzioni, naturalmente a prezzo elevato. L'iPhone si colloca in questa seconda linea e il settimanale *Time* lo ha proclamato «invenzione dell'anno 2007». A prima vista si fatica a capire dove stia la grande novità. L'iPhone – sfornato dalla Apple di Steve Jobs – ha l'aspetto di un classico cellulare un po' massiccio: forma rettangolare di 11,5 per 6,1 centimetri, spessore 11 millimetri, 135 grammi. Chi lo prova però scopre un po' per volta parecchie novità, anche se forse Jobs esagerava quando per lanciarlo ha detto: «Di solito un uomo è fortunato se assiste a una grande rivoluzione. Io sono già alla seconda». Chissà qual è la prima: il vecchio Mac (1984) o il più recente iPod (2001)?

Ci sono invenzioni forti, che derivano da conquiste scientifiche pesanti. La radio, per esempio, applicazione delle onde elettromagnetiche. E ci sono invenzioni deboli, che mettono insieme tecnologie già esistenti. Il cellulare è una di queste: telefono, radio e gambe c'erano già. L'unione delle tre cose però è stata esplosiva. Oggi ci domandiamo come si faceva a vivere senza telefonia mobile (qualcuno però risponde sommessamente che si viveva, e meglio). Invenzione debole, sul mercato il cellulare ha dimostrato di essere un prodotto fortissimo.

Il discorso vale anche per Internet. C'erano le reti, c'era il computer. Far parlare tra loro tutti i computer tramite la rete ha cambiato il mondo. Curiosamente, i futurologi non avevano previsto né i cellulari né Internet.

Precursore delle invenzioni deboli (e mobili) fu il walkman. Ora è finito anche lui nel cimitero dei tecnosauri. Ma per un ventennio ha fatto furore, e nel terzo millennio è risorto con le fattezze dell'iPod. Il dispositivo per ascoltare musica camminando nacque il 1° luglio 1979. Suoi padri furono il presidente della Sony Akio Morita (1921-1999) e il presidente onorario Masaru Ibuka (1908-1997). In origine doveva essere un registratore tascabile per i giornalisti, ma il prototipo funzionava male. Morita decise di togliere il settore registrazione e riciclare il resto. Fu un trionfo. Gli storici della tecnologia si domandano ancora dove fosse l'invenzione: la musicassetta l'aveva brevettata la Philips nel 1963, il nastro magnetico risaliva al 1934.

La forza dell'iPhone consiste nel mettere insieme tante invenzioni deboli. È un cellulare quadriband, ma è anche un computer palmare con sistema operativo Mac OS X e un iPod con funzioni audio, foto e video; si collega a Internet in modalità Wi-Fi, scarica filmati da YouTube, riceve e invia e-mail, parla ad altri computer e apparecchi elettronici con Bluetooth, naviga nelle mappe di Google, integra il sistema di navigazione GPS: in quella scatolina piatta si concentra una decina di apparecchi che prima vivevano separati.

Ma soprattutto l'iPhone ha uno schermo multitouch: lo tocchi e lo sfogli come le pagine di un libro. Il gesto è così abituale che corri il rischio di inumidire la punta dell'indice sulle labbra. Così l'iPhone restituisce al mondo virtuale una parvenza di fisicità. Hai la sensazione di manipolare i dati con le dita, di spostare un foglio, aprire un documento benché la tastiera sia puramente virtuale. La gestualità riconquista un senso. Persino la zoomata su una foto passa per un contatto fisico con lo schermo. E poi la grafica è nuova e accattivante: l'icona di un aeroplano arancione ti avverte che non ci sono celle disponibili, proprio come quando sei in volo sull'oceano Pacifico. Un sensore di prossimità a raggi infrarossi spegne lo schermo quando lo si avvicina all'orecchio. Così si risparmia energia. Un altro sensore adatta all'ambiente la luminosità dello schermo. Un accelerometro orienta l'immagine nella posizione più favorevole. Piccoli trucchi che aumentano quella cosa difficilmente definibile che si chiama «simpatia operativa».

Apple non ha inventato niente di tutto ciò. L'azienda californiana si è limitata ad acquistare licenze, o intere aziende che quelle licenze detenevano senza però sapere che cosa farne. Steve Jobs invece sapeva. E ha trovato un modo nuovo per mettere insieme cose vecchie. C'è della profondità in una innovazione così superficiale.

Da luglio a dicembre 2007 negli Stati Uniti si sono venduti due milioni di iPhone della prima generazione, alla quale altre generazioni si sono susseguite rapidamente.

La Apple ha stretto un patto d'acciaio con la AT&T come gestore unico per gli USA. In Europa il gestore unico obbligato è illegale e ciò ha ritardato l'arrivo dell'iPhone. La sua diffusione è iniziata nel 2008, e a prezzi molto salati. Costo a parte, l'invenzione incoronata da *Time* deve affrontare altre critiche. La tastiera virtuale porta a frequenti errori di battuta e non funziona con i guanti. La mancanza di protezioni espone l'iPhone ad attacchi telematici. Mancano funzioni come la chiamata vocale, i giochi, la registrazione sonora. Lo stesso nome iPhone è stato oggetto di contenzioso (poi risolto) con Cisco Systems, che lo aveva registrato già nel 1996.

Educazione del telefonino

Il cellulare ha cambiato il costume. In peggio. Accenniamo almeno a tre aspetti, che potremmo mettere sotto il comune denominatore « le tre E del telefonino »: educazione, ecologia ed etica. Incominciamo dalla prima E. Quando si chiama qualcuno a un apparecchio fisso, è come entrare in casa sua; l'educazione richiede che ci si presenti (Sono Caio), si saluti (Buongiorno) e si accerti: a) che l'interlocutore sia proprio quello cercato e b) che la visita telefonica non sia capitata in circostanze inopportune (Disturbo?). Il cellulare ha cancellato questa elementare educazione. Il nome di chi chiama, se è registrato nella scheda di chi riceve la telefonata, compare insieme con il trillo: non serve presentarsi, e molti ne deducono che non serve neppure salutare né informarsi sull'opportunità della chiamata. Eppure, se il telefono fisso ci porta in casa d'altri, il cellulare addirittura ci fa irrompere nella vita intima del nostro interlocutore.

L'ubiquità della telefonia mobile pone altri problemi di buona educazione quando siamo in situazioni sociali: al ristorante, al cinema, a teatro, durante le conferenze il telefonino deve essere spento; in treno deve suonare sommessamente e sommessamente si dovrà dialogare con chi ha chiamato; il numero privato di chi ci chiama dovrà rimanere riservato e non subito passato all'amico che a sua volta lo darà all'amico dell'amico.

Ecologia del telefonino

C'è poi l'aspetto ecologico. Con miliardi di telefonini che si rinnovano in media ogni due anni, diventa urgente pensare al riciclaggio dei loro materiali, che sono o preziosi o inquinanti o entrambe le cose. Oltre all'involucro di plastica, un telefonino contiene metalli pesanti come zinco, nichel, ferro, piombo e cadmio. Il solo cadmio contenuto in una batteria è sufficiente per inquinare 600 litri di acqua. Il problema si è già posto per i computer. È vero che i cellulari sono meno ingombranti, ma è anche vero che sono ancora più numerosi (la sola Nokia ne sforna un milione al giorno), che la tentazione di gettarli dove capita è più forte, e il comportamento scorretto più difficilmente perseguibile. Oggi in Europa solo 15 cellulari su 100 vengono rottamati rispettando l'ambiente.

Etica del telefonino: gli schiavi del coltan

Infine, terza E del telefonico, l'aspetto etico. Una materia prima utilizzata nei cellulari è il tantalio: serve a ottenere condensatori piccoli ma ad alta capacità per assicurare al momento giusto l'energia richiesta, che la batteria non riuscirebbe a fornire. Il tantalio si ricava dal coltan, una sabbia nera formata da minerali di colombite e tantalite. Il coltan, nome formato dalle tre lettere iniziali dei suoi costituenti, è un materiale di importanza strategica perché il tantalio, oltre che nei telefonini, si usa nei missili, nei computer, nei videogame.

I quattro quinti delle riserve mondiali di coltan si trovano in Africa, e i quattro quinti delle riserve africane si concentrano nella Repubblica Democratica del Congo (ex Zaire). Dato che il tantalio ha all'incirca il prezzo dell'oro, con il diffondersi dei telefonini è iniziato uno sfruttamento selvaggio dei giacimenti congolesi. A offrire la mano d'opera è un esercito di disperati che opera in condizioni spaventose, scavando con pale e picconi. I minatori sono in sostanza una massa di schiavi, spesso bambini, che lavorano giorno e notte per una paga di 10 dollari per settimana. I loro padroni per sfamarli ricorrono a cacciatori che stanno sterminando la fauna selvatica dei parchi nazionali. Elefanti e gorilla sono ormai quasi estinti. A chiudere il cerchio, gli enormi proventi del coltan servono ad acquistare armi e ad alimentare sanguinose guerre tribali che da anni straziano la regione dei grandi laghi centro-africani.

Scoperto dal chimico svedese Anders Gustaf Ekeberg nel 1802, il tantalio fu inizialmente confuso con il niobio, altro metallo prezioso perché si usa per fare magneti superconduttori. Fu il tedesco Heinrich Rose a riconoscerne l'identità nel 1844. Poiché fonde a temperatura molto alta – 2996 °C – la sua prima applicazione industriale fu nei filamenti delle lampadine: siamo nel 1903 e l'idea venne al chimico russo Werner Bolton. Se i cellulari dovessero usare condensatori ceramici, avrebbero dimensioni improponibili. Il tantalio permette di miniaturizzarli. Di qui la corsa al coltan e uno sfruttamento senza scrupoli. Nel 2001 un rapporto dell'ONU ha denunciato l'assalto ai giacimenti in violazione dei diritti umani. Quando parliamo al telefonino, pensiamoci, e per quanto ci è possibile battiamoci perché i paesi ricchi siano meno cinici e rapaci.

Il computer, l'elettrodomestico universale

« Macchina che elabora dati seguendo un elenco di istruzioni. » La definizione di computer non è eccitante. Le cose cambiano aggiungendo che questa macchina può eseguire migliaia di miliardi di istruzioni al secondo e che solo la fantasia ne limita il numero, la complessità e il campo di applicazione.

A seconda delle istruzioni impartite, il computer servirà per scrivere, farà musica, mostrerà un film, navigherà tra i 10 miliardi di pagine del web, elaborerà immagini, vi permetterà di parlare con tutto il mondo, piloterà un aereo, vi farà giocare, calcolerà l'orbita di una cometa, disegnerà il progetto di una casa, memorizzerà incredibili quantità di dati, riceverà e spedirà posta elettronica, parlerà, riconoscerà la vostra voce, farà operazioni bancarie, correggerà l'ortografia, farà previsioni metereologiche, tradurrà un testo, gestirà il traffico di una città...

Fermiamoci. Nessun elenco esaurirebbe la definizione di « macchina universale ». La grande novità del computer sta in una elementare divisione di compiti. Da una parte c'è l'hardware: un oggetto materiale, pesante, fatto di ferro e silicio, rigido e sempre uguale a se stesso, che esegue gli ordini. Dall'altra parte c'è il software: qualcosa di immateriale, senza peso, puro spirito e intelligenza, che può assumere un numero illimitato di funzioni e che gli ordini li dà.

La « perottina », nonna del personal computer

Mezzo secolo fa l'hardware occupava intere stanze e il software era ancora un po' materiale: schede perforate, bobine di nastro magnetico. Dall'inizio degli anni Ottanta del secolo scorso il computer è diventato un apparecchio che sta sulla scrivania e rapidamente è entrato in quasi tutte le case. La macchina universale si è trasformata in un elettrodomestico, e questo elettrodomestico, oltre a essere universale, è diventato anche « personale ». Il « personal computer », abbreviato in PC, come lo battezzarono nella loro ferrea alleanza commerciale IBM e Microsoft.

Qui, senza cadere nel nazionalismo c'è una storia da raccontare. Come il telegrafo, la TV e il cellulare, anche il computer ha molti padri, concettuali e operativi. Ma l'archetipo del personal computer è italiano e lo concepì Pier Giorgio Perotto, nato a Torino nel 1930, morto a Genova nel 2002, ingegnere informatico. Siamo nel 1964 e Perotto, oltre a insegnare al Politecnico di Torino, guida a Ivrea un gruppo di ingegneri della Olivetti. Su ispirazione di Enrico Fermi, Adriano Olivetti aveva scoperto presto la grande novità del calcolo elettronico e vicino a Pisa alcuni pionieri avevano lavorato con successo a un grosso elaboratore, l'Elea 9003. Circostanze sfortunate avevano chiuso quella vicenda: la morte prematura di Adriano nel 1960 e un incidente stradale che poco dopo, nel 1961, uccise il leader dell'équipe Mario Tchou. Il gruppo di Pisa si disperse ma Perotto cercò di salvarne la tradizione. Così nel 1964 nasce la Programma 101, detta familiarmente «perottina». A tutti gli effetti era un computer, perché era programmabile, ed era una macchina abbastanza piccola e semplice da adattarsi all'uso di una singola persona. Il lancio mondiale avvenne a New York nell'ottobre 1965. Il *Wall Street Journal*, il *New York Times* e il *New York Herald Tribune* definirono la Programma 101 «*first desk-top computer on the world*», primo computer da scrivania del mondo. L'espressione «personal computer» venne adottata per la prima volta dalla Hewlett-Packard nel 1968 per la sua macchina HP9100, ma l'azienda americana fu costretta a pagare 900 mila dollari di diritti alla Olivetti in quanto aveva violato il brevetto registrato da Perotto tre anni prima.

«La dizione computer personale», scriveva Perotto su *Media Duemila* nell'aprile 2001, «fu usata dalla Olivetti nella presentazione in Italia della Programma 101 avvenuta a Milano nel 1966, ma purtroppo, non avendo la lingua italiana il privilegio dell'universalità, la rivendicazione della nostra priorità anche nel nome si porta dietro l'handicap della traduzione. Con la Programma 101 ho voluto realizzare una macchina amichevole alla quale delegare quelle operazioni che sono causa di fatica mentale e di errori, una macchina che sapesse imparare e poi eseguire docilmente, che immagazzinasse dati e istruzioni semplici e intuitive, costasse poco e avesse le dimensioni degli altri prodotti da ufficio ai quali la gente era abituata. Per l'ingresso e l'uscita dei dati pensai a una cartolina magnetica che poteva fungere anche da memoria permanente o archivio. Fu il prototipo dei floppy disk. La macchina usava i transistor perché nel 1964 i circuiti integrati erano ancora sperimentali ma pensai a un sistema di montaggio automatizzato a micromoduli, poi coperti da brevetto. La parte più delicata tuttavia era quella di creare un linguaggio macchina semplificato. Provando e riprovando trovammo un sistema di sole 16 istruzioni, molto intuitive. Una sorta di Basic ante litteram.»

Precisamente il ritratto del moderno personal computer.

Origini lontane

Il primo passo verso il computer fu l'abaco, già in uso a Babilonia nel II millennio a.C. Nella versione più antica era una serie di solchi verticali tracciati nella sabbia nei quali si spostavano dei sassolini. Solchi e sassolini sono l'hardware, i criteri con cui le pietruzze vengono spostate corrispondono al software. Più tardi l'abaco prese le forme del pallottoliere, e così è sopravvissuto fino a pochi anni fa. Ancora alla fine del secolo scorso in Unione Sovietica il pallottoliere stava accanto alla cassa nei grandi magazzini GUM, e usavano pallottolieri i commercianti cinesi e giapponesi.

Un tentativo di meccanizzare il calcolo risale al 1623, quando Wilhelm Schickard, docente di astronomia e matematico dell'Università di Tubinga, realizza la prima macchina che, detto con le sue parole, « esegue all'istante e automaticamente i calcoli sui numeri dati, addiziona, sottrae, moltiplica e divide ». La concezione si rifaceva all'orologio, era un insieme di ruote a dieci denti, una per le unità, una per le decine, una per le centinaia e così via, ma non sappiamo come fosse fatta perché è andata perduta.

L'idea fu ripresa e perfezionata nel 1643 da Blaise Pascal con la sua « pascalina », che eseguiva addizioni e sottrazioni, e nel 1673 da Gottfried Leibniz, che costruì una macchina capace di eseguire anche moltiplicazioni e divisioni e di estrarre radici quadrate. Ma il merito maggiore di Leibniz fu la concezione del sistema binario, cioè il linguaggio dei moderni calcolatori. Con l'algebra e gli operatori logici elaborati dal matematico inglese George Boole (1815-1864) le basi matematiche dell'informatica erano gettate.

Nel Settecento e nell'Ottocento sono di moda i robot meccanici: l'anatra di Vaucanson, il disegnatore di Jaquet-Droz, il giocatore di scacchi di Maelzel, marchingegni che suonavano il flauto o altri strumenti, la macchina di Graham che diceva « mamma » e imitava il pianto di una bambina. Erano giocattoli da salotto, ma nel 1804 compare anche un robot utile: il telaio automatico di Joseph-Marie Jacquard, una macchina a schede perforate che automatizzava l'orditura dei tessuti tracciando i disegni programmati dal tessitore. La macchina sollevò le proteste dei lavoratori dell'industria tessile e il Consiglio dei Probiviri di Lione ne ordinò la distruzione. Ciò non impedì che già nel 1812 in Francia fossero in funzione 11 mila telai meccanici. In una decina di anni la macchina raggiunse anche Inghilterra, Svizzera, Germania, Italia, America e Cina. È l'inizio della Rivoluzione industriale.

La macchina differenziale di Babbage

Il telaio di Jacquard ispirò anche il primo computer degno di questo nome, concepito dall'inglese Charles Babbage. Nato nel 1791 e morto nel 1871, professore di matematica a Cambridge, Babbage visse, per così dire, una giovinezza accelerata: si sposò nel 1814, ebbe otto figli, rimase vedovo nel 1827 e nel 1832 presentò alla Royal Society il progetto di una « macchina differenziale » o « analitica » in grado di fare qualsiasi calcolo eseguendo istruzioni scritte su schede perforate. In pratica, il vero antenato del computer.

Alla fine del 1840, per volontà del re Carlo Alberto, l'Accademia delle Scienze di Torino ospitò il secondo congresso degli scienziati italiani e Babbage fu l'ospite d'onore. Arrivò con un grosso baule che conteneva i disegni della macchina, accompagnato da Federico Prandi, in esilio a Londra per aver partecipato ai moti libertari del 1821. Fu la prima volta che si discusse tra scienziati di una macchina programmabile: perciò molti storici della tecnologia fanno risalire a quel convegno l'alba dell'era informatica.

Giovanni Plana, ingegnere militare, astronomo e accademico duramente autoritario, si era assunto il compito di descrivere in un articolo la macchina di Babbage ma quando si accorse di capirci poco passò l'incarico al suo giovane collaboratore Luigi Federico Menabrea (solo due anni dopo Babbage dedicherà al proprio progetto un saggio destinato alla Bibliothèque Universelle di Ginevra). L'articolo di Menabrea, subito tradotto in inglese, fu acutamente commentato dalla contessa Ada di Lovelace, figlia del poeta Lord Byron, una brillante matematica che si era interessata alla macchina analitica fin dal 1833, quando, a 17 anni, aveva conosciuto Babbage rimanendone affascinata, come prova la fitta corrispondenza tra i due.

Ada Byron Lovelace (1815-1852) definì teoricamente il concetto di programmabilità e i limiti intrinseci di un computer: « La macchina matematica », scrisse, « non ha la pretesa di creare nulla. Può analizzare, ma non ha le capacità di anticipare le connessioni o le verità analitiche. L'unica sua funzione è quella di rendere accessibili le conoscenze già acquisite ». Concetto oggi noto come « regime di Lovelace », rimasto valido per tutte le macchine fino all'avvento dell'intelligenza artificiale. Ada pensò anche a usare la macchina di Babbage come guida del telaio per tessitura e per questo oggi è considerata la prima programmatrice della storia. In suo onore il dipartimento della Difesa degli Stati Uniti ha voluto chiamare ADA il linguaggio elaborato per risolvere il problema della standardizzazione dei software.

Donna dalle passioni travolgenti – in coerenza con il cognome acquisito sposando William King conte di Lovelace –, Ada fu bella, intelligente e sfortunata. Si rovinò con l'oppio e le scommesse sui cavalli da corsa, gioco per il quale aveva elaborato un programma che avrebbe dovuto aiutare lo scommettitore a puntare sul cavallo giusto. Purtroppo il calcolo delle probabilità non era il suo forte. Per pagare i debiti di gioco venderà persino i gioielli di famiglia.

Quanto alla macchina di Babbage, non vide mai la luce se non sotto forma di qualche ingranaggio che ne mostrava il principio di funzionamento. I tempi non erano maturi, bisognava passare dalla meccanica all'elettronica, e quindi aspettare almeno l'invenzione delle valvole termoioniche, o meglio dei transistor, cento volte più piccoli e meno voraci di energia delle valvole. Se realizzato, il progetto di Babbage avrebbe portato a un intrico di meccanismi grande come uno stadio da calcio e avrebbe richiesto l'energia di un gigantesco motore a vapore. Un aggeggio del genere avrebbe avuto un costo esorbitante e non sarebbe mai riuscito a funzionare. Il primo ministro inglese Benjamin Disraeli lo capì, negò ulteriori finanziamenti e liquidò Babbage dicendogli che l'unica applicazione concreta di quella macchina sarebbe stata il calcolo delle somme già spese per le ricerche.

Dagli antenati ai computer del futuro

Molti contribuirono a tradurre in pratica la macchina di Babbage ma i contributi fondamentali vennero dall'americano Claude Shannon, teorico dell'informazione che suggerì l'elettronica binaria come soluzione per una programmazione più semplice e flessibile; dall'ungherese John von Neumann, che lavorò a Los Alamos per la bomba atomica; e dal logico matematico inglese Alan Turing, che progettò il paleo-computer Colossus e che, discriminato per la sua omosessualità, finì suicida mangiando una mela nella quale aveva iniettato cianuro di potassio. Il profilo di una mela morsicata, simbolo della Apple, alluderebbe alla triste parabola umana di questo genio dell'era informatica. Un altro pioniere fu John Vincent Atanasoff, un professore di fisica che con un collega nel 1941 progettò un calcolatore con 300 valvole. Come per il telefono, non mancarono le beghe in tribunale. La sentenza di un giudice americano emessa nel 1947 dichiarava: « Il padre legale dell'elaboratore è il signor Atanasoff ». Ma un anno dopo Atanasoff moriva suicida.

La seconda guerra mondiale accelerò il processo verso la nascita dei computer moderni. In Germania un precursore del calcolatore elettronico fu il berlinese Konrad Zuse (1910-1995). Ingegnere civile, nel 1936 incominciò a costruire un calcolatore nel salotto dei suoi genitori assemblando migliaia di relè. Fu la prima macchina a utilizzare il sistema binario per codificare le informazioni e il controllo meccanico a nastro perforato. Seguirono altri nove prototipi nei quali sostituì i relè con valvole elettroniche. Nel 1945 una sola delle sue macchine – ancora funzionante con 2000 relè – sopravviveva ai bombardamenti degli Alleati. Zuse riuscì a metterla in salvo in Svizzera convincendo un funzionario che sarebbe servita alla riscossa della Germania nazista. Nel 1950 la macchina, chiamata Z4, trovò una sede all'Istituto di meccanica applicata di Zurigo: pesava due tonnellate e mezza, aveva una memoria meccanica di 64 cifre e risolveva equazioni al ritmo di 40-50 operazioni al minuto.

Il primo calcolatore americano è del 1944. Progettato nel 1937 da Howard Aiken, era elettromeccanico, montava 3304 relè e fu chiamato Bessie, ma è più noto come Mark I. Seguirono Mark II (1945-1947), Mark III e Mark IV. Ormai l'elettronica stava liquidando i relè. Nel Regno Unito, il calcolatore Colossus concepito da Alan Turing e funzionante con migliaia di valvole fu utilizzato nel 1943-44 per decifrare i messaggi segreti dell'esercito nazista. Del 1946 è l'ENIAC, nato a Princeton per il laboratorio di ricerca balistica statunitense, costruito da John William Mauchly ma ispirato ai lavori di Atanasoff.

Un grande salto di qualità fu possibile grazie ai transistor. I circuiti integrati e poi i microprocessori, insieme con una incredibile evoluzione delle memorie, spianarono la strada ai computer moderni. Tecnologie come quella dei floppy disk sono comparse e scomparse in pochi anni: i floppy morbidi da 250 mila byte sostituiti da quelli rigidi da 1,4 milioni di byte, a loro volta rimpiazzati da minuscole penne che contengono molti miliardi di byte; gli hard disk sono passati in dieci anni da un Gb ad alcune centinaia e le memorie volatili in proporzione non sono state da meno. Qualsiasi cifra in questo campo è destinata a invecchiare in pochi mesi. Tanto per fissare un dato di cronaca, alla fine del 2007 in cima alla classifica dei 500 computer più potenti del mondo era ancora una volta l'IBM BlueGene/L, al comando dal 2004. La potenza raggiunta è di 478,2 teraFlop (solo sei mesi prima era di 280). Un teraflop equivale a mille miliardi di operazioni al secondo.

Quattro sono dunque le generazioni che finora si sono succedute. La prima va dall'antichità alle macchine elettromeccaniche come Z3 e Mark I. La seconda utilizza le valvole. La terza transistor e circuiti integrati. La quarta è quella attuale, che si basa sui microprocessori integrati su larghissima scala. Per la quinta generazione si stanno esplorando varie strade: calcolo quantistico, computer chimici, computer ottici, computer spintronici (cioè basati sullo spin, il moto di rotazione, degli elettroni), computer biologici che puntano a utilizzare la molecola del DNA.

Computer super e personal

Tra le tante previsioni dei futurologi clamorosamente sbagliate, una riguarda i calcolatori. Sembrava che solo le grandi macchine avessero un futuro. Anzi, poche grandissime macchine. Sembrava che gli utenti, non semplici cittadini ma industrie, banche, governi e amministrazioni avrebbero affittato questi supercalcolatori per il tempo utile alle loro esigenze senza spendere una fortuna per averli in uso esclusivo. Invece l'informatica centralizzata, che pure esiste ed è importante, si è vista superata da una informatica « distribuita », suddivisa in tanti piccoli personal computer ridotti al rango di banali elettrodomestici.

Il 4 marzo 1976 la società americana Cray Research in cambio di 17 milioni di dollari consegnava al Los Alamos Laboratory il primo supercomputer. Progettato da Seymour Cray (1927-1996), racchiudeva 200 mila circuiti integrati connessi da 100 chilometri di cavi ed eseguiva 180 milioni di operazioni al secondo. Quarantadue giorni dopo, il 15 aprile, la Apple, fondata nel

1975 da Steve Jobs in un garage di Palo Alto, presentava il primo piccolo computer per uso personale, e fu un incredibile successo commerciale.

La risposta IBM arriverà il 12 agosto 1981 con il primo personal computer (PC), il 5150, lanciato con una immagine di Charlie Chaplin-Charlot carico di libri a simboleggiare la nuova memoria informatica. Il sistema operativo, cioè il programma che funziona da interfaccia tra l'utente e la macchina, è l'MS/DOS che Bill Gates è riuscito a rifilare alla grande azienda americana, incompatibile con i piccoli computer Apple. È l'inizio di una guerra commerciale combattuta a danno dei consumatori e risoltasi solo nel nuovo millennio con un armistizio armato tra Microsoft e Apple che ha portato a una accettabile compatibilità tra i due sistemi. Intanto cresce e si diffonde il movimento per il software libero fondato sul sistema operativo Linux, che è aperto, gratuito e in continuo miglioramento grazie al contributo degli stessi utenti.

Mouse, joystick, touch screen

In *2001: Odissea nello spazio* la comunicazione uomo-computer avviene in linguaggio naturale. Il film di Kubrick è del 1968. All'epoca uomo e computer si parlavano solo tramite la tastiera e la stampante. Ben prima del 2001 sono arrivati programmi che sintetizzano la voce umana e la riconoscono. I comandi vocali si usano ormai in molte situazioni, ad esempio per chiamare un numero telefonico in auto quando abbiamo le mani impedite dalla guida, e il dialogo diretto con la macchina è una realtà, anche se ancora perfezionabile. In futuro parlare al computer sarà del tutto normale.

Storicamente però nella comunicazione uomo-macchina il salto di qualità fu segnato dal mouse, che – in accoppiata con le icone sul desktop – è tuttora l'interfaccia più diffusa. L'altra interfaccia di grande successo è il joystick, che però ha trovato applicazione soprattutto nei videogiochi. I dispositivi tattili (touch screen e dispositivi a stilo) si usano soprattutto per mettere in contatto i cittadini meno esperti con un computer di servizio in uno spazio pubblico, come banche, musei, stazioni, uffici. Il principio di funzionamento è semplice: un debole campo elettrostatico generato sullo schermo si modifica quando gli si avvicina il dito dell'utente.

Un processore legge le variazioni del campo e le traduce nelle coordinate del punto di contatto. L'ultima generazione di touch screen è diventata il punto di forza della Apple: i suoi dispositivi più recenti, dall'iPhone ai palmari avanzati, vantano uno schermo « da sfogliare ». Nella stessa direzione marcia Microsoft con Surface, una sorta di tavolo digitale frutto di sei anni di ricerche di due ingegneri, Stevie Bathiche e Andy Wilson, sul quale immagini, video, documenti di testo si spostano con le mani. Altra tecnologia in crescita per il dialogo uomo-macchina è la penna-pc, usata soprattutto nei palmari. Un computer sul quale si scriveva a mano come con la matita sulla carta era già stato inventato dall'informatico cuneese Angelo Raffaele Meo per la Olivetti negli anni Ottanta: troppo in anticipo sui tempi.

L'invenzione del mouse risale al 1969, l'anno del primo sbarco sulla Luna, ed è merito dell'americano Douglas Engelbart. Per la precisione Engelbart, nato nel 1925, di origini scandinave, radiotecnico in Marina durante la seconda guerra mondiale, con l'aiuto di Bill English escogitò un dispositivo per localizzare un punto sullo schermo e vendette poi il brevetto al Massachusetts Institute of Technology per 10 mila dollari. Se avesse potuto incassare un miliardesimo di dollaro per ogni mouse venduto sarebbe diventato straricco.

I primi mouse erano in parte meccanici: una pallina ruotava scorrendo sul tappetino con il formato dello schermo e trasmetteva il moto a un rullo, che a sua volta faceva girare un disco con una fitta corona di fessure (trasduttore). La luce di un led, passando attraverso le fessure, codificava i dati sulla posizione del mouse sul tappetino. Un chip, ricevendo comandi dai tasti del mouse e dal trasduttore, inviava poi i segnali digitali al computer e quindi alla freccia sullo schermo. I mouse più recenti sono concettualmente simili, ma non hanno parti meccaniche: fa tutto la luce di un led che si proietta sul tappetino registrando gli spostamenti.

Memorie: ascesa e caduta del floppy disk

È sempre difficile stabilire la data di nascita di una tecnologia, e ancora più incerta è la data di morte, perché l'estinzione non avviene all'improvviso ma dopo una lenta agonia. Nel caso del floppy disk il trapasso però è stato netto. Nel gennaio 2007 la Pc World, massima catena di distribuzione informatica, annunciò che avrebbe sospeso gli ordini di floppy disk: fu come staccare la spina a un malato terminale. Le memorie dei computer hanno avuto una evoluzione non meno rapida dei microprocessori. Fino agli anni Settanta del secolo scorso si usò la scheda perforata di origine ottocentesca. Le subentra quindi il floppy disk magnetico flessibile da 8 pollici, poi rimpiazzato dal floppy disk rigido da 3,5 pollici di diametro e 1,4 Mb di memoria, estinto nel 2007. Intanto erano arrivati gli Zip (con una capacità di 100 floppy), i CD (650 Mb), i DVD (8 Gb), il Blu Ray Disk (fino a 50 Gb) e infine, con capacità di alcuni Gb e con una praticità d'uso ineguagliata, le chiavette Usb.

Uno sviluppo non meno veloce hanno avuto gli hard disk, i « dischi rigidi » che costituiscono la memoria di massa dei computer. In un decennio si è passati da 1 a 200 gigabyte a prezzi costanti. Una tale esplosione offre un esempio perfetto di rapido trasferimento di scoperte della ricerca di base ad applicazioni quotidiane. Nel 2007 il Nobel per la fisica è andato al francese Albert Fert e al tedesco Peter Grunberg per la scoperta della « magnetoresistenza gigante », fenomeno che identificarono nel 1988 indipendentemente l'uno dall'altro grazie a tecniche sofisticate e misure compiute alla temperatura dell'elio liquido. Appena scoperta, la « magnetoresistenza gigante » sembrava senza utilità. Invece in pochi anni ha rivoluzionato la produzione di sensori e di hard disk: le testine di lettura rilevano le variazioni di campo magnetico tra due bit con direzione di magnetizzazione opposta tramite una variazione di corrente per effetto della « magnetizzazione gigante ».

Nel 2008 sulla rivista *Science* un ricercatore della IBM, Stuart Parkin, ha annunciato una nuova generazione di memorie chiamata *racetrack* (letteralmente « pista ») perché i dati corrono dentro un nanoconduttore come le auto di Formula 1 gareggiano sui circuiti. La memoria racetrack unirà la capacità degli hard disk e la velocità delle memorie flash, consumerà poca energia e sarà praticamente indistruttibile. Le prestazioni dovrebbero essere cento volte migliori dei dispositivi precedenti. Un palmare con questa tecnologia potrebbe tenere in memoria mezzo milione di canzoni e 3500 film.

Per potenti che siano le memorie elettroniche, il cervello umano si difende bene. Un dato riferito da Alberto Oliverio, neuroscienziato dell'Università di Roma, indica la sua capacità di immagazzinamento in 300 miliardi di gigabyte. Ma mentre la potenzialità del cervello è stabile, la quantità delle conoscenze cresce a ritmo accelerato. Nel 2002 si stimava che il sapere dell'umanità equivalesse a 5 esabyte (5 miliardi di miliardi di byte), pari a cinquecento volte il contenuto della Biblioteca del Congresso di Washington, che custodisce 19 milioni di libri. Il 92 per cento delle nuove informazioni prodotte finisce però su dischi e chip. Il libro non è più la memoria dell'umanità, benché per certi versi sia assai meno vulnerabile dei suoi concorrenti elettronici.

La superiorità dell'elettronica si vede però nella facilità di produrre copie dei dati. Per trasferire 100 gigabyte da un hard disk a un altro basta qualche minuto. A un essere umano per apprendere la stessa quantità di informazioni non basta una vita.

Scrivere a macchina e al computer

Quella della scrittura è un'altra rivoluzione portata dal computer. Gli antichi tracciavano i segni alfabetici su tavolette di creta. La scrittura cuneiforme compare in Mesopotamia verso il 3500 a.C. ed è coetanea della ruota. I latini usavano lavagnette coperte da uno strato di cera. Seguono inchiostro, penne d'oca, calamai. Il 12 febbraio 1884 il rappresentante di commercio americano Lewis Edson Waterman (1837-1901) brevetta la prima penna stilografica con serbatoio. Ma la scrittura meccanica era venuta prima. Il 7 gennaio 1714 l'inglese Henry Mill aveva brevettato una macchina « capace di scrivere artificialmente le lettere l'una accanto all'altra, senza che sia possibile distinguere il risultato da quello di una stampa ». La faccenda passa nel dimenticatoio. Il 23 luglio 1829 l'americano William Austin Burt ottiene dal presidente Jackson il brevetto per un aggeggio chiamato « pressa familiare »: i caratteri sono disposti lungo un semicerchio che si fa ruotare fino alla posizione nella quale un martelletto la schiaccia sulla carta. Del 1855 è il « cembalo scrivano » ideato dall'avvocato piemontese Giuseppe Ravizza (1811-1885). Anticipa l'idea dei tasti che comandano tanti martelletti quante sono le lettere, ha un campanello per segnalare la fine della riga e usa già il nastro inchiostrato.

La possibilità di fare due o tre copie è legata alla carta carbone, inventata nel 1806 dall'inglese Ralph Wedgwood e prodotta industrialmente vent'anni dopo. La sua applicazione su larga scala arriva con la carta carbone Kores datata 1887, il declino inizia nel 1948 con l'invenzione della fotocopiatrice.

L'americano Christopher Latham Sholes nel 1868 introduce miglioramenti decisivi sul « cembalo scrivano » e per 120 mila dollari vende il brevetto alla Remington, che all'epoca fabbricava fucili. L'ultimo sviluppo è la macchina per scrivere elettronica portatile, lanciata nel 1982 da una ditta giapponese. Non avrà fortuna, ormai incombe il computer, che offre la comodità di copiare, tagliare e spostare blocchi di testo, togliendo alla scrittura meccanica il peso della fatica fisica, ma forse anche profondità e responsabilità all'atto intellettuale dello scrivere.

Matita e penna stilografica

Duemila anni prima di Cristo l'uomo scriveva su tavolette di argilla. Poi scrisse su papiri, tavolette di cera, su carta. La matita nasce in seguito alla scoperta casuale della grafite, avvenuta nella valle inglese di Borrowdale nel 1564. Bisognò attendere il 1795 perché il chimico francese Nicolas-Jacques Conté inventasse un metodo pratico per costruirle preparando un impasto di grafite da accoppiare al bastoncino di legno. Le prime matite americane prodotte in serie risalgono al 1812: le realizzò William Monroe.

La penna risale al *calamus* degli antichi. Come il nome latino ricorda, in origine per lasciare sul foglio la traccia di inchiostro si usava una penna, e di solito a rimetterci le penne erano le oche.

La penna a sfera

Come la scrittura meccanica, anche quella manuale nel Novecento ha conosciuto una rivoluzione. L'ungherese László József Bíró ebbe l'idea della penna a sfera. Marcel Bich fece tutto il resto. Cioè riuscì a farla funzionare, a produrla a basso costo, a venderla a vagoni, a farci i soldi. Alla fine di una lunga controversia legale, Biro riuscì anche a ottenere da Bich i diritti sul brevetto, che aveva depositato a Parigi il 29 ottobre 1938, ma non fece in tempo a diventare ricco: morì a Buenos Aires nel 1985 quasi in miseria. Bich invece, morto nel 1994, ha lasciato un impero.

Una minuscola sfera incapsulata in un contenitore concavo: la sfera ruota, da un lato prende l'inchiostro, dall'altra lo deposita sul foglio. Facile a dirsi, difficile a realizzarsi. La tecnologia per fabbricare in grande serie sfere così precise, con tolleranze di qualche millesimo di millimetro, è tutt'altro che banale. Le penne a sfera americane sbavavano, imbrattavano giacche e camicie. I sovietici addirittura non riuscirono mai a copiare questo simbolo della cultura occidentale: fino al 1980 a Mosca le penne a sfera erano più ricercate dei jeans e delle calze di nylon.

Guardate al microscopio la sfera della penna Bic: è perfetta. Altrettanto perfetta è la curvatura del contenitore in cui gira, e tra le due superfici passa soltanto un esilissimo velo di inchiostro speciale, più denso. Bich ottenne questo risultato investendo tutti i suoi soldi (e quelli dei soci) in macchinari appositamente progettati e costruiti da aziende svizzere specializzate in meccanica di precisione e abituate a produrre minuscole viti, ruote e bilancieri per le fabbriche di orologi. Anche il materiale con cui è fatta la sfera è importante. Dopo aver provato diverse leghe, Bich trovò che il migliore, duro e ben lavorabile, è il carburo di tungsteno.

Il successo della penna a sfera non è soltanto nella sua tecnologia insieme sofisticata e quotidiana. Bich ha anche voluto che la sua penna fosse di plastica trasparente per mostrare il progressivo consumo dell'inchiostro, e che costasse così poco da poter essere gettata dopo l'uso. La stessa cosa fece con altri suoi prodotti di successo: gli accendini e i rasoi. Insomma, Bich è stato un profeta dell'usa e getta, cioè dell'essenza più intima del consumismo moderno: sociologi e semiologi potrebbero scrivere trattati sui prodotti che hanno fatto la fortuna di questo torinese di origine valdostana e trapiantato in Francia. Alta tecnologia, quotidianità e consumismo – la Trinità laica di Bich – si sono trasferiti in altre sue produzioni. Non ultima, la biancheria intima. Dim e Rosy sono marchi suoi.

Come la penna stilografica, per funzionare la penna a sfera ha comunque bisogno della gravità, altrimenti l'inchiostro non scende. Nello spazio, in assenza di peso, scrivere diventa difficile. La NASA ha escogitato una raffinata tecnologia per produrre penne da astronauti. I russi si sono limitati a riscoprire le matite.

Internet, il sorpasso

Il 2007 sarà ricordato in Italia come l'anno del sorpasso di Internet sulla TV: i giovani tra 16 e 24 anni hanno totalizzato una media di 14,5 ore alla settimana online contro 14,4 trascorse davanti alla TV e il 54 per cento degli italiani ha dichiarato di preferire la rete allo schermo televisivo. È il risultato di una ricerca della Nielsen e della School of Management del Politecnico di Milano, confermato da una indagine internazionale della European Interactive Advertising Association (EIAA) condotta su 169 milioni di persone in dieci paesi europei. Questo sorpasso era stato annunciato da un altro, non meno epocale: nel 2003 per la prima volta in Italia si vendettero più computer che televisori. I personal computer vinsero per 3.658.000 a 3.529.000. È però necessario fare una osservazione: regista occulto del trionfo dei calcolatori è il signor Bill Gates: mentre i televisori hanno una vita media di dieci anni, la politica Microsoft di mettere sul mercato sistemi operativi sempre più pesanti costringe a cambiare computer ogni due o tre anni.

La svolta ha comunque un significato profondo: indica che i cittadini stanno passando dalla passività del telespettatore all'atteggiamento attivo di chi cerca e sceglie ciò che vuole sulla rete. I giovani svedesi sono l'avanguardia, con 17 ore settimanali online contro 13,6 davanti alla TV. Seguono Norvegia, Danimarca, Belgio, Olanda, Spagna e Italia. Mentre la TV – telegiornali e programmi di informazione a parte – tende a diventare l'elettrodomestico delle classi culturalmente deprivate, Internet sarà sempre di più una piazza per incontrarsi e aprire il proprio sito vetrina, un mercato per fare soldi (nel bene e nel male), un ufficio postale, un confessionale (con i blog e i gruppi di discussione), un immenso deposito del sapere e, tramite opportunità di collaborazione tra pari come quelle offerte da Wikipedia e YouTube, una utopia della democrazia globale, sia pure ancora piena di contraddizioni.

Tre ere, indirizzi Internet a valanga

Nella breve storia di Internet si succedono tre ere. Dal 1969 al 1993 Internet è un club esclusivo frequentato da militari (almeno all'inizio), scienziati e docenti universitari. Dal 1993 al 2005, grazie alla spinta data dall'ipertestualità del web, il club si apre al mondo. Dal 2005 la connessione diventa globale e mobile grazie al graduale abbandono dei cavi a favore di connessioni senza fili dalla scala planetaria (tramite satelliti) ad ambiti locali serviti da reti Wi-Max, reti Wi-Fi e connessioni Bluetooth.

Wi-Max (da *Worldwide Interoperability for Microwave Access*) nasce dallo sforzo congiunto di oltre 400 aziende per offrire l'accesso a Internet a larga banda e senza fili su distanze di qualche decina di chilometri (fino a 122) utilizzando frequenze tra 2 e 6 GHz.

Wi-Fi (da *Wireless Fidelity*) è una tecnologia che distribuisce Internet fino a una distanza di qualche centinaio di metri su frequenze di 2,4 (molto vicina a quella dei forni a microonde) e 5,4 GHz.

Bluetooth collega via radio entro brevi distanze palmari, telefoni cellulari, personal computer, fotocamere digitali, stampanti, videogiochi. Opera su 79 canali alla frequenza di 2,45 GHz con potenze che vanno da un massimo di 100 milliwatt (100 metri di raggio in assenza di ostacoli) a 1 milliwatt (raggio di 1 metro). Il nome Bluetooth si ispira a re Aroldo I di Danimarca, che era noto con il soprannome di « Dente blu ». Aroldo I fu un abilissimo diplomatico. I tecnici della Ericsson che hanno sviluppato questa tecnologia hanno pensato che fosse un riferimento adatto per un dispositivo che fa parlare tra loro dispositivi diversi.

Le reti senza fili saranno in futuro sempre più importanti. Non dimentichiamo che sono computer non solo quelli che abbiamo in ufficio e nello studio domestico. Sono computer (con funzioni specifiche) anche i molti microprocessori che si nascondono in lavatrici, frigoriferi, registratori e tanti altri elettrodomestici. Le reti senza fili a breve distanza li possono connettere tra loro e alla grande rete, aprendo la strada alla domotica, cioè a una casa completamente elettronica telecomandabile e robotizzata.

Perché ciò accada occorre però che ogni dispositivo – ogni microcomputer incorporato in qualche oggetto – abbia un suo indirizzo. Fino al 2008 il numero degli indirizzi Internet è stato relativamente limitato: l'IPv4 concede « solo » 4 miliardi di indirizzi. Ma il nuovo sistema che sarà adottato (IPv6) renderà disponibili 340 miliardi di miliardi di miliardi di miliardi di indirizzi (2 elevato alla 128). Praticamente non ci sarà centimetro quadrato della Terra né uno solo degli oggetti esistenti che non possa avere il suo indirizzo Internet, e quindi dialogare con ogni altro indirizzo.

Il mondo in sei clic

La parola Internet fa la sua comparsa nel 1975. È composta dal latino *inter* che significa « fra » e l'inglese *net* che significa « rete ». Ma Internet non è un'invenzione. È un'idea. Un'idea che mette insieme invenzioni preesistenti e ne ingloba e suscita di nuove. Joseph Carl Robnett Licklider, per gli amici Lick (1915-1990) è il nome che si incontra risalendo alla preistoria di Internet. Fu lui il grande visionario che già mezzo secolo fa teorizzò la « simbiosi uomo-computer » e la comunicazione globale via calcolatore. Siamo nel 1957: il 4 ottobre l'Unione Sovietica lancia *Sputnik*, il primo satellite artificiale, e gli Stati Uniti scoprono all'improvviso la loro fragilità: l'altra superpotenza nucleare è in grado con i suoi missili di raggiungere qualsiasi bersaglio in America e nel mondo. Il presidente Eisenhower sollecita Vannevar Bush (1890-1974), scienziato che aveva coordinato la ricerca durante la seconda guerra mondiale, a escogitare soluzioni per rendere gli Stati Uniti meno vulnerabili. Nascono la NASA, con il compito della rincorsa spaziale, e l'ARPA, *Advanced Research Projects Agency*, che avrà come capo Licklider e si baserà su un'alleanza triangolare: esercito-università-industria.

Ingegnere e studioso di scienze del comportamento, Lick incoraggia le università a sviluppare la ricerca informatica e a connettere i loro computer per facilitare lo scambio di dati e di idee: era stato lui, nell'agosto 1962, il primo a collegare due calcolatori al Massachusetts Institute of Technology, seguito nel 1965 da Lawrence Roberts e Thomas Merrill. Nel 1964 Lick lascia l'ARPA ma il progetto va avanti e si organizza una rete concepita per resistere a un eventuale attacco atomico: è ARPAnet, una rete policentrica e distribuita, anziché a stella, cioè con un solo centro e tante diramazioni verso la periferia. I primi due nodi furono nel 1969 l'Università della California e lo Stanford Research Institute, presto seguiti dalla University of Utah.

Dietro ARPAnet c'è la teoria dei grafi. Nel 1959 Paul Erdos (1913-1996), matematico ungherese tanto grande quanto stravagante, aveva dimostrato che per collegare 50 città non servivano 1225 strade come risultava dalla matematica classica ma ne bastavano 98 tracciate a caso. Lo psicologo Stanley Milgram (1933-1984) negli anni Sessanta del secolo scorso con la teoria dei « piccoli mondi» scoprì una sorprendente conseguenza sociale della matematica dei grafi: in media tra due abitanti della Terra esistono solo sei gradi di separazione, e anzi sei passaggi da individuo a individuo connetterebbero 15 miliardi di persone se queste fossero tra loro tutte in relazioni casuali. Così in pratica 6 è il numero dei clic di mouse che misura il «diametro» del web. In fondo già Alessandro Manzoni, nei *Promessi sposi*, ci spiegava che «da amico fidato ad amico fidato» un segreto in pochissimo tempo diventa di dominio pubblico. Sono grafi le società umane, le strade, le catene alimentari, la rete elettrica e telefonica, gli ecosistemi, il nostro cervello e, ovviamente, Internet...

I dati corrono sulla rete a pacchetti, cioè in blocchi relativamente piccoli. Ogni messaggio (testo, musica, immagine) viene suddiviso in pacchetti che viaggiano a caso per strade diverse sulle linee più libere e veloci. Ogni pacchetto porta con sé l'indirizzo che lo conduce al computer del destinatario e contiene i dati necessari per congiungerlo nel modo giusto agli altri pacchetti. La regia di questa complicata operazione è affidata allo *standard Internet Protocol*, in sigla IP, e al *Transmission Control Protocol* (TCP). Le connessioni ipertestuali dipendono dall'*HyperText Transfer Protocol* (HTTP) che fa funzionare il *World Wide Web* (WWW). Questo protocollo nasce nel 1991 al CERN, il centro europeo per la ricerca nucleare con sede a Ginevra, a opera di Tim Berners-Lee e Robert Cailliau, ed è stato subito messo a disposizione di tutti gli utenti di Internet: del resto la rete si è sempre sviluppata grazie a un enorme lavoro collettivo gratuito. Il successo del web è stato così forte che molti ormai lo identificano con la rete: in effetti ne costituisce solo una parte. Tra gli ultimi sviluppi di Internet spiccano Voip (comunicazione in voce, spesso accoppiata all'immagine tramite webcam) e un grande numero di radio web e di TV web.

La crescita di Internet è stata vertiginosa. Nel gennaio 1996 erano censiti 100 mila siti nel mondo, nell'aprile 1997 erano già un milione. Alla fine del 2007 sono 150 milioni e gli utenti 1,3 miliardi. Ma rimangono forti asimmetrie. Nei paesi più sviluppati il 60 per cento della popolazione ha accesso a Internet, in Bangladesh lo 0,2. L'80 per cento degli utenti è concentrato in Nord America ed Europa, dove vive il 19 per cento della popolazione del mondo. Eppure all'inizio del 2008 gli internauti cinesi hanno superato quelli statunitensi: 221 milioni contro 215. La potenza demografica batte quella economica.

Vertiginoso è anche il consumo di elettricità dovuto a Internet. L'energia assorbita dai computer a livello mondiale è raddoppiata dal 2000 al 2005. Un supercomputer divora la stessa quantità di energia di un treno ad alta velocità che con 400 tonnellate di peso accelera da zero a 300 chilometri orari. Il 2 per cento dell'anidride carbonica immessa nell'aria è imputabile alla generazione dell'elettricità che fa funzionare Internet. È la stessa percentuale prodotta da tutti gli aerei dell'aviazione civile del mondo.

E-mail, spam, chioccioline, emoticon

I cambiamenti psicologici e sociali portati da Internet richiederebbero libri interi di analisi. Azzerando ogni ritardo nella comunicazione, Internet ha reso la nostra vita simultanea a quella di tutti gli altri utenti in rete calandoci in un eterno presente che appiattisce la prospettiva sul passato e sul futuro. Si vive online, le e-mail tessono un dialogo fitto e continuo tra centinaia di milioni di utenti. La chiocciolina si è aggiunta con pieno diritto alle lettere dell'alfabeto. Ogni paese la chiama a modo suo: *at* (presso) gli inglesi, scimmia i tedeschi, topolino i cinesi, coda di scimmia gli africani, lumachina i francesi, cagnolino i russi, coda di maiale i norvegesi.

Questo segno per separare il nome dell'utilizzatore dal nome del computer di destinazione compare nel 1971, introdotto dall'ingegnere informatico americano Ray Tomlinson. La sua origine risale forse fino al Medioevo: deriverebbe da un segno che i monaci copisti usavano per scrivere più in fretta la preposizione latina *ad* (verso, presso). Secondo altri la chiocciolina sarebbe apparsa nel Settecento in ambito commerciale per indicare il prezzo per unità di prodotto: significherebbe « cadauno ». Il linguista Giorgio Stabile ha segnalato che in documenti veneziani del 1500 una icona simile indica l'anfora, unità di misura allora in uso a Venezia. In un dizionario latino-spagnolo del 1492 il segno della chiocciola è tradotto *arroba*, unità di peso pari a 12,5 kg. *Arroba* verrebbe dall'arabo *ar-roub*, « un quarto », altra unità di misura. L'origine mediterranea e commerciale spiegherebbe l'approdo della chiocciolina sulla tastiera della macchina per scrivere, da dove è migrata su quella del computer.

La posta elettronica ha dato origine a una sorta di oralità scritta. Si scrive come si parla, non si correggono i refusi, abbondano errori di grammatica e sintassi. Però la scrittura, che sembrava condannata dalla TV e dal telefono, è risorta, benché le e-mail utili debbano lottare con lo spam, la posta spazzatura. La prima e-mail indesiderata è del 1978, quando c'era ancora ARPAnet, l'antenato militare di Internet. Nel 2007 le e-mail intruse sono state 160 miliardi, con un danno per le aziende di 140 miliardi di dollari. Diventeranno 351 miliardi nel 2010. Il 79 per cento della posta utile. Gli Stati Uniti sono in testa nella produzione di spam con il 15 per cento del totale, seguiti dalla Russia con il 7 e dalla Turchia con il 6.

A integrare la comunicazione sintetica e informale della posta elettronica sono arrivate le icone per esprimere i sentimenti: allegria, malinconia, disgusto, sorpresa. Le « faccine », o *emoticon*, formate con parentesi, trattini e segni di interpunzione, compaiono il 12 aprile 1979 a opera di Kevin MacKenzie.

I blog hanno generato una scrittura liquida e informe. Si scrive come in assenza di gravità, il testo diventa invertebrato, trionfano la scrittura collage, la scrittura modulare, la scrittura riciclaggio, la scrittura come montaggio di testi altrui, la scrittura spazzatura, la scrittura senza scrittura.

Il libro ci aveva abituati a una lettura sequenziale, dalla prima all'ultima pagina, in uno spazio a una dimensione come un segmento; l'ipertesto del web è uno spazio tridimensionale senza una direzione predefinita. L'illimitata duplicabilità dei messaggi digitali, si tratti di testi, foto, musica o film, ha cambiato il senso della proprietà intellettuale e del diritto d'autore. I motori di ricerca hanno offerto strumenti preziosi per sondare il sapere ma sono essi stessi insondabili nei loro meccanismi sommersi, e contribuiscono a una pericolosa commistione tra informazione e pubblicità. Capita, per esempio, di cercare con Google il fisico atomico Philip Morrison e il motore di ricerca suggerisce: « forse cercavi Philip Morris », la multinazionale del tabacco.

Orientarsi tra Google, Wikipedia, YouTube, eBay

Google imita la pronuncia di googol. Fu un ragazzino di 9 anni, Milton Sirotta, a inventare nel 1938 questa parola per indicare il numero 10 elevato alla centesima potenza. Milton stava passeggiando con lo zio Edward Kasner, professore di matematica alla Columbia University, e giocava a immaginare numeri molto grandi che potessero essere scritti con poche cifre molto piccole. 10 elevato a 100 si scrive con un paio di uno e tre zeri. Sembra una cosetta. Ma tutti gli atomi che costituiscono l'universo, con i suoi miliardi di galassie, sono appena 10 alla 80. Dentro googol sta l'universo intero e avanza spazio per molti altri universi.

Di qui si capisce l'ambizione di Larry Page e Sergey Brin quando nel 1995 a Stanford, California, poco più che ventenni, battezzarono il loro motore di ricerca. Con un nome così è naturale che Google si prefigga di schedare tutte le informazioni del web, che sono circa 10 miliardi di pagine, ma fossero anche 1000 o 100 mila miliardi sarebbero sempre un'inezia rispetto all'universo. Certo Google è intelligente. Seleziona i siti sulla base dei loro link: più ne hanno, più dovrebbero essere siti che contengono ciò che cerchi. Un criterio che ricorda l'*impact factor*: un articolo scientifico è tanto più importante quanto più numerose sono le citazioni che ottiene da parte di altri ricercatori. Dopo un po' che lo usi, Google sembra conoscerti così bene da mettere al primo posto l'informazione che ti serve, e per dimostrarti quanto è sicuro di sé ha pure il tasto « mi sento fortunato »: un clic solo, ed eccoti servito. Già, perché mentre ti fornisce le informazioni richieste, te ne carpisce altre.

Poche cose ci identificano come le interrogazioni che gli sottoponiamo: è facile dedurne i nostri interessi, il lavoro che facciamo, il nostro livello culturale, quali curiosità ci guidano, che opinioni abbiamo, quali prodotti ci attraggono. Di qui i ben mirati consigli per gli acquisti che accompagnano le nostre ricerche. E un dubbio: tali informazioni vengono usate solo per questo già discutibile fine o possono essere rivendute a chiunque abbia interesse ad acquistarle? D'altra parte, se l'acquirente fosse il dipartimento della Difesa USA e l'obiettivo la lotta al terrorismo, come si potrebbe dire di no? La legge italiana 675 del 31 dicembre 1996 sulla tutela dei dati personali (o privacy), con tutte le scartoffie che ci ha costretti a firmare incomincia ad apparire provinciale e patetica, non solo scomoda e inefficace.

Nell'aprile 2007 Google ha brevettato un sistema per disegnare il profilo psicologico di chi si diverte con videogiochi online. Si intravede il giorno in cui questo motore di ricerca conoscerà i nostri gusti meglio di noi stessi. Così potremo domandare a Google anche quali studi scegliere, che film andare a vedere, quale investimento fare, se divorziare o cambiare fidanzata. Non è fantascienza. Già ora quando scarichi da YouTube, ad esempio, un filmato con Raffaella Carrà, il sito te ne propone subito degli altri, e poi passa a suggerirti filmati con Lorella Cuccarini o Heather Parisi. Hanno capito che sei un nostalgico della TV degli anni Settanta. Nello stesso modo, Amazon, dopo averti fornito qualche libro che hai richiesto, ti suggerisce altre letture mirate sui tuoi gusti. Siti come Second Life e World of Warcraft addirittura conoscono le tue fantasie più segrete, si calano negli abissi del tuo inconscio.

Premesso che Google, Amazon, YouTube e affini danno servizi utili, c'è qualche modo per difendersi dagli abusi? Ce n'è uno solo: sapere come funzionano questi software, renderceli più trasparenti, procurarci una metaconoscenza che ci aiuti a interpretare le conoscenze attinte al web.

Se acquisti qualcosa in quell'immenso mercato virtuale che è eBay, il controllo di qualità lo fanno tutti gli acquirenti, che possono denunciare truffe o inganni: eBay offre la piazza, vendite e acquisti avvengono sotto un regime in mano agli utenti. Se consulti Wikipedia, la conoscenza circola tra pari: i wikipediani sono una moltitudine, spesso l'utente di conoscenze ne è anche produttore, qualcuno sbaglia ma altri correggono: pare che un errore in Wikipedia abbia una vita media di 5 minuti, studi seri dicono che l'affidabilità di Wikipedia è paragonabile a quella della leggendaria *Enciclopedia Britannica.*

Il meccanismo di Google è diverso. La conoscenza non circola tra pari ma cala dall'alto degli algoritmi che la schedano, la memorizzano e la setacciano per te. Wikipedia è democratica, quasi assembleare. Google è tecnocratico. Anche se il suo sviluppo ha fatto tesoro dell'open source e il criterio con cui stabilisce la graduatoria dei siti ha qualcosa della rudimentale democrazia dell'Auditel (si suppone che chi ha più link sia più affidabile, così come si suppone che il programma TV con più ascolto sia migliore...).

In Internet non c'è conoscenza se non si possiede una metaconoscenza: quella dei sistemi con cui funzionano i motori di ricerca. È la nuova forma di quella vecchia cosa che si chiamava « senso critico ». Rimane il fatto positivo che, diversamente dal denaro, il sapere si moltiplica condividendolo, ed è proprio ciò che avviene grazie a Internet. Se condivido il teorema di Pitagora con un miliardo di persone, alla fine sono tutti più ricchi. Se spartisco i soldi di una banca tra un miliardo di persone alla fine sono tutti poveri come prima.

6
IN CAMERA DA LETTO

Il regno del riposo e del piacere

La seconda cosa più gradevole che si possa fare nella camera da letto è dormire (ci occuperemo della prima molto succintamente in quanto di solito non implica l'uso di particolari tecnologie ma solo una buona compagnia). Nel riposo si alternano varie fasi di sonno leggero, sonno profondo e sonno paradosso, detto anche REM perché è caratterizzato da rapidi movimenti oculari (*Rapid Eye Movements*). Questo è il sonno popolato dai sogni, si ripete a intervalli di un paio d'ore e ogni fase dura un po' più della precedente, finché l'ultima sfocia nel risveglio. In totale trascorriamo dormendo oltre vent'anni, circa un terzo della nostra vita. Cinque giorni su sette, a interrompere bruscamente il riposo è un trillo lancinante.

Orologi atomici

Certe sveglie che oggi molti di noi tengono sul tavolino da notte sbagliano al massimo di un secondo ogni 30 mila anni. Una precisione senza dubbio eccessiva per le nostre esigenze quotidiane, benché non sempre basti a evitarci di arrivare in ritardo agli appuntamenti.

Queste sveglie dalle prestazioni sbalorditive sono in realtà normali orologi al quarzo. In più hanno soltanto un ricevitore radio che un paio di volte al giorno si accende per un minuto e capta un segnale orario trasmesso da Darmstadt, un sobborgo di Francoforte. Esistono anche orologi da polso che in Europa captano segnali da Rugby in Inghilterra e Mainflingen in Germania, o da Fort Collins per gli Stati Uniti e Fukushima per il Giappone. Quei segnali sono sincronizzati con orologi atomici: contengono l'ora e la data in un codice a impulsi. Poiché un banale orologio al quarzo non scarta mai di un secondo al giorno (ma al massimo di un secondo al mese), e un banale orologio atomico non scarta più di un secondo in 30 mila anni, ecco spiegato il segreto di tanta precisione, disponibile per di più a basso costo.

L'esattezza delle sveglie radiocontrollate impallidisce se la confrontiamo con le prestazioni raggiunte dai migliori campioni di tempo. L'orologio atomico HP 5071A soltanto dopo un milione e 600 mila anni accumulerebbe lo scarto di un secondo. Questo significa che dall'estinzione dei dinosauri a oggi (sono passati 65 milioni di anni) avrebbe accumulato al massimo un errore di 40 secondi. Costruito dalla Hewlett-Packard, azienda nata in California nel 1939 e divenuta famosa per i suoi strumenti di misura e i suoi computer, l'HP 5071A ha l'ingombro di una piccola valigia. Il suo pendolo, o se volete il suo bilanciere, è rappresentato da un elettrone esterno dell'atomo di cesio 133. Questo elettrone salta tra due diversi livelli energetici al ritmo costante di 9 miliardi 192 milioni 631 mila 770 volte al secondo e pilota con estrema precisione un segnale a microonde della stessa frequenza. Opportuni circuiti trasformano la regolarissima oscillazione del cesio in una indicazione oraria. L'HP 5071A applica raffinate tecniche per stabilizzare la frequenza dell'atomo di cesio 133 e per eliminare i disturbi esterni (magnetici e radioelettrici) che sono comuni negli ambienti di lavoro industriali.

Piccola storia del tempo

Il Sole, e quindi la meridiana, è il più antico orologio del mondo. Esistono decine di tipi di meridiane, ma tutte hanno una caratteristica affascinante: segnano esattamente l'ora solare del luogo dove si trovano. La loro lancetta è una linea d'ombra che si muove al passo del moto di rotazione e di rivoluzione della Terra, stabilendo un filo diretto tra l'universo e il tempo della nostra vita. Altrettanto simbolico è il fatto che l'ombra dei quadranti solari si sposti in direzione opposta a quella delle lancette degli orologi, a ricordarci che i moti celesti reali sono il contrario di quelli apparenti. Grande lezione di sano scetticismo.

Alle meridiane seguirono le clessidre, prima ad acqua, come dice il loro nome, poi a sabbia. Le migliori sbagliavano di alcuni minuti al giorno. Un grande passo avanti furono gli orologi meccanici azionati a pesi. Di solito il loro quadrante stava su torri o campanili: il tempo era un fatto pubblico, una convenzione sociale, e giustamente lo strumento che lo misurava apparteneva alla comunità. Il primo orologio da tasca si deve al fabbricante di chiavi tedesco Peter Henlein e risale al 1511. Funzionava a molla ma era molto impreciso perché non aveva ancora lo scappamento, inventato da Huygens un secolo e mezzo dopo. Per l'orologio da polso bisognerà aspettare il 1790: la paternità è dello svizzero Pierre Jaquet-Droz. Ormai il tempo era anche una proprietà privata, forse la più preziosa.

In fatto di precisione un progresso epocale si compie nel 1656, quando Christiaan Huygens applicò all'orologeria la scoperta dell'isocronismo delle oscillazioni del pendolo fatta da Galilei mezzo secolo prima. Con l'orologio a pendolo, perfezionato dallo scappamento, lo scarto scese a una decina di secondi al giorno.

Per stabilire la longitudine, i naviganti avevano la necessità di conservare l'ora del porto di partenza in modo da poterla confrontare con l'ora locale. Beccheggio e rollio impedivano l'uso degli orologi a pendolo in mare. Il parlamento inglese mise in palio un premio favoloso, pari a 6 milioni di sterline attuali, per chi fosse riuscito a risolvere il problema. L'orologiaio John Harrison (1693-1776) riuscì nell'impresa costruendo un cronometro che scartava di un secondo ogni tre giorni ma solo dopo un lungo contenzioso e all'età di 79 anni poté incassare il premio per intercessione di re Giorgio III. Figlio di un falegname e campanaro del suo paese natale nello Yorkshire, Harrison costruì il suo primo orologio nel 1713 all'età di 20 anni. Era fatto interamente di legno. Seguirono gli orologi H1 nel 1735, H2, H3 e H4, completato nel 1759. Quest'ultimo superò la prova tenendo il tempo durante una navigazione da Londra alla Giamaica. Un successivo orologio iniziato da Harrison e completato da Kendall permise al capitano James Cook di portare a termine il suo viaggio di esplorazione intorno al mondo, durato tre anni, dal 1772 al 1775. Le innovazioni decisive furono una lega di ferro e ottone per compensare le dilatazioni dell'oscillatore, la carica a molla, lo scappamento passo-passo e la riduzione degli attriti ottenuta con una speciale lubrificazione.

All'inizio del Novecento, pendoli sofisticati a controllo elettrico sbagliavano di pochi secondi all'anno. Un ulteriore progresso arrivò nel 1921, quando l'inglese William Hamilton Shortt ideò un orologio il cui pendolo era controllato da un altro pendolo. Si riuscì così a contenere l'errore in circa un secondo all'anno e si scoprirono le piccole irregolarità annuali della rotazione terrestre.

Poco dopo, nel 1929, fu inventato l'orologio al quarzo, nel quale a oscillare non è più un pendolo ma, appunto, un cristallo di quarzo, e l'errore si abbassò a un secondo ogni trent'anni. Pierre Curie aveva scoperto che i cristalli sotto l'azione di una corrente elettrica entrano in vibrazione (un aspetto dell'effetto piezoelettrico). Nel 1929 l'americano Warren Marrison applicò l'idea a un cristallo di quarzo, rilevando che le sue vibrazioni erano 32.768 al secondo. L'ingegnere svizzero Max Forrer sviluppò la tecnologia che ha portato a orologi al quarzo piccoli ed estremamente economici. I primi furono messi in commercio nell'aprile 1970. L'ingegnere di origine bulgara Peter Petroff (1919-2003), inventore tra i più prolifici e pioniere alla NASA delle telecomunicazioni spaziali, fu il padre del primo orologio a quadrante digitale: il Pulsar prodotto dalla Hamilton nel 1971 e venduto al prezzo non proprio popolare di 2100 dollari.

Il 1° marzo 1983 entrò in commercio lo Swatch, orologio al quarzo che rappresenta la risposta dell'orologeria svizzera all'invasione degli orologi supereconomici provenienti dal Giappone. Nove mesi dopo si vendeva il milionesimo esemplare. Concepito dall'ingegnere Elmar Mock e trasformato in business da Nicolas Hayek, un economista chiamato dalle banche svizzere al capezzale dell'orologeria svizzera ormai in coma, lo Swatch è fatto di sola plastica e punta sulla varietà del design, sul colore, sulla passione per il collezionismo. L'evoluzione continua. Nel 1994 compare il primo Swatch metallico. Due anni dopo uno Swatch vola nello spazio con l'astronauta svizzero Claude Nicollier. Nello stesso anno il marchio diventa il cronometro ufficiale delle Olimpiadi di Atlanta. Nel 2002 il Synchro Beat promette di misurare tramite un apposito chip la compatibilità tra le persone che lo indossano (peggio per chi ci crede). Nel 2006 uno Swatch rosa festeggia i 333 milioni di orologi prodotti. Del 2007 è il lancio dell'Irony Chrono Retrograde.

L'ora atomica

Un precedente storico dell'orologio atomico fu il sintetizzatore decadico costruito da Mario Boella nel 1943. Boella, poi docente al Politecnico di Torino e ora ricordato nel nome di un centro di ricerca torinese sulle telecomunicazioni, non pensava però alla possibilità di sfruttare le transizioni atomiche per inventare un nuovo tipo di orologio. A lui interessava generare frequenze stabili e confrontarle tra loro con estrema precisione. Il primo vero orologio atomico (ma sarebbe più giusto dire molecolare) fu costruito al National Institute of Standards and Technology degli Stati Uniti nel 1949. Il funzionamento si fondava sulla risonanza di una molecola di ammoniaca investita da microonde. A suggerire questa tecnica era stato il fisico Norman Ramsey, premiato con il Nobel nel 1989.

L'orologio atomico fu perfezionato nel 1955 in Gran Bretagna adottando come oscillatore l'atomo di cesio. Gli elettroni esterni di questo elemento si comportano come un minuscolo pendolo che compie 9 miliardi 192 milioni 631.770 oscillazioni al secondo. Altri atomi che si prestano a funzionare da oscillatori sono l'idrogeno (1.420.450.751 oscillazioni al secondo), il rubidio e il mercurio. Il rubidio oggi è utilizzato negli orologi atomici a bordo di satelliti tipo GPS. Il mercurio promette livelli di precisione ancora più alti degli elementi finora messi alla prova. Il cesio però si è imposto come standard. A suggerire l'uso di questo metallo fu il fisico statunitense Isidor Rabi. Le notevoli dimensioni dell'orbita più esterna degli elettroni rendono il cesio particolarmente adatto allo scopo.

Il comportamento del cesio si dimostrò così affidabile che nel 1967 l'unità di tempo, il secondo, fu definita appunto come « la durata di 9.192.631.770 periodi della radiazione corrispondente alla transizione tra i due livelli iperfini dello stato fondamentale dell'atomo di cesio ».

Fino al 1960 il secondo era stato la 86.400esima parte del giorno solare medio. Gli astronomi avevano poi convinto i metrologi a adottare un'altra definizione per tenere conto della precessione dell'asse di rotazione terrestre, e per un breve periodo era stato in voga il « tempo delle effemeridi », che definiva il secondo come la frazione 1/31.556.952,9747 dell'anno tropico il giorno 0 gennaio 1900 alle ore 12 (bizzarro modo astronomico per indicare il 31 dicembre 1899). Inutile dire che questa definizione si dimostrò quanto mai scomoda. Il secondo atomico fu quindi accolto con sollievo da tutte le persone di buon senso.

I progressi nella misura del tempo continuano benché i margini di miglioramento appaiano minimi. Nel 1999 gli orologi atomici a fontana di cesio hanno raggiunto la precisione di un secondo su 20 milioni di anni. Sull'ultima frontiera troviamo gli orologi a ioni di mercurio 199. Nel 2002 uno di questi ha ridotto l'errore a un secondo in 150 milioni di anni. In futuro, la loro qualità potrebbe risultare diecimila volte migliore di quella degli orologi al cesio: circa un minuto di scarto dal Big Bang a oggi.

Per secoli il moto di rotazione della Terra è stato il campione di tempo più affidabile. Ma alla fine dell'Ottocento, costruendo orologi sempre più precisi, ci si accorse che, a causa degli attriti di marea, il nostro pianeta perde giri. Cioè la sua rotazione rallenta, e i giorni – impercettibilmente ma in modo ben misurabile – si allungano. Complessivamente, la durata del giorno aumenta di circa due millesimi di secondo per secolo, e le conseguenze, adesso che quasi tutti abbiamo al polso orologi digitali regolati da un cristallo di quarzo, si avvertono anche nella vita quotidiana. Per questo a partire dagli anni Sessanta del secolo scorso ogni tanto si è dovuto aggiungere un secondo al tempo astronomico, e in totale si è arrivati a oltre mezzo minuto di correzione.

Scale di tempo

Oggi convivono tre scale di tempo: il « tempo universale astronomico », determinato in base alla rotazione della Terra rispetto alle stelle; il « tempo universale coordinato », che rispetto al tempo astronomico ha un margine di oscillazione in più o in meno di 9 decimi di secondo; e il « tempo atomico », scandito appunto dalla media dei migliori campioni atomici di frequenza esistenti nel mondo.

Quando nel 1955 arrivarono i primi orologi al cesio, si sapeva già, grazie ai pendoli di Shortt e agli orologi piezoelettrici al quarzo, che il moto di rotazione della Terra non è del tutto regolare: in alcuni periodi il nostro pianeta rallenta, in altri accelera lievemente, ma in generale prevale il rallentamento, per cui il giorno tende a durare sempre di più. Gli orologi atomici, oltre a confermare questa tendenza della Terra a perdere giri, hanno messo in evidenza piccole irregolarità caotiche nella rotazione terrestre. Probabilmente dipendono da varie cause: spostamenti di grandi masse dentro il globo terrestre dovute a moti di convezione nel mantello e a terremoti, fenomeni atmosferici a scala planetaria legati ai cambi di stagione, persino il ritorno delle foglie in primavera.

Nonostante questi capricci, la rotazione terrestre, però, rimaneva – e rimane – il vero punto di riferimento sia in attività pratiche (navigazione per mare e per cielo, ad esempio) sia in attività scientifiche (ricerca astronomica). Di qui la necessità di adeguare, quando la differenza supera un secondo, il tempo atomico al tempo astronomico (più esattamente, a quello coordinato, che è, in certo senso, una versione del tempo astronomico approssimata per gli usi civili).

Per convenzione, nel 1958 tempo atomico e tempo astronomico furono fatti coincidere. Da allora la rotazione della Terra ha perso in media un secondo ogni 15 mesi rispetto al tempo atomico. A lungo termine, a causa dell'attrito delle maree si arriverà a una situazione in cui Terra e Luna si rivolgeranno sempre la stessa faccia. Allora avremo notti e giorni di due settimane. Ma accadrà tra miliardi di anni.

La scienza che definisce i campioni di misura si chiama metrologia. La massima precisione finora si è ottenuta proprio nella misura del tempo. In altri campi è molto più difficile ottenere misure di estrema precisione. Mentre, per esempio, è facile misurare il miliardesimo di secondo, è già molto complicato stimare, nella scala delle temperature, il millesimo di grado. Il peso, che sembra facile da misurare, fa disperare i metrologi. Il chilogrammo campione italiano, confrontato con il chilogrammo campione conservato al Bureau International des Poids et Mesures di Parigi, sembra diminuire di circa un milionesimo di grammo all'anno. Inoltre, se misurato con una bilancia a mollà, lo stesso campione di chilogrammo può variare di un grammo a seconda che la misura si faccia, per esempio, vicino a Ivrea in Piemonte o vicino a Enna in Sicilia. Il fenomeno dipende da anomalie gravitazionali: dove nel sottosuolo c'è una maggior concentrazione di materia, come presso Ivrea, la gravità è più forte, e quindi il chilogrammo sembra pesare di più.

Una perfetta misura del tempo è necessaria per il buon funzionamento delle telecomunicazioni. Quando telefoniamo, i messaggi viaggiano in forma digitale, cioè tradotti in cifre binarie composte di 0 e 1. Su uno stesso cavo corrono molte comunicazioni, e ognuna usa il cavo solo per minime frazioni di secondo. Per ricomporre il messaggio senza mescolarlo con gli altri che hanno usato la stessa linea in istanti lievemente diversi, occorre una perfetta sincronizzazione tra stazione trasmittente e stazione ricevente. E ciò richiede campioni di frequenza, cioè, in pratica, orologi, che scartino al massimo di una parte su cento miliardi.

Ma oggi con i satelliti di navigazione tipo GPS anche le misure di distanza sono in realtà misure di tempo. Ciò che si misura è quanto un'onda radio o un raggio di luce laser impiega per andare da un punto all'altro alla velocità costante di 300 mila chilometri al secondo. È un po' come se avessimo un'auto che corre sempre a 100 all'ora: dopo tre ore di viaggio sapremo di essere a 300 chilometri dal punto di partenza, dopo 10 ore a 1000. È così che navi, aerei e automezzi stabiliscono la propria posizione con errori di pochi metri. In Italia ogni giorno si rubano 3-4 autotreni: nascondendo sui camion una trasmittente a orologeria grande come un pacchetto di sigarette in contatto con i satelliti ARGOS, diventa facile localizzare gli autotreni scomparsi.

I satelliti LAGEOS, che riflettono con centinaia di specchietti un raggio laser inviato da stazioni a terra come quella dell'Agenzia Spaziale Italiana a Matera, raggiungono già oggi la precisione del centimetro. Grazie a essi si spera di poter misurare le minime deformazioni del terreno che annunciano i terremoti, e il fisico Ignazio Ciufolini è riuscito a verificare l'effetto Lense-Thirring, dai nomi dei ricercatori che nel 1918 lo dedussero come conseguenza della relatività generale di Einstein. Questa teoria dice che la massa curva lo spazio-tempo, così come una biglia deforma un telo elastica su cui è appoggiata. Se la massa ruota (il caso della Terra), la deformazione dello spazio-tempo è un po' diversa, come se la rotazione lo trascinasse con sé. Ma la differenza è così piccola che solo l'enorme progresso delle misure di tempo ha reso possibile la verifica.

Fisici contro astronomi

Forse nei prossimi anni si reciderà il legame tra la rotazione della Terra e il tempo segnato dagli orologi atomici. La decisione spetta all'Unione Internazionale delle Comunicazioni, che ha sede a Ginevra, e al Bureau International des Poids et Mesures di Parigi. Gli Stati Uniti premono per accelerare questa scelta facendo propria la proposta di Dennis McCarthy, direttore del National Weather Service della Marina americana. Si tratta, in pratica, di abolire quel secondo che di tanto in tanto si aggiunge per mantenere l'accordo tra la rotazione del nostro pianeta e gli orologi atomici. L'inserimento, dice McCarthy, crea un sacco di problemi, costi aggiuntivi e anche rischi per gli aerei che volano con sistemi di navigazione satellitari. La periodica aggiunta di un secondo, che dagli anni Settanta al 2006 è avvenuta trentadue volte, può in teoria mettere in crisi la sicurezza dei voli. E anche i computer, le reti di telecomunicazione e le centinaia di apparecchiature che funzionano sulla base di un riferimento di tempo dato dagli orologi atomici.

Fisici e ingegneri elettronici stanno dalla parte di McCarthy. Gli astronomi si oppongono strenuamente. Entrambi hanno le loro buone ragioni. I fisici ci ricordano che ormai da mezzo secolo gli orologi atomici hanno sorpassato in precisione ogni altro campione di tempo, e in particolare la rotazione della Terra. Gli astronomi ribattono che però, se vogliono puntare con il telescopio un dato oggetto celeste, è la rotazione terrestre a comandare, precisa o capricciosa che essa sia.

Entrambe le parti sono in conflitto d'interessi: i fisici e gli ingegneri elettronici perché difendono il « tempo fisico » segnato dai loro orologi; gli astronomi perché, stando dalla parte della rotazione terrestre, cercano di salvare una loro personale comodità e anche una residua sovranità sulla misura del tempo, la cui origine risale a migliaia di anni fa, ai primi studiosi del cielo sumeri e cinesi. A loro favore c'è un buon argomento. Con il passare di milioni e milioni di anni, tempo atomico e tempo astronomico divergerebbero tanto da arrivare al paradosso che per un orologio atomico sarebbe già notte mentre in realtà in cielo splende ancora il Sole di mezzogiorno. Meglio la precisione o la ragionevolezza?

Orologi e fusi orari

Molti orologi da polso oggi sono radiocontrollati e dispongono di due quadranti virtuali, uno per il luogo dove ci si trova abitualmente e uno impostabile sul fuso orario del luogo dove ci si reca in viaggio.

Il fatto che la Terra sia all'incirca una sfera e che ruoti su se stessa in 24 ore è all'origine di una babele del tempo. A rigore, ogni luogo ha il suo tempo e l'unico orologio che segni l'ora vera per un dato luogo è la meridiana. Niente di grave in un mondo con poche comunicazioni. Ma con la mobilità dei tempi moderni la situazione diventa insostenibile: su lunghe distanze percorse con mezzi veloci occorre un tempo di riferimento per treni, aerei e navi. L'adozione dei fusi orari ha risolto il problema. Sandford Fleming (1827-1915) gode la fama di aver inventato questa convenzione internazionale. In realtà l'idea dei fusi orari si deve a Quirico Filopanti, nato a Budrio il 20 aprile 1812 e morto nel 1894 a Bologna, dove fu professore universitario di meccanica e idraulica.

Patriota, amico di Garibaldi, mosso da ideali umanitari che si manifestano nella scelta dello pseudonimo Filopanti (amico di tutti) con cui sostituì l'anagrafico Giuseppe Barilli, questo studioso oggi oscuro fu nell'Ottocento un appassionato divulgatore dell'astronomia, un piccolo Flammarion di casa nostra: le sue conferenze richiamavano folle di curiosi del cielo. Per mettere fine alla confusione delle ore locali, Filopanti propone la divisione della Terra in 24 fusi orari in *Miranda*, un saggio che pubblicò nel 1858 mentre era in esilio a Londra come «sovversivo». La proposta di Sandford Fleming risale al 1878: vent'anni dopo. Mentre la scelta del meridiano iniziale, e quindi dell'ora di Greenwich come riferimento, è del 1884. Particolare curioso: *Miranda* non solo fu pubblicato a Londra, ma Filopanti, nonostante il titolo latino («cose mirabili»), lo scrisse in inglese.

Lo scorrere del tempo reale (astronomico) crea parecchie difficoltà nella misura del tempo «ufficiale». Ad esempio, poiché la Terra è tonda e gira su se stessa, il mezzodì, oltre che con le stagioni, cambia con la longitudine. Alla latitudine di Torino basta spostarsi di 20 chilometri in direzione est-ovest per avere già un minuto di differenza nel mezzodì. Il «Sole medio» e i fusi orari intendono appunto rimediare al guazzabuglio degli orari locali. Prima che arrivassero i fusi, molte città avevano adottato per praticità un «tempo medio» convenzionale per evitare noie, divenute particolarmente sgradevoli con il diffondersi delle ferrovie e dei trasporti veloci. Ginevra istituì il tempo medio nel 1780, Londra nel 1792, Parigi nel 1816. In Italia la prima città fu Torino nel 1852, seguita da Roma nel 1855 e Milano nel 1860. I conducenti delle vetture postali regolavano l'orologio alla stazione e comunicavano l'ora ai sagrestani, che la diffondevano dai campanili. La nostra «ora nazionale» risale al 1866 ma solo il segnale della RAI (fornito dall'Istituto Elettrotecnico Nazionale Galileo Ferraris di Torino, ora assorbito nell'INRIM) ha unificato davvero l'Italia. Chissà che Bossi non abbia in programma un tempo medio padano.

Rimane il fatto che lo stesso riferimento dei fusi, il meridiano di Greenwich, sembra vacillare. Il 30 novembre 1998 – era sabato – i più importanti giornali del mondo pubblicavano in prima pagina una singolare necrologia. Non riguardava il trapasso di qualche personaggio più o meno illustre ma la morte dell'Osservatorio di Greenwich, quello che tuttora, anche defunto, dà al pianeta il Meridiano zero, cioè la linea che, congiungendo il Polo Nord con il Polo Sud e passando, appunto, per il sobborgo londinese di Greenwich, permette di stabilire la longitudine, e quindi anche l'ora in tempo universale, di ogni luogo del mondo.

Parallelamente – ma oggi, a distanza di anni, possiamo dire senza alcun successo – nascevano l'ora e il meridiano di Internet. Insomma: i naviganti del mare perdevano il loro riferimento, quelli della rete finalmente lo trovavano. La prima era una storia di tagli economici alla ricerca scientifica. La seconda una storia di furbizia pubblicitaria. Nicolas Hayek, il padrone della Swatch, offriva agli utenti di Internet la propria sede di Bienne, in Svizzera, come base per contare il tempo della rete e mettere ordine (almeno cronologico) nei traffici telematici. Non contento, proponeva pure di gettar via minuti e ore per adottare i «beats», una nuova unità di tempo. Un giorno, 1000 beats; 1 beat 86,4 secondi.

La chiusura dell'Osservatorio di Greenwich, ufficialmente decretata il 9 novembre 1998, era l'ultimo atto di una lunga agonia. Da anni l'Osservatorio, a parte lo strumento dei passaggi usato per determinare la linea meridiana e l'ora siderale, non aveva più telescopi. Le luci di Londra li avevano accecati e costretti a emigrare prima a Herstmonceux, nel Sussex, e poi all'isola di La Palma, nell'arcipelago delle Canarie, e in altri luoghi remoti. Dal 1990 anche gli uffici dell'Osservatorio erano finiti a Cambridge. A Greenwich restavano soltanto cimeli da museo, a ricordare che nel 1884, alla Conferenza internazionale di Washington, il suo meridiano era stato prescelto come Meridiano zero e riferimento universale del tempo.

Prima ogni paese si dava un meridiano per far incominciare da sé il resto del mondo e scandire le proprie ore. Persino Torino, di solito così riservata e modesta, aveva il suo meridiano, valido per il regno savoiardo: passava per Palazzo Madama, in piazza Castello.

La convenzione internazionale firmata nel 1884 rifletteva l'epoca: Londra dominava il mondo, il suo fu un meridiano imperialista. Tanto che il geografo tedesco Arno Peters nel 1973 propose di sostituirlo con quello che taglia lo Stretto di Bering, una linea in mezzo al Pacifico, acque di tutti e di nessuno. Un meridiano democratico. Ma neppure quella proposta attecchì. Nessuna astrazione, per quanto ben intenzionata, può vincere sulla concretezza della Storia. Perché, dunque, giunti al 1998, doversi inchinare a un imperialismo svizzero? E poi i navigatori di Internet non hanno bisogno di un loro «tempo universale». Nel mondo della telematica tutto è simultaneo. Viviamo, grazie a Internet, in un eterno e ubiquo presente.

In ogni caso, morto Greenwich, viva Greenwich. Estinto l'Osservatorio fatto di cupole e telescopi, vive quello virtuale, paradossalmente proprio in un sito Internet, alla faccia del signor Hayek. E vive, soprattutto, la sua storia gloriosa. Fondato nel 1675 dal re d'Inghilterra Carlo II con la missione principale di determinare la longitudine, il suo direttore era insignito, fino al 1972, del titolo scientifico-nobiliare di «astronomo reale». Se ne fregiarono, nell'ordine, John Flamsteed, Edmond Halley, James Bradley, Nathaniel Bliss, Nevil Maskelyne, John Pond, George Airy, William Christie, Frank Dyson, Harold Spencer Jones, Richard Woolley, Martin Ryle, Francis Graham Smith, Arnold Wolfendale e Martin Rees. In realtà Woolley, nel 1971, si dimise da direttore dell'Osservatorio e quindi anche da «astronomo reale». A dirigere Greenwich fu chiamata Margaret Burbidge, alla quale però non fu conferita la carica onorifica, forse perché donna. Il titolo araldico fu invece poi ancora riconosciuto al suo successore, Sir Martin Ryle.

Polvere e aspirapolvere

Chi tiene in ordine una casa sa bene che la polvere è un nemico universale: si deposita dappertutto. La camera da letto però è il posto dove dà più fastidio: se si accumula nei cuscini, nelle coperte e nei materassi, spesso causa irritazioni alle vie respiratorie e allergie.

La polvere ci mette in contatto con il microcosmo. La cosa più piccola che possiamo vedere a occhio nudo sono le particelle di polvere in sospensione nell'aria di una stanza buia attraversata da un raggio di luce. Il diametro di un granello di polvere casalinga si colloca a metà strada tra quello di una particella subatomica e quella del pianeta Terra. Siamo intorno al millesimo di millimetro. In una boccata di fumo di sigaretta si agitano quattro miliardi di particelle di polvere: ceneri di carta e tabacco più una incredibile varietà di composti chimici in buona parte cancerogeni. Il vapore è invisibile. Quando lo vediamo, si tratta in realtà di minutissime goccioline di acqua: il vapore che si condensa su una superficie fredda e asciutta – una polvere di acqua – è 500 mila volte più sottile di un foglio di carta. Sorprendente è la varietà di sostanze che compongono la polvere: tracce di lavorazioni industriali (ogni industria ha la sua polvere specifica), minuscole fibre, residui di eruzioni vulcaniche, escrementi di acari e altri insetti, particelle di carbone, sabbia del deserto, microrganismi, ceneri, pollini. In 15 centimetri cubi di aria fluttuano più di mille granelli di polline. Ceneri dell'incendio di Chicago del 1871 furono raccolte quaranta giorni dopo sulle isole Azzorre. Lo smog emesso nelle metropoli cinesi forma una nuvola nera che vela il cielo su buona parte dell'Asia centrale.

La polvere è universale non solo per modo di dire. Nelle grondaie la pioggia accumula anche qualche granello di polvere cosmica: materia che la Terra raccoglie lungo la sua orbita o residui di meteoriti che si sono vaporizzati nell'atmosfera. La Via Lattea è attraversata da una scia di polveri lunga più di 100 mila anni-luce. Una simile «sporcizia cosmica» si vede in tutte le galassie.

Per millenni l'uomo è convissuto con la polvere e ogni altro genere di sudiciume. La lotta allo sporco su grande scala è recente. Nel 1806 la Colgate-Palmolive incomincia a vendere sapone. La Procter & Gamble, sorta nel 1837, si affermò quarant'anni dopo quando i suoi chimici riuscirono a produrre per la prima volta un sapone bianco. Nel 1882 Samuel Curtis Johnson mise in commercio la prima cera per lucidare i pavimenti, una buona arma contro la polvere ma soprattutto un'arma psicologica che suggerisce un'idea di pulizia e cura della casa.

Lo strumento antipolvere per eccellenza è però, come dice la parola stessa, l'aspirapolvere. Uno dei primi lo realizzò nel 1901 l'ingegnere inglese Hubert Booth (1871-1955), un costruttore di ruote panoramiche per luna park. La sua era una grossa macchina a pompa aspirante azionata da un motore termico a petrolio e montata su un carro a cavalli. Il rumoroso congegno rimaneva parcheggiato in strada e si introducevano i tubi di aspirazione nelle case attraverso le finestre. Un filtro tratteneva il sudiciume risucchiato. Tra le prime applicazioni vi fu la pulizia dei tappeti dell'abbazia di Westminster per l'incoronazione di Edoardo VII nel 1902. Negli Stati Uniti, a St Louis, un apparecchio simile costruì John Thurman nel 1903: il servizio porta a porta costava 4 dollari.

Con quelle dimensioni l'aspirapolvere non sarebbe mai diventato un elettrodomestico popolare. I piccoli motori elettrici resi disponibili pochi anni dopo permisero di costruire aspirapolvere leggeri, manovrabili con una sola mano. È la storia di una tecnologia minore, costellata di nomi oscuri tranne l'ultimo, che è ancora popolare. La serie inizia con la signora Corinne Dufour, che nel 1902 brevettò un rozzo aspiratore a spugna. Seguono l'americano Ives McGaffey, il primo a brevettare un aspirapolvere non elettrico; Melville Bissell, un americano del Michigan che inventò un aspiratore perché era allergico alla paglia; e James Murray Splanger, portinaio a Canton, Ohio, che inventò un aspiratore elettrico portatile perché soffriva di asma. Il suo apparecchio, brevettato nel 1908, fu il primo a montare una borsa per contenere la polvere. In precedenza la polvere veniva solo aspirata ed espulsa dall'altra parte del tubo. Un esemplare dell'apparecchio arrivò nella casa di una cugina di Splanger sposata con William Hoover

(1849-1932). Questi industrializzò il congegno: Hoover è tuttora il più noto marchio del settore.

L'aspiratore domestico è un oggetto semplice: un motore elettrico potente (alcune centinaia di watt) aziona una pompa rotante e crea il vuoto nel tubo aspirante. La polvere finisce in un cassetto o in un sacco che lascia passare l'aria ma non la polvere. Il sacco è un componente cruciale per combattere la polvere più fine, il polline e soprattutto gli acari e i loro minuscoli escrementi, tutti causa di fastidiose allergie. In un letto vivono più di 10 mila acari della polvere e ognuno produce escrementi venti volte al giorno. Siamo noi ad alimentarli con i 4 grammi di pelle morta che perdiamo quotidianamente. Nel 2003 l'inventore inglese James Dyson ha messo in commercio Root[12] Cyclone, dotato di un filtro battericida e azionato da un motore che sviluppa una forza duecentomila volte maggiore della gravità in grado di aspirare particelle di 0,1 micron (come il fumo delle sigarette).

Nel corso dei decenni la macchina ideata all'alba del Novecento da Booth si è perfezionata e specializzata con vari tipi di tubi aspiranti, spazzole, feltri per lucidare e così via, ma sostanzialmente non è cambiata finché non si è messa di mezzo l'elettronica.

Gli aspirapolvere dell'ultima generazione sono macchine intelligenti che non richiedono l'intervento dell'uomo. Roomba, della linea americana iRobot, ha l'aspetto di un disco metallico spesso 9 centimetri e largo 40. Basta liberarlo per casa e lui fa il resto muovendosi da una stanza all'altra orientato da dozzine di sensori che individuano ostacoli, tipo di superficie (parquet, tappeti, linoleum) e sporcizia attivandosi fino a sessantasette volte al secondo. Stando a quel che afferma il costruttore, raggiunge il 99,37 per cento della superficie domestica, non cade dagli scalini, ha due ore di autonomia e quando è scarico torna alla sua base per ricaricarsi. Si può scegliere tra una funzione «spot» per pulire a fondo una zona di un metro quadrato, una modalità standard nella quale la macchina calcola automaticamente il tempo necessario per pulire una stanza, una modalità «max» nella quale pulisce tutte le stanze accessibili. Il sensore «dirt» individua le aree più sporche e aumenta automaticamente l'intensità della pulizia. In due anni gli statunitensi hanno acquistato 1,2 milioni di questi apparecchi, in Europa incominciano a diffondersi.

Vestirsi (e svestirsi)

Di solito la camera da letto è arredata con un armadio pieno di vestiti e un cassettone che custodisce camicie, maglioni, pigiami e biancheria varia. Raccontare l'evoluzione degli abiti sarebbe interessante ma porterebbe troppo lontano. Diamo per nota la storia della lana, della seta e delle mode che si sono susseguite nei secoli. Soffermiamoci soltanto su qualche tecnologia del vestire più curiosa. La prima riguarda i sistemi per tenere gli abiti aderenti al corpo.

Copiare la natura: il velcro

Il nome scientifico è *Arctium lappa*, ma la gente la chiama bardana o lappola.

È una pianta erbacea, comunissima nei terreni incolti. I suoi frutti, che somigliano a fiori, hanno una particolarità: si attaccano al folto pelo delle pecore e degli altri animali con pelliccia. È una strategia per diffondere a distanza i semi.

Tutti da bambini abbiamo giocato con i frutti di bardana perché si incollano ai vestiti: se li tirate all'avversario, restano lì a provare che avete fatto centro. Georges de Mestral, un ingegnere svizzero, non ci ha giocato. Anzi, detestava i frutti di bardana perché al rientro dalle battute di caccia li trovava sempre impigliati nei suoi pantaloni di velluto e nel pelo del suo cane.

Un giorno del 1948 decise di guardarli al microscopio. Scoprì che queste infruttescenze a forma di pallina terminano tutto intorno con una moltitudine di piccoli ganci che rappresentano altrettante possibilità di appiglio. Con qualunque angolo un frutto di bardana finisca su una pelliccia o su una stoffa, ci sarà sempre un certo numero di ganci nella posizione giusta per fare presa. Werner Nachtigall ha classificato questo sistema come «statistico-aleatorio». Non solo: i ganci sono fatti in modo da poter lasciare la presa senza danno per avvinghiarsi a qualche altra superficie pelosa: un meccanismo che può funzionare centinaia di volte e che assicura ai semi di bardana lunghi viaggi a spese di animali di passaggio.

A questo punto De Mestral si ricordò di essere un ingegnere e studiò un sistema composto di microscopici uncini e occhielli capaci di aprirsi e chiudersi all'istante con una lieve pressione. Ci vollero otto anni per mettere a punto un processo di produzione industriale ma alla fine era nato il velcro, parola formata da *vel* (*velours*, cioè velluto) e *cro* (*crochet*, cioè gancio).

In oltre mezzo secolo di vita il velcro ha dimostrato di essere un modo originale ed efficiente per unire e staccare in fretta lembi di stoffa e altri materiali. Sopporta migliaia di cicli apertura-chiusura e offre una forte presa, proporzionale alla superficie impegnata, tanto che si usa anche nelle attività spaziali e nelle tute degli astronauti: uno strappo, e ci si libera dell'indumento.

Lacci, spille, bottoni, cerniere lampo

Ultimo arrivato nel vestiario, il velcro ha predecessori illustri e oscuri. Come lacci e stringhe, la spilla di sicurezza era già nota nell'antichità. La sua forma moderna si deve però all'americano Walter Hunt (1792-1859), il brevetto è del 1849. Una nuova linea evolutiva inizia con i bottoni, inventati in Italia nel Duecento. I primi furono di corallo ed erano considerati più ornamentali che utili, tanto che li fabbricavano e vendevano i gioiellieri. Con il Rinascimento la funzione pratica dei bottoni incomincia a prevalere e il materiale diventa più vile: rame, ottone, vetro.

La storia prosegue con il bottone automatico a pressione, inventato nel 1886 dal francese Pierre-Albert Raymond, e la cerniera lampo, inventata nel 1891 dall'ingegnere americano Whitcomb Judson, morto nel 1909 alla bella età di 97 anni. Lui la chiamò «chiusura a gancio» perché era costituita da una fila di uncini che si inserivano in altrettanti occhielli posti in corrispondenza. Fu una delle novità presentate alla Fiera mondiale di Chicago del 1893. La produzione industriale iniziò con i finanziamenti di Lewis Walker e la nascita della Universal Fastener Company. La cerniera lampo che noi usiamo è un perfezionamento dell'idea di Judson introdotto da Gideon Sundback (1880-1954), un ingegnere svedese trasferitosi in Canada.

I bottoni con asola permisero alle donne di avere vestiti aderenti senza troppi lacci e lacciuoli. Bottoni a pressione, cerniere lampo e velcro diedero la possibilità di sfilarseli rapidamente. Lo striptease deve molto a queste tecnologie.

Calze, giarrettiere e reggicalze

Poiché abbiamo sfiorato un tema sexy, rimaniamo in argomento. Nel 1930 l'americano Wallace Hume Carothers, chimico dei DuPont Laboratories, era già famoso per aver inventato, in collaborazione con il prete belga Julius Nieuwland, il neoprene, una delle prime gomme sintetiche commerciali. Ma doveva ancora dare il meglio di sé.

Il 23 maggio 1934 dalla policondensazione di una diammina e di acido adipico, ottiene una nuova sostanza a base di polimeri, cioè costituita da tante piccole molecole tutte uguali e connesse tra loro a formare molecole molto lunghe. Carothers la riscalda e la fa passare per l'ago di una siringa. Ne esce una fibra sottile, elastica, trasparente e dalla straordinaria resistenza, che battezza polimero 66.

Passa qualche anno per mettere a punto il processo industriale, nel 1937 il polimero 66 ottiene il brevetto n. 2.071.250 e nel 1939 la DuPont lancia sul mercato la nuova creatura di Carothers con il nome di nylon, un polimero che rimane ancora oggi, con il moplen di Giulio Natta, una delle materie plastiche più versatili. Il nylon è incolore, filabile in fibre sottilissime, leggero come la seta e robusto quasi come l'acciaio. È impalpabile quando deve velare una gamba femminile, resistentissimo quando si srotola dal mulinello di una canna da pesca.

Del 15 maggio 1940 è il primo paio di calze di nylon. In America hanno un successo travolgente. Nel primo anno se ne vendono 64 milioni di paia e davanti ai negozi si formano lunghe code di donne che Carothers non poté vedere perché il 29 aprile 1937, colpito da una terribile depressione, era morto suicida. Ma le donne – e gli uomini – non smetteranno mai di essergli riconoscenti.

I chimici del gruppo di Carothers avrebbero ricavato la parola nylon dalle iniziali dei nomi delle loro mogli: Nancy, Yvonne, Lonella, Olivia e Nina. Altri dicono che derivi dalle due lettere iniziali di *nitrogen* (azoto in inglese, uno dei componenti del nylon) unite a *ion*, che ricorderebbe il *cotton* e il rayon. A noi piace più la prima ipotesi.

Il bello delle calze di nylon è che vestono e insieme svestono le gambe femminili, mascherando eventuali lievi difetti (a questo fine le calze nere fanno miracoli). La cucitura posteriore accentua l'effetto di contrasto e consente un tocco di civetteria quando chi le indossa interviene per raddrizzarla. Nel 1956 comparvero le calze senza cucitura, oggi dominanti, ma non tutti le apprezzarono e tuttora c'è chi ritiene più eleganti le calze cucite. La maggiore o minore trasparenza dipende, oltre che dal colore, dal « titolo » del filo, cioè dal suo diametro. L'unità di misura è il « denaro ». Un denaro corrisponde al peso in grammi di 9000 metri di filo. Quando sulle confezioni si legge 20 o 30 denari significa dunque che 9000 metri del filo adoperato pesano 20 o 30 grammi.

All'epoca del lancio, i produttori presentarono le calze di nylon come indistruttibili. Ben presto fu chiaro che non era vero. Anzi, la smagliatura è sempre in agguato, si verifica nel momento meno opportuno (di solito prima di un appuntamento importante) e, per piccola che sia all'inizio, dilaga come per un contagio, aprendo, di filo in filo, squarci disastrosi. Tralasciando il fatto che una calza smagliata può essere anche molto attraente (esiste in merito una vasta letteratura erotica) un tempo, quando l'Italia era più povera e le calze di nylon più care, un esercito di rammendatrici provvedeva a riparare le smagliature. Con il « miracolo economico » tutto è cambiato. Il prezzo popolare e il consumismo usa e getta hanno eliminato le riparazioni. Una invenzione annunciata nel febbraio 2008 ha però aperto la prospettiva quasi miracolosa di una calza che si ripara da sé, in una quindicina di minuti.

L'idea è di Ludwik Leibler dell'Istituto Superiore di fisica e chimica industriale di Parigi e ha trovato ospitalità sulla prestigiosa rivista *Nature*. Il nuovo filato accoppia alla elasticità della gomma la caratteristica di generare, in caso di strappo, dei capi appiccicosi. Basta mettere a contatto le estremità lacerate e attendere alcuni minuti perché il tessuto si saldi tornando quasi come nuovo. Le sue molecole sono disposte in modo da poter essere tirate e ritornare alla posizione originale. In caso di strappo, queste molecole tendono a ristabilire i loro legami chimici, purché la temperatura sia intorno a 20 °C. A temperatura più alta il processo di riparazione diventa gradualmente più difficile: a 23 °C la riparazione è possibile anche una settimana dopo lo strappo, a 40 °C già due giorni dopo le molecole non sono più in grado di rigenerare il tessuto. I primi usi saranno in chirurgia, ma l'applicazione alle calze e in generale ai tessuti per abbigliamento è già prevista.

Di qualsiasi materiale siano fatte, non è facile tenere le calze femminili al loro posto perché questo indumento deve ricoprire una parte del corpo affusolata come la coscia, che tende a farle scivolare giù. Il problema non è di quelli fondamentali ma nella vita pratica ha la sua importanza.

Una prima soluzione fu la giarrettiera, ideata nel 1374 alla corte di Edoardo III d'Inghilterra. Nella forma più semplice è un anello elastico che stringe la coscia pizzicando sotto la calza. Le calze autoreggenti oggi molto in uso incorporano la giarrettiera nella loro parte terminale, dove una speciale pellicola gommosa assicura l'aderenza alla pelle. Il collant, inventato nel 1958 dal francese Antoine Verley, è una soluzione pratica ma esteticamente discutibile, e poi supera il problema del sostegno in modo troppo radicale.

In alternativa si può ricorrere al reggicalze, simbolo assoluto della femminilità e feticcio insuperato per l'immaginario maschile. La sua invenzione è stata a lungo attribuita all'ingegnere Gustave Eiffel in quanto la celebre torre da lui realizzata a Parigi per la grande esposizione del 1889 ne evoca la forma con l'elegante struttura della sua base. Ma è una leggenda. L'idea del reggicalze si deve al merciaio Féréol Dedieu ed è datata 1876: lo stesso anno in cui Nikolaus Otto inventa il motore a scoppio a quattro tempi. Ma l'accessorio ideato da Dedieu sembrava più un aggeggio ortopedico che uno strumento di seduzione. Fu il celebre sarto Paul Poiret, all'inizio del Novecento, a farne l'oggetto mitico che conosciamo.

Il reggiseno

Un cenno merita anche il reggiseno. Il mosaico del III secolo d.C. conservato in una villa romana di Piazza Armerina ritrae una donna che indossa una specie di bikini. L'idea era nata. Passano 1700 anni in attesa di sviluppi. Finalmente a Londra nel

1903 una certa Kate Morgan brevetta e mette in commercio un busto senza cuciture che era in sostanza la parte superiore di un corsetto. Nel 1907 la rivista *Vogue* pubblica alcuni modelli di reggiseno più moderni, ancora chiamati pudicamente *brassière*, parola che verrà poi abbreviata in «bra». Passa ancora qualche anno e il 3 novembre 1914 una giovane americana, Mary Phelps Jacob, nota in società con lo pseudonimo di Caresse Crosby, brevetta un altro tipo di reggiseno, ottenuto con due fazzoletti da tasca cuciti sul davanti e legati dietro con dei nastri. La Crosby era una ricca ereditiera nipote di un certo Robert Fulton che nel 1814 aveva varato il primo battello a vapore. «Non posso dire che la mia invenzione cambierà il mondo come quella del mio antenato», scrisse, «ma quasi.» Nel 1916 Mary Phelps vendette i diritti di produzione alla Warner Brothers Corset Company di Bridgeport (Connecticut) per 1500 dollari. Un magnifico affare. Non per lei, per l'azienda che aveva capito dove stava andando il mercato.

Segna un'altra tappa nel 1928 Ida Rosenthal, emigrata russa che fonda con il marito William l'azienda Maidenform: qui per la prima volta vengono definite le misure di coppa del reggiseno. Altro progresso nel 1959, quando il reggiseno diventa quasi invisibile grazie al tessuto sintetico lycra, un poliuretano nato nei DuPont Laboratories. Nel 1994 arriva Wonderbra, un reggiseno che non ha più la funzione né di coprire (anzi!) né di sostenere: il suo compito è spingere (*push-up*) le rotondità femminili.

Il reggiseno del nuovo millennio però è qualcosa di ancora più sofisticato: la sua concezione ricorda quella dei ponti sospesi, le spalline sono dei tiranti disposti tenendo conto della forza di gravità e di ogni sollecitazione meccanica. Ferretti e piccole imbottiture trovano sistemazione in punti strategici. Entrano in gioco rigonfiamenti ad aria, olio e silicone ma anche tessuti luminescenti, sensori, microchip. Il reggiseno Gossard, modello Ultrabra, progettato nel 2001 da Laura Cannon con la consulenza di un ingegnere, era costituito da 46 pezzi tenuti insieme da 28 diverse tecniche di cucitura. Ora siamo al reggiseno intelligente, descritto nel 2007 sull'autorevole rivista inglese *Journal of Biomechanics* e brevettato da ricercatori dell'Università di Wollongong, Australia. In esso, tessuti di polimeri e sensori sapientemente disposti sulle spalline forniscono dati di pressione e accelerazione in tempo reale a un microprocessore, che provvede a far espandere e contrarre l'indumento in modo da assecondare il movimento delle mammelle, a loro volta sollecitate dai variabili sobbalzi dovuti a un passo più o meno affrettato, per non parlare del ballonzolare che si verifica nello scendere le scale. È la donna bionica che diventa realtà.

Tessuti intelligenti

Uno sguardo alle ultime innovazioni e al futuro prossimo in tema di materiali tecnologici progettati per il mondo della moda. Dopo il pile (polartec) creato dalla Malden Mills (USA) negli anni Ottanta, caldo come la lana ma ottenibile anche dal riciclaggio delle bottiglie di plastica, stanno per invadere il nostro guardaroba i tessuti intelligenti. Esistono già pigiami massaggiatori per conciliare il sonno, con controllo dell'elettricità statica, jeans che prevengono i crampi titillando i muscoli delle gambe, costumi da bagno con microsfere idrofobiche che respingono l'acqua, stoffe antistress che, sempre grazie a palline microscopiche, del diametro di un millesimo di millimetro, accarezzano la pelle, tessuti per snellire, leggerissimi ma rinforzati con nichel-titanio: la nuova frontiera del lifting non ha bisogno del bisturi. Non si sa se piacerà all'*arbiter elegantiarum* Fausto Bertinotti, ma l'azienda americana Agracetus lavora a un cotone con microgranuli di plastica che trattiene il calore meglio del cashmere: nel DNA della pianta sono stati inseriti due geni che nel batterio *Alcaligenes eutrophus* servono a produrre poli-idrossibutirrato, una sostanza plastica utilizzata dal microrganismo come riserva di energia. Per le serate impegnative, c'è il luminex, tessuto di fibre ottiche che brilla nel buio acceso da minuscoli led multicolori nascosti nelle cuciture e alimentati da una batteria ricaricabile. In alcune università inglesi e americane si studia come imitare il filo delle ragnatele, un miscuglio di acqua e proteine biodegradabile con un carico di rottura cinque volte maggiore dell'acciaio.

Tra i materiali tecnologici usati nell'abbigliamento una pietra miliare fu il kevlar, creato nel 1965 alla DuPont da una ricercatrice americana, Stephanie Kwolek, nata nel 1923 a Kensington, Pennsylvania. Da piccola Stephanie voleva studiare medicina, ma poi passò alla chimica e trovò lavoro nel laboratorio di ricerca che la DuPont aveva aperto nel 1950 a Wilmington (Delaware). Il kevlar è il capostipite di una famiglia di materiali compositi. Consiste in una matrice di resine epossidiche ricoperta da resine arammidiche. Il risultato è un materiale leggero, resistente a corrosione, trazione, compressione e torsione, cinque volte più robusto dell'acciaio a parità di peso. Serve per i giubbotti antiproiettile (migliaia di poliziotti gli devono la vita) e ha applicazioni aerospaziali, ma anche gli stilisti della moda talvolta lo hanno utilizzato.

Di recente, dopo decenni di dominio DuPont con materiali come il kevlar e fibre come rayon, goretex e lycra, l'azienda francese Tissages de l'Aigle ha messo a punto il viafil: è un tessuto antimacchia, resistente agli ultravioletti, idrofobo, ingualcibile, batteriostatico e più leggero dell'acqua; in teoria, un indumento di viafil può eliminare la lavatrice, il ferro da stiro e, in alcuni casi, anche il farmacista. Proprietà antibatteriche e anti-acari ha anche la fibra rhovyl'As: è già sul mercato.

Per la biancheria intima, Damart ha prodotto il thermolactyl: contiene microcapsule a cambiamento di fase che conferiscono proprietà termoregolatrici: i materiali a cambiamento di fase immagazzinano energia fondendo e la restituiscono cristallizzandosi quando la temperatura dell'ambiente si abbassa. Si potrebbe arrivare a un solo abito che si adatta automaticamente a tutte le stagioni. L'intimo antibatterico e profumato è ormai una realtà, e così pure le T-shirt che proteggono dai raggi ultravioletti e l'impermeabile double-face che ripara dalla pioggia lasciando traspirare la pelle: è fatto con una membrana spessa soltanto 12 millesimi di millimetro con una tecnologia di laminazione messa a punto dalla francese Lainière de Picardie. Nonostante queste novità tessili, di alcuni elettrodomestici continueremo ad avere bisogno. Per stirare la Siemens ha messo a punto il Dressman, un robot che in sei minuti stira giacche e camicie.

Anche la casa ha i suoi vestiti. Nuove tappezzerie e stoffe da arredamento tengono lontani acari, zanzare, ragni e batteri. Quello dei tessuti antibatterici è un territorio in gran parte ancora sperimentale: in Francia la Commissione farmaceutica dei tessuti, presieduta da Hugues-Arnaud Mayer, direttore della società Abeil, si è preoccupata di definire i test di certificazione per garantirne la sicurezza, in quanto va bene limitare la proliferazione dei batteri (colpevoli, tra l'altro, del cattivo odore del sudore) ma non bisogna eliminarli del tutto in quanto sono necessari per l'equilibrio della pelle.

Gli abiti del futuro avranno una memoria. Ricorderanno i movimenti di chi li porta, le sue condizioni fisiche e le informazioni sugli ambienti in cui è stato. Realizzati con sensori flessibili stampati su pellicole da inserire tra le fibre dei tessuti, trasmetteranno queste informazioni in tempo reale a sale di controllo dove un allarme scatterà quando il battito cardiaco è troppo lento o troppo veloce, quando l'ossigeno scarseggia o l'ossido di carbonio ha superato il livello di guardia. Parliamo di abiti salvavita che sfruttano le micro e le nanotecnologie, realizzati nell'ambito del progetto europeo Proetex, un investimento di 12 milioni di euro in quattro anni, 23 partner, e tra questi il CNR e l'Istituto nazionale di fisica della materia. I primi a indossarli saranno tecnici della Protezione civile, vigili del fuoco, forze di polizia. Il passaggio alla produzione commerciale sarà solo questione di tempo.

Ultimo arrivato è il Compressed Dress, uno spray da spruzzare direttamente sulla pelle sviluppato alla TechnoThreads e presentato dalla rivista *Science* il 25 aprile 2008. La stoffa si ottiene applicando con la bomboletta sul corpo nudo una matrice di polimeri ricoperta da una sostanza ottenuta per fermentazione di birra con aggiunta di zucchero. Il liquido nebulizzato si solidifica subito e l'abito fascia perfettamente la pelle, con effetto maglietta bagnata. Non tutti potranno permetterselo.

Abiti sexy e pillola blu

L'uomo primitivo inventa i vestiti – all'inizio semplici pelli sottratte agli animali – per ripararsi dalle intemperie e migliorare le proprie possibilità di sopravvivenza. Questo uso permane, ma forse non è più il principale, ora che gran parte della nostra giornata si svolge in ambienti climatizzati. Che i vestiti siano fatti per scoprire più che per coprire è uno dei pochi dati certi della cultura moderna e ci riguarda tutti, uomini e donne, anche se nell'universo femminile risulta più evidente.

La camera da letto è il luogo dove l'arte di togliere gli abiti dovrebbe raggiungere livelli da università. Naturalmente con una avvertenza: togliere significa talvolta anche indossare. Calze, reggicalze, slip e reggiseno nel coprire alcuni centimetri quadrati di pelle ne mettono in bella vista estensioni ben maggiori. I nuovi tessuti tecnologici, poi, hanno inaugurato un vasto campionario di indumenti-feticcio che vengono incontro alle fantasie di entrambi i sessi. Mentre non esistono prove scientifiche dell'efficacia della cucina tradizionalmente considerata afrodisiaca (peperoncino, spezie, tartufi, frutti di mare, vini bianchi formicolanti di bollicine), la potenza di certi esigui indumenti è ben assodata.

Al contributo tutto sommato innocente e antico dell'abbigliamento sexy, la farmacologia di fine Novecento, con la sua tendenza a medicalizzare ogni aspetto della nostra vita, ha aggiunto un ritrovato dal successo travolgente al quale è inevitabile dedicare qualche riga nonostante la scelta già dichiarata di non voler affrontare in queste pagine la biochimica della sessualità, tema così vasto che da solo richiederebbe uno scaffale di libri. Il lettore avrà già capito che si tratta della «pillola blu», per usare una formula allusiva cara al giornalismo mediocre. Qualunque cosa se ne pensi, la sua storia è interessante. Partiamo dalla fine.

Il Nobel per la medicina del 1998 è andato ai tre farmacologi che hanno scoperto l'azione fisiologica del monossido di azoto. Sono gli statunitensi Robert F. Furchgott della State University di New York a Brooklyn, Louis J. Ignarro dell'Università della California a Los Angeles e Ferid Murad dell'Università del Texas a Houston. Il monossido di azoto è un banalissimo gas, che esce, ad esempio, dai tubi di scappamento delle auto, ma nel nostro organismo svolge ruoli di estrema importanza: regola la pressione arteriosa, media gli scambi di informazioni nel cervello, agisce sulle difese immunitarie e sul meccanismo di «morte programmata» (l'apoptosi) con cui le cellule, giunte al termine della loro parabola funzionale, optano per il suicidio e lasciano il posto ad altre cellule.

Poiché è essenzialmente un vasodilatatore, si dà il caso che il monossido di azoto sia anche alla base del funzionamento della molecola nota scientificamente come sildenafil e commercialmente con il nome di viagra, il farmaco della multinazionale farmaceutica Pfizer contro l'impotenza maschile, chiamata anche, con dubbio eufemismo, «disfunzione erettile». In realtà i ricercatori della Pfizer stavano lavorando a un farmaco contro l'angina. Il sildenafil citrato non agiva come avrebbero voluto, ma presentava un effetto collaterale assai gradito a certi pazienti di sesso maschile. L'effetto collaterale divenne così la vera indicazione della molecola. Siamo nel 1998, per la precisione è il 27 marzo, quando la prima pillola blu va in farmacia. Dieci anni dopo le pillole consumate sono 1,7 miliardi e le false pillole di viagra costituiscono il 70 per cento dei medicinali contraffatti. C'è stato anche qualche morto per infarto ma c'è chi dice che il gioco vale la candela.

In un'altra applicazione, per ora sperimentata solo sui topi, il monossido di azoto viene unito all'acido acetilsalicilico (l'aspirina, con il nome commerciale della Bayer). La molecola di aspirina così modificata non si spezza più nello stomaco, evitando danni alla mucosa gastrica che possono sfociare nell'ulcera. Lo stesso farmaco potrebbe combattere infezioni, proteggere le funzioni cerebrali, prevenire infarti, ictus, cancro al colon e alle ovaie.

E ora l'antefatto. Nel 1980 incominciarono ad accumularsi i primi indizi sulla fisiologia del monossido di azoto. In quell'anno Robert Furchgott al Downstate Medical College di Brookyln appurò che una sostanza, allora sconosciuta, faceva rilassare la parete arteriosa. L'esperimento di Furchgott, come spesso succede nel caso di scoperte importanti, fu molto semplice. Era risaputo che quando nei nostri tessuti c'è dell'istamina, si ha vasodilatazione. Tutti lo abbiamo provato: per esempio, quando ci punge una zanzara, la pelle si arrossa e si gonfia per la dilatazione dei capillari. Furchgott tolse l'endotelio, e vide che la vasodilatazione non si verificava più. Ne dedusse che nell'endotelio doveva trovarsi un fattore che permette all'istamina di agire.

Sei anni dopo, nel 1986, si giunse a concludere che il fattore da lui ipotizzato era il monossido di azoto grazie agli studi dell'honduregno Moncada (dimenticato dagli accademici che assegnano il Nobel), di Ignarro e di Murad, e ci si rese conto che quella semplice molecola – un atomo di azoto unito a un atomo di ossigeno – entrava da protagonista in numerosi processi fisiologici degli organismi viventi in quanto svolge ruoli diversi a seconda del tipo di cellula con cui viene a contatto. In genere i modulatori fisiologici agiscono con relativa lentezza in quanto devono passare attraverso la parete cellulare legandosi a un liquido. Un gas, invece, si diffonde con estrema rapidità nei tessuti. Di qui l'importanza e la varietà di funzioni del monossido di azoto nel nostro organismo. Una delle quali, comprensibilmente, è diventata molto popolare.

Ciò detto, non si ricorderà mai abbastanza che in ogni caso la scintilla sexy scocca nel cervello, e che il vero amore è l'unico afrodisiaco perfetto, con buona pace dei farmacologi. Piacere a parte, fare l'amore è utile anche alla linea. Un bacio coinvolge 29 muscoli (17 del volto) e consuma 20 calorie al minuto. Peccato che, mettendo in fila tutte queste effusioni, in una vita siano solo due le settimane passate a baciarsi. In compenso per raggiungere l'orgasmo si bruciano in media 315 calorie, mentre a simularlo le calorie consumate sono solo 122. Conclusione: fingere è sconsigliabile.

Riscaldamento domestico e doppi vetri

Per molti buoni motivi, incluso quello connesso agli intrattenimenti sexy, è bene che la camera da letto sia un luogo ben riscaldato e silenzioso. Entrambi gli obiettivi, più quello primario del risparmio energetico, si raggiungono meglio mettendo alle finestre i doppi vetri (e ovviamente montando serramenti che non lascino passare spifferi).

Pur essendo un discreto isolante, d'inverno un vetro semplice disperde all'esterno una notevole quantità di calore. Le cose cambiano utilizzando due vetri montati in modo da sigillare tra l'uno e l'altro una camera d'aria spessa all'incirca un centimetro. In questo caso, alle virtù isolanti del vetro, si aggiunge quella dello strato d'aria che, così imprigionato, subisce scarsi moti convettivi e quindi non scambia calore tra l'interno e l'esterno della finestra, come invece accade con la forte convezione che si ha normalmente in vicinanza dei vetri singoli. Il risparmio di energia può raggiungere il 30 per cento, ed è ancora maggiore se si adottano vetri tripli, con due camere d'aria. Anche la trasmissione del rumore si riduce di un terzo.

Se poi, al contrario, l'obiettivo è non lasciare entrare dalle finestre troppa luce e calore, la soluzione sta nei vetri antiriflesso. La loro storia ha come protagoniste due donne. La prima fu Agnes Pockels (1862-1935). Trasformata la sua cucina in un laboratorio, Agnes fu la pioniera della chimico-fisica delle superfici. Studiò la tensione superficiale dell'acqua usando una pentola, un bottone e una piccola bilancia, e scoprì che la tensione variava notevolmente mettendo nell'acqua canfora, olio, zucchero, farina, pepe, detersivo. La superficie dell'acqua così modificata, uno strato spesso appena un milionesimo di millimetro, rivelava proprietà insospettate. Fu l'alba delle nanotecnologie.

Da queste ricerche partì Katherine Blodgett (1898-1979), prima donna a ottenere un dottorato di ricerca a Cambridge. Nel laboratorio del suo maestro, Irving Langmuir, premio Nobel per la chimica nel 1932, mise a punto un sistema per depositare sul vetro pellicole dallo spessore di poche decine di atomi e verificò che a seconda dello spessore variava la loro interazione con la luce. Le bolle di sapone ne sono un magnifico esempio. Con 61 strati si seleziona il blu, con 80 l'arancio, con 123 il rosa. Ma l'effetto più interessante si ottiene con 44 strati. In questo caso la luce che colpisce la pellicola molecolare viene «spenta» da quella che è rispedita indietro dal vetro. Si ottiene così il vetro antiriflesso oggi applicato agli occhiali da sole, agli obiettivi delle macchine fotografiche, ai cristalli delle automobili e ai vetri delle finestre. Limitando la radiazione solare in entrata, i vetri specchianti in estate permettono di risparmiare sul condizionamento termico. Esistono anche vetri selettivi che, pur riflettendo la radiazione termica, lasciano passare la luce. A ognuno la sua soluzione.

Architettura per risparmiare energia

Le finestre con doppi o tripli vetri e pellicole riflettenti o selettive sono solo un aspetto della casa intelligente dal punto di vista energetico. Ogni particolare di un nuovo edificio dovrebbe essere progettato per risparmiare energia.

Si incomincia dall'orientamento: l'esposizione al Sole delle pareti nelle varie stagioni deve essere tale da ridurre la necessità di riscaldare in inverno e di rinfrescare in estate. Flussi di aria generati da differenze di temperatura in basso e in alto forniscono un condizionamento naturale. Ampiezza e orientamento delle finestre permettono di sfruttare al meglio l'illuminazione naturale. Materiali isolanti possono vestire l'edificio limitando le dispersioni termiche in inverno e la penetrazione del calore in estate. I tetti, se non usati per produrre energia elettrica con pannelli fotovoltaici o acqua calda con pannelli termici, possono essere coperti da un sottile strato di erba, riducendo di un terzo il calore che penetra nell'edificio dall'alto.

Aria condizionata

Fino a una ventina di anni fa i condizionatori erano una moda soprattutto americana. Per due motivi: molti cittadini degli Stati Uniti vivono in regioni calde o desertiche (Florida, California, Texas, New Mexico, Arizona) e pochi hanno sensibilità per il risparmio di energia. Inoltre, a inventare l'aria condizionata fu un americano, l'ingegnere Willis Haviland Carrier, nato nello stato di New York il 26 novembre 1876 e morto il 9 ottobre 1950. Per essere precisi, va segnalato anche un suo precursore, il medico John Gorrie, che già nell'Ottocento per dare sollievo ai malati di malaria in un ospedale di Apalachicola (Florida) aveva inventato un sistema che soffiava aria su bacinelle di ghiaccio appese al soffitto. In seguito adottò una macchina frigorifera che comprimeva un gas fino a liquefarlo e poi lo faceva espandere in un dispositivo a spirale: il raffreddamento si trasmetteva così all'ambiente.

Willis H. Carrier ebbe comunque il merito di avviare il condizionamento dell'aria su vasta scala. Nel luglio 1902, mentre aspettava il treno in una stazione avvolta nella nebbia del mattino, aveva notato l'effetto rinfrescante della corrente d'aria che andava dissipando la foschia. Ripassate le sue nozioni sul calore latente e sulla grande capacità termica dell'acqua, quattro anni dopo, il 2 gennaio 1906, brevettò l'*Apparatus for treating air*. La prima applicazione fu in una tipografia di Brooklyn dove per ottenere una buona stampa a colori Carrier pensò di stabilizzare temperatura e umidità. Nel 1915, fondata con altri sei ingegneri la Carrier Engineering Corporation, passò alla produzione industriale di condizionatori.

Il principio di funzionamento è lo stesso del frigorifero. Tutto si basa su una pompa di calore. Un condensatore sta dal lato caldo, un compressore azionato da elettricità comprime un fluido e questo, espandendosi, si raffredda, generando un ulteriore raffreddamento per evaporazione nell'ambiente da rinfrescare. Naturalmente il conto energetico finale è passivo, ma si raggiunge l'obiettivo che Carrier aveva fissato: « Dobbiamo spostare il calore da dove dà fastidio a dove non ne dà ». Un certo Stuart W. Cramer si occupò poi di ottenere un ambiente ideale con il giusto equilibrio tra temperatura e tasso di umidità. Fu lui a coniare l'espressione « aria condizionata ». I condizionatori a pompa di calore possono funzionare a doppio senso, generando caldo in inverno e fresco in estate. Esistono anche condizionatori del tipo « solo freddo » per uso esclusivamente estivo.

Gli italiani hanno scoperto i condizionatori tardi ma, sulla spinta di una serie di estati particolarmente afose, hanno rapidamente recuperato posizioni, tanto che, con 10 milioni di condizionatori venduti tra il 2000 e il 2006, il consumo estivo di elettricità ha superato quello invernale.

Riscaldare la casa

Per riscaldare le case nella stagione invernale gli italiani bruciano 14 miliardi di metri cubi di gas, 4,2 milioni di tonnellate di gasolio e 2,4 milioni di tonnellate di combustibili solidi. La cosa peggiore che si possa fare è usare stufe elettriche: quasi due terzi dell'energia primaria vanno sprecati. Risultato complessivo: un terzo dei consumi energetici serve a far funzionare gli impianti domestici e ogni anno 40 milioni di tonnellate di anidride carbonica si aggiungono ai gas serra dell'atmosfera.

Una casa ben progettata dal punto di vista energetico non dovrebbe superare il consumo di 70 kWh per metro quadrato all'anno. La Germania nel 2010 avrà 60 mila case riscaldate con un consumo annuo inferiore a 3 litri di gasolio per metro quadrato.

La domotica, coordinando i dispositivi esistenti in casa (elettrodomestici, luci, porte, tapparelle a motore, antifurto, riscaldamento) e permettendone il comando a distanza via telefono o Internet, promette un risparmio di energia del 30 per cento.

Epilogo: tra elettricità ed energia primaria

Abbiamo iniziato il viaggio tra le macchine invisibili delle nostre case partendo dall'energia, e al problema dell'energia ritorniamo con le pagine conclusive. L'elettricità che arriva alle prese domestiche non è una fonte primaria. Deriva da altre fonti, e la principale è costituita da combustibili fossili. Una fonte che non si rinnova. L'esaurimento del petrolio e del metano ormai è all'orizzonte. Se un giorno non avessimo più a portata di mano quei 3-5 kW di potenza elettrica, se i nostri schiavi energetici e tecnologici all'improvviso scendessero in sciopero, è facile immaginare quale colpo subirebbe la qualità della nostra vita.

Fare l'inventario delle riserve forse ci spingerà a un uso più responsabile delle fonti fossili che rimangono e ad agire per sviluppare fonti alternative.

Petrolio, fino a quando?

Il saccheggio del petrolio è iniziato nel 1859 quando Edwin Drake in Pennsylvania fece zampillare il pozzo di Titusville segnando l'inizio dell'industria petrolifera. Da allora il consumo è cresciuto esponenzialmente. Oggi siamo a 180 milioni di barili al giorno. L'umanità ha già consumato la metà dei 2000 miliardi di barili che secondo i geologi giacevano sottoterra all'inizio dell'era industriale.

Nell'Ottocento il petrolio si trovava facilmente, in certi posti affiorava addirittura in piccoli stagni o bastava dare una picconata per terra. Un immenso Eldorado dell'oro nero si scoprì poi in Medio Oriente, dove il primo pozzo entrò in produzione soltanto nel 1938. Mai si era visto un petrolio così a portata di mano e di qualità così buona. Più di metà del greggio mondiale era concentrato lì, nei paesi arabi, e le grandi società petrolifere vissero anni favolosi. Ma negli ultimi trent'anni è diventato sempre più difficile e costoso trovare nuovi giacimenti. Le trivelle hanno dovuto sondare le profondità del mare del Nord e del golfo del Messico o i ghiacci dell'Alaska. Le ultime scoperte importanti sono avvenute in paesi nati dalla dissoluzione dell'Unione Sovietica intorno al mar Caspio: Azerbaigian, Turkmenistan, Kazakistan. Qui probabilmente si sposterà l'asse petrolifero nei prossimi decenni.

Torniamo alla spia rossa del serbatoio mondiale. Nel 1956, quando gli Stati Uniti erano il maggior produttore mondiale di petrolio, il geologo Marion King Hubbert, allora alla Shell Oil, previde che gli USA avrebbero toccato il massimo dell'estrazione di greggio tra il 1968 e il 1971, dopo sarebbe iniziato il declino. Pochi lo presero sul serio, molti furono scettici o ironizzarono sulla fosca profezia. Ma puntualmente gli Stati Uniti raggiunsero il picco di produzione nel 1970, e oggi sono un paese importatore. Hubbert sbagliò invece la seconda previsione, secondo cui il picco mondiale sarebbe stato raggiunto tra il 1990 e il 2000. Attualmente i suoi seguaci – Campbell e altri «pessimisti» – sostengono che il picco mondiale si raggiungerà prima del 2010. Molti pensano che si sbaglino ancora. Potremmo arrivare al 2015 o un po' più in là. Ma certo quando incominceremo la discesa dal picco, se non ci saranno energie alternative, il mondo vivrà terribili tensioni economiche e politiche, che sempre più facilmente sfoceranno in conflitti militari.

È difficile dire quanto le previsioni siano attendibili perché alla base non sempre ci sono dati oggettivi ma più elusive valutazioni geopolitiche. Negli ultimi trent'anni, fanno notare i pessimisti, non si sono più scoperti campi petroliferi «giganti», le stime delle riserve sono state gonfiate dai paesi produttori, l'estrazione dai giacimenti maggiori sta calando e le nuove tecniche per spremere il greggio residuo (i sistemi tradizionali riescono a estrarre appena la metà del petrolio mescolato alle rocce) non hanno dato risultati all'altezza delle aspettative. Gli «ottimisti» puntano invece sulle nuove tecniche estrattive (dall'uso di batteri al ricorso a incendi sotterranei), sui grandi investimenti in ricerca resi possibili dall'alto prezzo del barile, su probabili immense riserve sottomarine che le trivellazioni più avanzate, capaci di arrivare a 10 mila metri di profondità, potranno sfruttare.

Può darsi che la verità stia a metà strada tra pessimisti e ottimisti. In ogni caso la stima concorde è che con questi ritmi di consumo ci sia petrolio per altri quarant'anni. Arriviamo intorno al 2050. Un tempo che i bambini di oggi vedranno nella loro età matura. I loro figli, invece, si troveranno già in pieno nell'era post-petrolifera. E probabilmente dovranno anche affrontare il cambiamento climatico causato dai gas a effetto serra emessi bruciando i combustibili fossili. Un altro buon motivo per cercare al più presto fonti alternative.

C'è, infine, il cosiddetto « petrolio non convenzionale »: sabbie bituminose e oli pesanti disponibili in enormi quantità in Canada (nell'Alberta settentrionale) e in Venezuela. Sono idrocarburi di pessima qualità, scomodi da sfruttare e inquinanti. Per estrarre un barile di petrolio bisogna lavare e prosciugare due tonnellate di sabbie bituminose, con un bilancio energetico scoraggiante: si bruciano due barili di petrolio per estrarne tre. Questi processi fino a qualche anno fa non erano convenienti, ma lo diventano con il barile sopra i 100 dollari. Il Venezuela lungo il fiume Orinoco ha imponenti giacimenti di oli pesanti e produce l'Oriemulsion, un miscuglio di acqua e olio pesante che alimenta alcune centrali italiane. Si stima che queste riserve non convenzionali siano pari a 500 miliardi di barili, la metà di tutte le riserve mondiali di greggio commerciale.

Gas naturale

Più di metà delle riserve di petrolio sono concentrate in Medio Oriente. Il metano è stretto parente del greggio ma per fortuna ha una distribuzione geografica più equa. L'Italia lo importa da Russia, Algeria, Olanda, Norvegia e Libia. Al paese di Gheddafi dall'ottobre del 2004 ci unisce un gasdotto di 80 centimetri di diametro lungo 540 chilometri che dal terminale libico di Mellitah arriva in Sicilia toccando la profondità record di 1160 metri. Un terzo del nostro gas – 21 miliardi di metri cubi all'anno – arriva dalla Russia, dai grandi giacimenti di Pecora, di Benezovo e di Urengoi, dopo un percorso di 6000 chilometri.

Il picco di produzione del gas è atteso verso il 2030 ma la previsione è incerta per il forte aumento percentuale dei consumi di gas, che dal 1980 in poi è stato ben superiore a quello del petrolio: 42% contro il 24%. Di questo passo il picco potrebbe arrivare prima del previsto.

Se la tendenza continua, nel 2020 il gas fornirà all'Europa il 35 per cento dell'energia primaria. Bruciando, il metano immette nell'atmosfera meno anidride carbonica del petrolio e del carbone, oltre a essere praticamente privo di altri inquinanti. È quindi una fonte pulita e preziosa, che sarebbe bene usare soltanto quando è indispensabile. In Italia gran parte delle centrali termoelettriche funziona a metano, con costi facilmente immaginabili. Certo, per l'ambiente è meglio, ma non sappiamo fino a quando potremo permetterci questo lusso. Inoltre il metano è a sua volta un potente gas serra, ventuno volte più efficace dell'anidride carbonica nell'intrappolare la radiazione termica nell'atmosfera, e i gasdotti siberiani ne disperdono nell'aria grandi quantità. La riduzione dell'inquinamento sul luogo di consumo è dunque in parte vanificata dalle perdite che avvengono lungo il percorso.

Come per il petrolio, anche per il metano esistono immensi depositi « non convenzionali »: i clatrati, o gas idrati, in sostanza bollicine di gas imprigionate in acqua o ghiaccio. Si trovano soprattutto sui fondali oceanici dove temperatura e pressione permettono la loro conservazione in forma solida e nel permafrost delle regioni subpolari. Sembra che l'energia così intrappolata sia il doppio delle riserve totali di tutti gli altri combustibili fossili. Ma l'estrazione darebbe all'effetto serra un impulso catastrofico.

Carbone

Il carbone batte in abbondanza tutte le altre fonti di energia non rinnovabili. Solo il 15 per cento delle scorte finora è stato utilizzato, c'è carbone in abbondanza almeno fino al 2300. Le riserve maggiori sono in Russia e negli Stati Uniti, che ne ricavano ancora adesso la metà della loro energia elettrica. Purtroppo il carbone è anche la fonte fossile più inquinante, più pericolosa per chi la estrae e più scomoda da trasportare. La sfida è ottenere « carbone pulito » trasformandolo in gas o tramite nuove tecnologie di combustione dette « a letto fluido ». Promettente ma sperimentale è la tecnologia IGCC, *Integrated Gasifier Combined Cycle*: la componente sporca del carbone viene in gran parte rimossa, si ricava del gas e questo viene poi bruciato in centrali a ciclo combinato come quelle a metano.

Fissione nucleare

Oggi nel mondo sono in funzione 440 reattori che ricavano energia dalla fissione dei nuclei di uranio, assorbendo ogni anno 70 mila tonnellate di questo elemento. Nella fissione una piccola parte di materia si trasforma in energia secondo la formula di Einstein: « energia = massa moltiplicata per la velocità della luce elevata al quadrato ». È un processo efficientissimo rispetto alla combustione: un grammo di materia equivale all'energia di 2000 tonnellate di petrolio. Il 16 per cento dell'energia elettrica mondiale proviene da reattori nucleari, percentuale che scende al 6 se si considera l'intero consumo energetico. L'Italia, pur avendo rinunciato all'atomo, importa il 16 per cento dell'elettricità da paesi nucleari (Francia, Svizzera, Slovenia).

Neppure il nucleare è una fonte rinnovabile: le riserve di uranio facilmente estraibile possono garantire appena una cinquantina di anni. I reattori autofertilizzanti a neutroni veloci potrebbero moltiplicare per 50 la resa del combustibile nucleare ma per adesso pongono troppi problemi di funzionamento e di proliferazione nucleare. Il vantaggio è che le centrali nucleari non emettono gas serra. Gli svantaggi sono la produzione di scorie radioattive a lunga vita e il possibile uso del materiale fissile per fabbricare armi atomiche, come la vicenda dell'Iran insegna. L'incidente di Cernobyl nel 1986 portò a una battuta d'arresto. Il no al nucleare in Italia uscito dal referendum maturò in quel clima. Da allora la progettazione ha fatto progressi decisivi. La prossima generazione di reattori metterà in atto sistemi di sicurezza intrinseca e si sono anche individuati sistemi per eliminare le scorie radioattive a vita più lunga (come l'*energy amplifier* proposto dal Nobel per la fisica Carlo Rubbia). Al momento però il problema scorie non è risolto: anche il « cimitero nucleare » di Yucca Mountain in Nevada (USA) è bloccato benché sia già costato 60 miliardi di dollari.

Il paese che trae più energia elettrica dalla fissione dell'uranio è la Francia (80 per cento). La Germania e la Svezia hanno annunciato una graduale uscita dal nucleare. Lo sviluppo continua in Giappone e in alcuni paesi emergenti. La generazione di reattori oggi in funzione ha raddoppiato la vita prevista e arriverà al capolinea intorno al 2030. Il tempo necessario per costruire una nuova centrale va da 6 a 10 anni. Vedremo verso il 2020 se l'opzione nucleare ha un futuro.

Fusione nucleare

L'obiettivo è accendere un piccolo Sole in laboratorio. Cioè sfruttare le reazioni di fusione nucleare che fanno brillare le stelle. A parole è semplice: basta unire quattro nuclei di idrogeno e ottenere un nucleo di elio. La bomba H funziona così. Ma in modo esplosivo. Molto più complesso è fondere idrogeno in elio in modo controllato e continuo. Dopo alcuni successi parziali, sta per iniziare a Cadarache, nel Sud della Francia, un grande esperimento di fusione nucleare che vede la partecipazione di tutte le potenze tecnologiche: Europa, USA, Russia, Giappone, Cina, India, Corea del Sud. Il problema è che la fusione avviene a 100 milioni di gradi, temperatura che nessun materiale può reggere. Il contenitore della « microstella » deve quindi essere qualcosa di immateriale: un potentissimo campo magnetico creato dentro una « ciambella » detta Tokamak, invenzione del fisico russo Lev Artsimovič. L'esperimento di Cadarache si chiama ITER e il suo campo magnetico sarà prodotto da bobine costruite con materiali superconduttori che, se raffreddati a una temperatura di pochi gradi sopra lo zero assoluto (–273 °C), non oppongono resistenza al passaggio di elettricità, e quindi hanno un consumo molto basso. L'energia del futuro, quindi, verrà paradossalmente da una macchina che concilia gelo e calore estremi. Ma non è per domattina. ITER incomincerà a funzionare nel 2015 e concluderà i suoi esperimenti verso il 2040. L'energia da fusione – praticamente illimitata, pulita e sicura – non arriverà prima della metà del secolo.

Fonti rinnovabili

L'energia eolica, la solare e (in parte) la geotermica, sono pulite e rinnovabili ma per adesso danno un contributo minimo. Meno dell'1 per cento dell'energia primaria consumata nel mondo viene da Sole, vento e calore terrestre, mentre l'81 per cento è di origine fossile (35% petrolio, 25,5% carbone, 20,5% metano). Rinnovabile è anche l'energia primaria tratta dalla combustione dei rifiuti e delle biomasse (10%) e quella idroelettrica. Il nucleare (6,3 per cento dell'energia primaria), oltre a non essere rinnovabile, non ha un rilievo decisivo ma può aiutare la transizione verso le energie rinnovabili e calmierare il prezzo delle fonti fossili.

Le centrali idroelettriche hanno ancora buone prospettive nei paesi in via di sviluppo (la Cina sta costruendo la più grande diga del mondo nelle gole dello Yangtze, per una produzione di 18 mila megawatt elettrici) ma non in Italia, dove la produzione copre un 14-15 per cento dei consumi elettrici totali.

L'energia del vento

L'energia eolica è la più vicina alla competitività rispetto alle fonti fossili. Incontra ostacoli ambientali ed è aleatoria, ma in casi particolari diventa interessante. In Danimarca il 20 per cento dell'elettricità è prodotta con il vento. Se poi non si va a cercare il vento a grande altezza, si aprono vaste possibilità. Un aquilone potrebbe salvarci dal greggio a 100 dollari il barile. L'idea sembra folle ma una simulazione fatta al Politecnico di Torino dice che funziona. Velocità e costanza del vento sono tanto maggiori quanto più si sale in quota. Un vento di 4 metri al secondo a 100 metri di altezza (tipica dei grandi generatori eolici) raddoppia la sua velocità a quota 300 metri e la triplica a 1000 metri. Dunque conviene prendere il vento il più in alto possibile. Come? La soluzione sta in aquiloni a forma di parapendio messi in serie a formare una specie di giostra che fa girare una turbina al suolo. L'assetto degli aquiloni, ancorati alla macchina centrale, è mantenuto da sensori (in pratica, accelerometri), così da sfruttare sempre al meglio il flusso del vento.

Il progetto, chiamato KiteGen, generatore ad aquilone, brevettato da Massimo Ippolito della Sequoia Automation, è ora in fase di sviluppo. Si sta realizzando un KiteGen sperimentale da 1 MW e vedremo come andrà. I calcoli sono incredibilmente incoraggianti. Pare che questi generatori possano produrre fino a 1000 MW con un costo del kW venti volte inferiore a quello dell'energia ottenuta bruciando combustibili fossili. L'economicità non è l'unico vantaggio: il territorio occupato dai KiteGen, a parità di potenza, è cinquecento volte minore rispetto ai generatori eolici attuali. Si risolvono così i problemi ambientali delle windfarm: sfregio al paesaggio, stragi di uccelli, disturbi alle telecomunicazioni.

La simulazione fatta al Politecnico di Torino ha preso in esame un piccolo aquilone di 50 metri quadrati. Ne verrebbero fuori 200 kW con un vento di 12 metri al secondo. Un generatore eolico classico della stessa potenza è alto 40 metri, pesa 62 tonnellate e costa 900 mila euro. Il corrispondente KiteGen pesa 8 tonnellate e costa 60 mila euro. L'Italia finora ha installato 1700 MW eolici, siamo tra gli ultimi in Europa. Forse ci rifaremo con i KiteGen. Venderemo aquiloni ai danesi.

Energia solare: pannelli termici e fotovoltaici

L'energia solare intercettata dalla Terra equivale a quella di 19 mila miliardi di tonnellate di petrolio e sarebbe in grado di soddisfare un fabbisogno ventimila volte più grande dell'attuale domanda dell'intera umanità. Il problema sta nella sua dispersione su grandi superfici e nel costo delle tecnologie per raccoglierla. Le vie da seguire sono due: il solare termico per riscaldare acqua a uso domestico o anche per scaldare un fluido da utilizzare in particolari centrali con concentratori a specchio; e il solare fotovoltaico, che trasforma direttamente la luce in elettricità.

I collettori solari termici risalgono alla metà dell'Ottocento. Li brevettò nel 1891 l'americano Clarence Kemp ma incominciarono a diffondersi solo dopo la crisi petrolifera del 1973. Si basano sul fatto che una superficie nera opaca assorbe quasi tutta la radiazione solare: sotto una protezione di vetro (che lascia passare la luce ma trattiene sotto di sé l'infrarosso), una lastra di rame nera trasmette il calore a una rete di tubi anch'essi neri e di rame dentro i quali circola l'acqua. Un metro quadrato di collettore riscalda fino a 130 litri di acqua al giorno. Una superficie di 3 metri quadrati fornisce acqua calda da 50 a 80 °C sufficiente per una famiglia di 4 persone. Nel 2006 in Europa si sono installati 3,5 milioni di metri di pannelli solari termici. Ogni 10 metri quadrati di superficie da scaldare sono necessari da 1 a 3 metri di collettori a un costo di 800-1000 euro per metro.

Il principio fisico delle celle fotovoltaiche fu scoperto nel 1883 dall'americano Charles Fritz. Albert Einstein nel 1905 ne spiegò il meccanismo a livello atomico: per questo lavoro ebbe il premio Nobel nel 1921. I primi pannelli fotovoltaici trovarono applicazione su navicelle spaziali nel 1963, ma erano costosissimi. Con il tempo, il loro costo si è ridotto di oltre cento volte. Nel 2007 la spesa di installazione era dell'ordine di 20 mila euro per le esigenze di una abitazione media e si ripagava in 3-6 anni a seconda del clima locale. La durata è di 20-25 anni. In 3 anni si recupera l'energia spesa per produrre le celle. In Germania i tetti solari sono 400 mila e nel 2006 in Baviera hanno prodotto l'1 per cento dell'energia richiesta dalla regione. Tuttavia, nel mondo, l'energia solare rappresenta ancora solo lo 0,04 per cento del totale delle fonti primarie, meno dell'eolico (0,07%).

Nello sfruttamento dell'energia solare l'Italia è relegata negli ultimi posti, benché ai suoi cittadini siano stati sottratti in 20 anni, tramite la bolletta elettrica, 30 miliardi di euro come «contributo fonti rinnovabili o assimilate». In quest'ultima nebulosa parola si nascondeva l'inganno. Di fatto quei soldi sono finiti a fonti tutt'altro che rinnovabili, mentre solare ed eolico sono rimasti al palo. Dall'estate del 2005 però nuove norme permettono ai cittadini di installare pannelli fotovoltaici e di versare nella rete la produzione in eccesso.

Energia geotermica

L'Italia fu il primo paese a sfruttare il calore del sottosuolo. Accadeva a Larderello, in Toscana, per iniziativa del principe Piero Ginori Conti: il 4 luglio 1904 il vapore dei soffioni produsse l'elettricità per accendere cinque lampadine. Lo sviluppo è continuato, siamo a 700 megawatt installati in 34 centrali geotermiche, ma intanto altri paesi – Stati Uniti, Indonesia, Messico – ci hanno distanziati.

Accanto agli impianti geotermici classici, legati a regioni dove il gradiente termico del sottosuolo è più elevato, si stanno esplorando possibilità diverse, praticabili in regioni del tutto normali. Si tratta di scendere a grande profondità, sapendo che la temperatura aumenta di circa 3 gradi ogni 100 metri, oppure di captare una energia termica molto modesta ma superficiale, con sonde poste a pochi metri di profondità su grandi superfici e usando pompe di calore che sfruttano le differenze termiche tra superficie e sottosuolo (già a 30 metri di profondità la temperatura del terreno si mantiene stabile sulla media annua del luogo). Nel suo insieme, la potenza della biosfera (cioè di tutte le forme viventi) è cento volte quella del flusso di energia geotermico e cento volte più piccola della potenza solare intercettata dal nostro pianeta. In queste cifre si intravede una speranza per il nostro futuro. E per il presente?

Risparmio

Il risparmio rimane al momento l'energia alternativa più concreta e immediata: basterebbe spegnere tutti i televisori, i videoregistratori e gli altri apparecchi che teniamo in stand-by, pronti a partire con il telecomando, per non aver più bisogno di una grande centrale. Negli Stati Uniti gli apparecchi in stand-by consumano l'elettricità di 8 reattori nucleari. Altri importanti risparmi verrebbero dalle lampadine e dagli elettrodomestici a basso consumo. Gli esperti calcolano che i paesi sviluppati come l'Italia potrebbero mantenere lo stesso standard di qualità della vita senza alcun sacrificio riducendo il consumo energetico del 25-30 per cento. Non farlo sarebbe una grande prova di incoscienza.

Il futuro della tana perfetta

Siamo partiti dall'energia elettrica che fa delle nostre case una tana confortevole, illuminata, connessa con il mondo, e per valutarla l'abbiamo tradotta nel lavoro di quelle che nell'antichità furono le principali macchine da lavoro: gli schiavi. Alla fine del nostro viaggio attraverso cucina, bagno, salotto, studio e camera da letto, siamo ritornati al tema dell'energia. Il cerchio si chiude. È venuto il momento di dare uno sguardo al futuro.

Per fortuna non ci sono più schiavi (o almeno non nel senso letterale che la parola aveva un tempo) ma resta il fatto che anche noi siamo macchine, almeno dal punto di vista energetico. La natura è equa. Tutti gli organismi viventi dissipano circa 1 watt per chilogrammo di peso. Il gatto è una macchina da 4 watt, un bue da 500, un elefante africano da 5000. L'uomo è una macchina da 80 watt. La potenza che serve per accendere una lampadina. Sono gli 80 watt che ci tengono vivi. Con quelli il cuore batte, i polmoni respirano, le cellule si riproducono, il cervello tiene in stand-by i suoi neuroni. I medici lo chiamano metabolismo basale, è il minimo per sopravvivere. Se facciamo qualcosa – pedalare, camminare, scrivere – il nostro corpo genera altra potenza a spese di quel carburante che è il cibo. Non siamo macchine molto resistenti. Per produrre 200 watt sotto forma di elettricità azionando una dinamo bisogna già fare un grosso sforzo, che possiamo reggere solo per pochi minuti. In media sulle 24 ore generiamo solo 2 watt.

Ma l'abitante di un paese ricco, macchina da 80 watt, vive dissipandone 10 mila grazie a una miriade di macchine che sono diventate le nostre protesi: automobili, impianti di riscaldamento e refrigerazione, TV, computer, aerei. Molte le abbiamo incontrate nelle pagine precedenti, e sappiamo già che, in pratica, direttamente o indirettamente, tutte queste macchine funzionano bruciando combustibili fossili: petrolio, metano, carbone.

La natura ha impiegato centinaia di milioni di anni – intere ere geologiche – per generare i combustibili fossili. Nel caso del petrolio, il ritmo di produzione è stato in media di 14 mila tonnellate all'anno. Due grammi all'anno per ogni attuale abitante della Terra. Ognuno di noi in un anno ne brucia 5 tonnellate. Un ritmo di consumo spaventoso rispetto al tempo impiegato dalla natura per la produzione. Tra quarant'anni il petrolio sarà finito e l'anidride carbonica dovuta alla sua combustione avrà scardinato l'equilibrio del clima.

Il futuro dell'umanità e del pianeta sta tutto in queste cifre. O si cambia stile di vita, o non c'è scampo. 100 watt per persona sono la potenza esterna da aggiungere alla nostra interna se vogliamo mantenere l'attuale qualità della vita. Il problema è che questi 100 watt non possiamo ricavarli, come è successo nell'ultimo secolo, continuando a dissipare il capitale dei combustibili fossili. Dobbiamo ottenerli da una rendita virtualmente inesauribile e non inquinante. Cosa che sembra contraddire le leggi della termodinamica perché la Terra è in sostanza un'astronave: cioè un sistema chiuso per ciò che riguarda le risorse minerarie, la produzione di rifiuti e le fonti di energia sia fossili sia di tipo nucleare. Bisognerà dunque riciclare le risorse (tra le quali rientra anche gran parte del rifiuti).

Ma per fortuna l'astronave Terra non è davvero ermeticamente chiusa: ha una finestra dalla quale entra la luce del Sole, una fonte di energia che durerà altri cinque miliardi di anni, un arco di tempo che ci lascia abbastanza tranquilli. L'energia solare mantiene ogni forma di vita alimentando nelle piante la fotosintesi, fa soffiare il vento, evaporare l'acqua, circolare le acque degli oceani. Se l'uomo vuole avere un domani, deve attingere a questi flussi di energia continui e gratuiti, non c'è altra soluzione. Nel mondo del dopo-petrolio entreranno fotoni di luce dal cielo e dalla Terra torneranno allo spazio fotoni termici (purché l'effetto serra non lo impedisca). Dunque qualche cosa di non limitato esiste: almeno localmente le leggi della termodinamica si possono aggirare. Tutto il resto si riciclerà.

Possiamo fare un passo ulteriore. Finora si è ragionato come se il mondo fosse fatto di due cose: materia ed energia. Ma oggi l'era digitale ha introdotto un terzo fattore: l'informazione.

Prendete in mano un CD. È un dischetto di plastica. Sul lato che contiene la musica sono scavati milioni di piccole cavità (i pit) disposte a spirale. Per ascoltarlo serve energia: l'energia che lo fa girare, del raggio laser che esplora le minuscole cavità, dell'impianto che trasforma i segnali digitali in suoni. Ricapitolando: il CD è materia, ciò che lo fa funzionare è energia, ma la musica che cos'è? Né materia né energia. La musica sta nella disposizione delle cavità, nella forma disegnata dai pit. Qualcosa che, appunto, chiamiamo informazione. È quella « forma » immateriale a fare la differenza tra la voce di Christina Aguilera e di Maria Callas, tra una canzonetta pop e l'opera lirica. La scienza accumula informazione. L'unica cosa che può crescere all'infinto e aiutarci a superare i limiti inevitabili della materia e dell'energia.

I bit non occupano spazio (quasi), non impegnano grandi quantità di materie prime, non richiedono imballaggi, non generano rifiuti. I bit sono immateriali. E l'informazione – la conoscenza –, diversamente dai beni materiali, più si condivide più si moltiplica.

Da questo punto di vista, la conoscenza è l'unico bene che possa crescere quasi all'infinito, aggirando le leggi della matematica e dell'entropia. In più, conoscenze recenti hanno aperto campi come l'ingegneria genetica e le nanotecnologie che per loro natura richiedono minime quantità di energia e di materia ma in compenso promettono soluzioni per malattie, inquinamento, disuguaglianze sociali.

Chi ha una certa età ricorda lo studio del Club di Roma dal titolo *I limiti dello sviluppo*, pubblicato nel 1972, voluto da Aurelio Peccei, firmato da Donella H. Meadows, tradotto in 30 lingue e diffuso in 10 milioni di copie. Pur sbagliando i tempi per un eccesso di catastrofismo, aveva previsto quasi tutto. Tranne il procedere della conoscenza che ha generato il mondo immateriale. Certo, è successo attraverso il consumismo e l'assalto alla diligenza dei combustibili fossili. Ma ora la conoscenza è lì, a nostra disposizione, e potrà continuare a crescere quasi senza limiti, perché i bit sono immateriali. Benvenuti nel futuro. Se sarà così, sarà bello.

INDICE

Fotocomposizione Editype s.r.l.
Agrate Brianza (Milano)

Finito di stampare
nel mese di marzo 2009
per conto della Longanesi & C.
dalla Mondadori Printing S.p.A.
Stabilimento N.S.M. - Cles (TN)
Printed in Italy